生物多样性与传统知识丛书

宁夏生态移民对生物多样性相关传统知识的影响研究

Study on the Impacts of Ecological Migration on Traditional Knowledge Associated with Biodiversity in Ningxia Autonomous Region

马 瑛 薛达元 著

中国环境出版集团・北京

图书在版编目（CIP）数据

宁夏生态移民对生物多样性相关传统知识的影响研究/马瑛，薛达元著．—北京：中国环境出版集团，2021.9

（生物多样性与传统知识丛书）

ISBN 978-7-5111-4668-7

Ⅰ．①宁…　Ⅱ．①马…　②薛…　Ⅲ．①移民—影响—生物多样性—生物资源保护—研究—宁夏　Ⅳ．①X176

中国版本图书馆 CIP 数据核字（2021）第 042340 号

出 版 人　武德凯
责任编辑　张维平
责任校对　任　丽
封面设计　宋　瑞

出版发行　中国环境出版集团
（100062　北京市东城区广渠门内大街 16 号）
网　　址：http：//www.cesp.com.cn
电子邮箱：bjgl@cesp.com.cn
联系电话：010-67112765（编辑管理部）
发行热线：010-67125803，010-67113405（传真）

印　　刷　北京建宏印刷有限公司
经　　销　各地新华书店
版　　次　2021 年 9 月第 1 版
印　　次　2021 年 9 月第 1 次印刷
开　　本　787×1092　1/16
印　　张　15.75
字　　数　370 千字
定　　价　78.00 元

目　录

第1章　绪 论

1.1　选题意义

近些年，结合生态文明建设和脱贫攻坚的需要，我国将部分人口搬离原住地，这部分人口包括原居住在自然保护区、生态脆弱区、生态环境严重破坏地区，以及自然环境条件恶劣、基本不具备人类生存条件地区的人口，搬迁到另外的地方定居，这一人口迁移行为被称为生态移民（Tan Y，2017；杜发春，2014；贾耀锋，2016；乌日套吐格，2010）。生态移民对改善生态脆弱地区的生态环境，促进经济社会发展有着积极的影响（黄俊芳等，2004）。生态移民政策的实施既为贫困人口寻找了改善生计的机会，又使生态脆弱地区免受人为活动的干扰，成为保护生物多样性和减少贫困的重要模式，实现了一定程度上的“双赢”（张丽荣等，2015）。从全国来看，宁夏是最早开展移民工程，而且涉及大量人口的典型区域。这一工程的实施，对解决宁夏南部山区人口资源矛盾、调节生态环境有着重要作用（梅花，2006）。

生活在不同自然环境的人类群体，在长期的生产生活实践中，均维持着各自独特的传统文化和传统知识。这些知识很大一部分与生物多样性有关，蕴含着重要的生态成分（薛达元，2008；Heurtebise J Y，2017）。传统生物遗传资源及生态知识作为历史财富和智慧积累，也是社会进步和创新的源泉，在自然资源保护、生态环境保护中起着积极作用（薛达元，2008，2014）。

生态移民政策与生物多样性保护密切相关，移民群体在传统文化和传统知识传承中起着重要作用。然而，移民群体在迁移过程中，脱离原有文化氛围，其传统知识可能面临舍弃、流失、丧失等风险（Jim C Y et al.，2010）。这种变化将影响到移民和迁入地的社会经济发展和文化传承，进而影响社会和谐、民族进步和生态文明制度建设，也在一定程度上决定着未来生态移民项目的可持续性以及国家生态移民战略的成功实施。

综上所述，生态移民对生物多样性相关传统知识可能产生影响，也存在一系列问题：例如移民后自然环境的变化致使一些传统遗传资源由于适应性差等原因被舍弃；生态移民传统知识相关资源和传统用法缺乏系统的调查、归纳、整理，也少有现代科学手段的验证等。生态移民的传统知识流失问题还未得到广泛关注，亟待研究生态移民和传统知识两者之间的关系和影响，探讨生态移民的传统知识保护策略，以期为推进生物多样性保护和加强生态文明建设提供参考。所以，本研究以生态移民和传统知识的紧密关系为研究视角，解决生态移民对传统知识的影响，对我国生态移民地区生物多样性的保护和传统知识传承具有重要的学术意义和现实意义。

1.2 生态移民研究动态

生态移民的研究涉及生态学、民族学、经济学、社会学、政治学、法学等多个学科，生态移民和传统知识相关联的研究已经受到一些生态人类学、民族生态学、民族植物学和应用人类学的学者和专家的重视。如何用交叉学科的理论和方法，探索生态移民传统知识变迁的问题，成为各学科关注的重要内容。

1.2.1 生态移民缘起

生态移民概念产生可以追溯到生态学领域。从生态学角度，人可以认为是群落演替中的一个种群，人在生态系统中迁移的过程就是移民的过程。Cowles H C（1899）首次提出“生物群落迁移”的概念，可以认为是群落演替的基础理论。其后，Clements F E（1916）提出“群落演替”经历裸露、迁移等阶段后达到顶级群落。虽然上述研究没有明确出现“生态移民”一词，但是他们研究成果中有关移动与迁移的理论，揭示了“人”在群落演替中也经历着同样的变迁过程。随着生态环境变迁，人类的发展历程经历着无数次的迁移，均属于生态移民范畴。但真正意义上来说，生态移民概念的提出，是 20 世纪 70 年代后期以来，当代生态环境问题和全球气候变化背景下产生大量移民，“生态移民”概念由此产生（杜发春，2014；黄海燕，2016）。

在文献检索中，与生态移民（ecological migration）一词相关联的词汇大致如下：环境难民（environmental refugee）（Brown L R，1976）、环境移民（environmental migration）（Swain A，1996）、生态/气候难民（ecological refugee/climate refugee）（Rive V，2016）、灾害难民（disaster refugee）（Marlowe J，2015）等。基本上呈现出环境难民—环境移民—生态移民的演变过

程（张灵俐，2015；Ananta A，2002；杜发春，2014）。由此，根据时间脉络，梳理出了生态移民研究的主要时空历程和内涵外延（表 1-1）。

表 1-1 生态移民研究的历程

时间	概念	提出者	观点
1976 年	环境难民的提出	Lester Brown	首次使用此概念（Brown LR，1976）
1985 年	环境难民的定义	Essam EL-Hinnawi	撒哈拉以南的非洲干旱少雨，土地退化是人口流动的重要原因。给出环境难民定义：因环境破坏威胁生存而被迫离开的人口（Cardy W F G，1994）
1993 年	环境难民的解释	Norman Myers	因环境问题而寻求避难（Myers N，1993）
1996 年	环境难民表述争议	Hugo	环境难民并不承认自己是难民（Hugo G，1996）
1996 年	环境移民的提出	Ashok Swain	因环境难民表述存在争议，不符合《关于难民地位的公约》中难民定义，所以出现环境移民概念，即因环境被迫迁移（Swain A，1996）
1996 年	生态移民案例	Amacher Gregory S，Hyde William F.	菲律宾移民由贫困的城市迁移到人烟稀少的高地和森林边境，寻找无人居住的土地和更好的农业机会（Amacher G S，1996；Amacher G S et al.，1998）
1998 年	环境难民与制度	Richard Black，Mohamed F. Sessay	阐述了西部非洲难民和环境变化中的制度（Amacher G S 等，1998）
2001 年	环境难民的质疑	Richard Black	环境变化不是难民迁移的首要因素（Issn，2001）
2006 年	生态移民案例	Theodore Binnema	土著印第安人因落基山班夫国家公园的划定扩大进行搬迁（Binnema T，2006）
2007 年	环境移民概念	IOM（国际移民组织）	由于环境变化，对生活、生存条件产生负面影响，而离开其家园的人群（杜发春，2014）
2007 年	环境移民分类	Fabrice Renaud 等 4 位联合国大学学术官员	分为三类：环境紧急性移民、环境被迫性移民和环境诱发移民（Fabrice Renaud J B et al.，2007）
2008 年	生态移民范围讨论	Rafael Reuveny	提出生态移民的范围，应当包括因自然灾害侵袭的因素而被迫迁移的人口（Reuveny R，2007；Reuveny R，2008）
2012 年	生态移民案例	纽约《游牧民族》杂志第 16 卷第 1 期	中国草原的生态叙事：以人为本观（Zhang Q，2012）。中国生态移民，是与环境变迁有关的搬迁过程，属于政府主导型移民（Du F，2012；Tashi G，2012）

在中国，与生态移民一词相关联的词汇大致如下：扶贫搬迁（杨甫旺，2008）、扶贫移民（陆汉文，2015）、吊庄移民（孔炜莉，2000）、异地扶贫（李进参，1999）、易地扶贫搬迁（王宏新，2017）、库区移民（景军，1989）、环境移民（徐江等，1996）等。国内对生态移民的研究始于 20 世纪 80 年代，任耀武等（1993）总结了三峡库区移民经验，

提出了生态移民的概念。其后，在西部大开发和自然环境保护中实施的生态移民政策受到政府、媒体和学者们的广泛关注，葛根高娃、包智明、任国英等较具代表性。葛根高娃等（2003）认为，生态移民可改善牧民生存环境，但是触及牧民传统生产生活方式是生态移民的难点之一。包智明（2006）和任国英（2004）认为，生态移民包括与生态环境相关的迁移活动，这个过程要注意文化保护的问题。郑艳（2013）认为，应当完善移民群体的决策参与机制等。霍进臣等（2007）认为，生态移民有助于生态修复，也是新农村建设的有效途径，可以促进经济文化发展。王培先（2000）认为，生态移民是西部大开发和生态环境治理保护工程的切入点。虽然生态移民还没有一个在学术界广泛认可的定义，但学者们的观点基本集中于由于生态环境问题而导致的人口迁移称为生态移民。

1.2.2 生态移民动因研究

生态移民的动因，多与生态环境恶化和经济贫困相挂钩，主要包括被动迁移、主动迁移和协调发展迁移等。在研究区域上，非洲、拉丁美洲、中国、西亚、印度、墨西哥、美国中部等地区的生态移民研究较多。Leete R 等（2001）在《人口、环境和贫困的关系》中描述了因为环境恶化的缘故，全球约 2 500 万人进行了迁移。1998 年联合国人口、贫困和环境关系相关报告指出，人口压力是贫困和环境恶化的重要因素之一（张小明，2008）。Alexandra Winkels 等（2002）分析了越南生态移民积极和消极两方面的作用。加利福尼亚大学的 Berkeley 和世界银行的 Johannes Koettl 和 Renos Vakis 认为移民是一种管理战略，可以反危机，与贫困有很强的协调性，并认为当地经济增长和提供就业机会对移民影响较大。Susmita Dasgupta 等（2003）分析了柬埔寨和老挝的环境污染与贫困的关系。

结合具体国情，中国生态移民的动因除环境变迁和反贫困两个因素之外，与政府主导实施关联较大，且搬迁主体多为非自愿性移民（Tashi G，2012；包智明，2006），中国生态移民研究中使用的表述由“ecological migration”向“ecological resettlement”转变（Rogers S，2006；黄海燕，2016；Tashi G et al.，2012）。中国生态移民的研究大多集中在内蒙古、宁夏、甘肃、青海、四川和西藏等省区，关注点倾向于移民成效和经济效益。Rogers S 等（2006）指出，中国移民安置作为解决环境和贫困相关问题的一种手段，在应用中要警惕社会失调和矛盾所产生的致贫风险。Vanclay F 等（2017）指出，中国移民安置中面临着赔偿标准、是否能够恢复或改善生计等问题，移民仍然可能贫困，但是也可能成为发展的机会。此方面的研究也得到一些国外专家学者的持续关注，例如世界银行专家 Debbie Dickinson、Michael Webber 和日本学者小长谷有纪、中尾正义、新吉乐图、迈丽莎等（Webber M，2007）。《中国环境政策报告——生态移民》中，大体表达了生态移民是对环境保护的一种尝试性举措，兼有“扶贫”功能（Du F，2012）。

我国学者对生态移民动因的研究，包括环境承载力、国家财政支出、生态移民的效益分析等方面（方兵等，2001）。方兵等提出，我国生态环境呈恶化态势，过量采伐致天然林锐减，毁草种粮和草场退化致牲畜超载、沙尘暴频发等，为此将生态超载地区的人口迁入生态移民新村，从事养殖等经营活动。王放和王益谦等（2003）从人口移动的因素和移民的方式探讨可持续发展模式。李笑春等（2004）指出，生态移民是由于人口数量超过生态环境承载量，导致自然环境恶化而产生的搬迁行为。Wang Z 等（2010）指出，中国生态保护和恢复计划，通过生态移民、封山禁牧、湿地保护、退化草地治理等途径保护和恢复生态功能，并尽力保障移民的可持续生计需求。Li C 等（2018）研究表明，中国生态移民安置计划将部分人口从山体滑坡、洪水冲刷以及陡峭的山区迁移出去，迁移对农民生计和生态系统服务产生了影响，搬迁减少了家庭对生态系统服务的依赖，下一步需要提供可持续生计来稳定搬迁带来的积极成果。

1.2.3　生态移民模式研究

一般意义上来看，生态移民模式，可根据安置地点远近分为就地移民和易地移民，也可根据迁移人口的情况分为部分迁移和整体迁移，还可根据安置地规划分为集中安置、插花安置、产业安置等模式。

第一种，就近移民和易地移民。刘学敏和陈静（2002）提出通过小城镇建设，吸引移民就近迁入或周围定居。方兵等（2001）提出易地移民，是指不同类型区域人口的跨区域搬迁。也有很多学者认为两种方式可以相结合，崔献勇等（2004）提出分批迁移、可先试点后推广，根据原居住区群众的生活习惯、宗教信仰等问题，视具体情况就近移民或异地移民。

第二种，部分迁移和整体迁移。部分迁移是将迁出地区的一部分人口迁移出来，整体迁移是将该区域内的所有人口迁移出来（吕静，2014）。部分迁移模式是参照一定的限制条件，将符合自然条件恶劣、资源匮乏、交通不便、就地脱贫无望等条件的村庄和村民，分步骤地实施搬迁。如宁夏西海固地区生态移民，镇乡村符合条件的部分村庄和村民先行移民，当然这里也有很多是整村搬迁模式，属于整体迁移（查燕，2012；李培林等，2013）。整体迁移模式在自然保护区或水库项目等移民项目中应用更为普遍。如在青海三江源生态保护区核心区进行全面封闭，实行永久禁牧，实施了核心区内农牧民整体性的人口迁移，在适宜地区建立新村进行安置（李凌民，2003）。

第三种，集中安置、插花安置、产业安置等模式。黄海燕（2016）总结了贵州生态移民演进历程，提出了整体搬迁、集中安置等方式。王永平等（2014）总结了贵州生态移民的异地搬迁经验，分为小城镇集中安置、国有（集体）农场安置等类型。李鸣骥、黄立军（2013）以宁夏中南部地区为例，对比了城郊型、城市型、县域型和镇域型城镇移民安置模式，并分析了存在的问题和对策。陈金明等（2011）按照分散“插花”安置、集中建制安置等分类。从以上分类可以看出，根据生态移民研究的不同使用方式，生态移民的模式划分标准不同。

1.3 宁夏生态移民计划与项目综述

1.3.1 宁夏生态移民计划及必要性

宁夏生态移民迁出区和迁入区的生态区位十分重要（拜丽艳，2017）。“西海固”[①]泛指宁夏南部山区，是宁夏生态移民迁出区的重要区域。生态移民迁出区有重要的水源涵养区、干旱带风沙区、黄土丘陵区等类型（马秀霞，2016）。宁南山区基础薄弱，若采用传统的扶贫方式进行就地脱贫，难度很大。综合宁夏中北部和南部的资源环境、人口特点，特别是宁夏中北部地区有大片的宜农宜荒地资源和便利的引黄灌溉条件，宁夏探索将南部贫困地区的人口向中北部迁移。生态移民工程就此酝酿而生，并成为统筹宁夏山川发展的重要举措。[②] 宁夏生态移民工程在全国具有典型代表性，历时长、规模大、难度大、投入多，是一项具有重大意义的扶贫搬迁工程。实施生态移民，可减轻山区的人口压力，将迁出区土地用于恢复生态。截至2019年，宁夏累计搬迁移民达123.26万人，约占宁夏总人口的1/5（图1-1）[③]。

---

① 摘自李宁主编：《宁夏吊庄移民》，北京：民族出版社，2003年，第49页。

② 摘自中共宁夏回族自治区委员会党史研究室、宁夏回族自治区扶贫开发办公室、宁夏中共党史学会编著：《宁夏扶贫开发史研究》，银川：黄河出版传媒集团、宁夏人民出版社，2015年，第41页。

③ 摘自《宁夏脱贫攻坚工作资料》，宁夏回族自治区扶贫开发办公室资料。

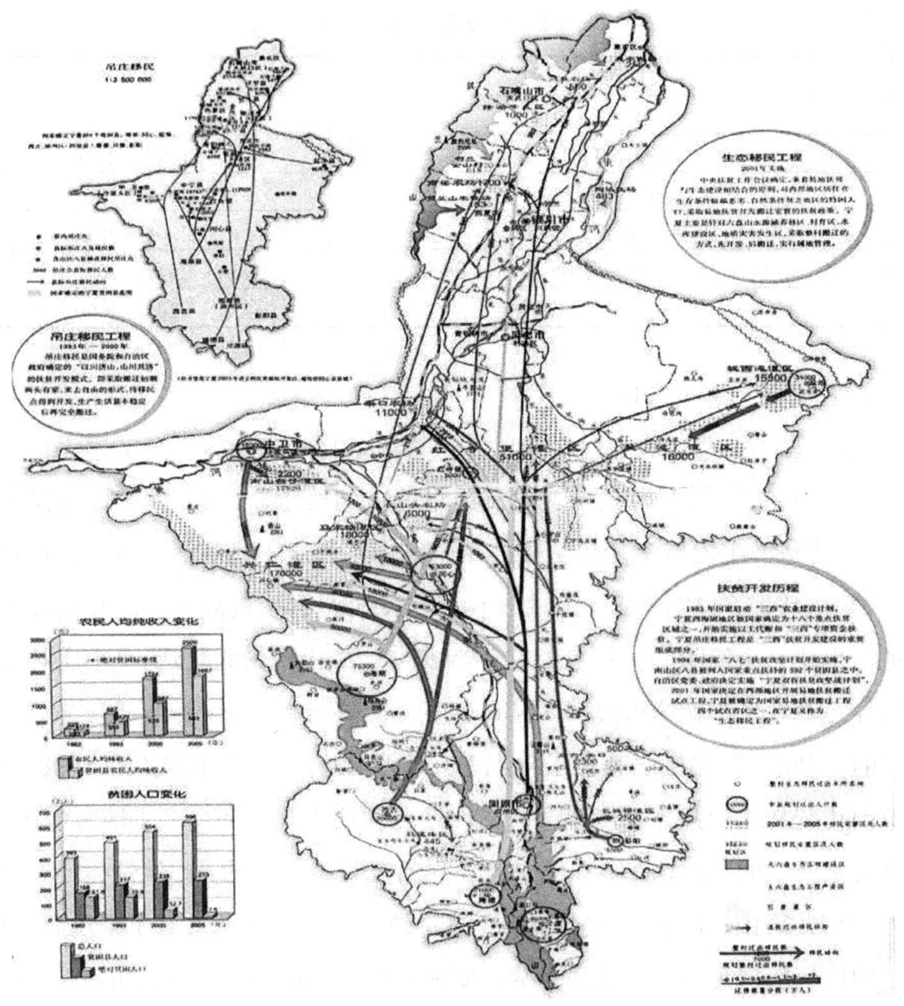

图 1-1　宁夏生态移民迁移路线

（来源：《宁夏资源环境地图集》）

1.3.2　宁夏生态移民的发展阶段

按照时间历程，宁夏生态移民工程可分为六个阶段：吊庄移民、扬黄灌溉工程移民、易地生态移民、中部干旱带县内移民、“十二五”中南部地区生态移民、“十三五”易地扶贫搬迁[①]（表 1-2）。

① 摘自中共宁夏回族自治区委员会党史研究室、宁夏回族自治区扶贫开发办公室、宁夏中共党史学会编著：《宁夏扶贫开发史研究》，银川：黄河出版传媒集团、宁夏人民出版社，2015 年，第 41～61 页。

表 1-2 宁夏历次移民情况[①]

	移民项目	实施年代
1	吊庄移民	1983—2000 年
2	扬黄灌溉工程移民	1995—2010 年
3	易地生态移民	2001—2007 年
4	中部干旱带县内移民	2008—2010 年
5	“十二五”中南部地区生态移民	2011—2015 年
6	“十三五”易地扶贫搬迁	2016 年至今

（1）吊庄移民（1983—2000 年）

1983 年，在“三西”农业建设中，吊庄移民是将宁南山区部分贫困人口搬迁到北部黄河灌区，[②] 成为全国开发式扶贫移民最早的成功典范。“吊”就是像钟摆吊起来两边摆，“庄”就是村庄。吊庄，就是移民在迁出村庄和迁入村庄两头跑，就像钟摆两边摆一样。[③] 吊庄移民，就是一家人出去一两个劳动力，到引黄灌区有灌溉条件的荒地上开荒种植，再建一个简陋临时栖身的家，待安定后，搬迁到此生活。“吊庄移民”以两地兼顾的异地开发生产作为过渡形式，其主要含义是指整体搬迁、异地安置，本质上是生态移民的一种形式。吊庄之初，给予移民 3 年适应期。对于世世代代居住的农民来说，根植于中国传统文化的强烈家乡观念，与原迁出地的人际、环境、土地有着故土情结，而迁入地为未开垦的荒地，许多农民对于新村的前景是未知的，政策性搬迁存在很多困难和阻力。所以 3 年内不迁户，允许两头有家，通过逐渐对迁入地有了亲近感和归属感，经过 3 年的比较而决定去留，这是非常必要和人性化的决策。事实证明，三年后新开耕地逐渐肥沃而产量提高，大部分移民选择搬迁至新村。[④]1983—2000 年，安置移民 19.8 万人。[⑤]

吊庄移民共有三种类型：县外移民吊庄、县外插户吊庄移民、县内移民吊庄。[⑥]

一是县外移民吊庄。这是吊庄移民的主要形式。县外移民吊庄是在农业生产条件较好的引黄灌区周边，无偿划拨成片未开垦荒地，将南部山区最困难的群众大规模地迁移至此，重新进行社会组合以后而形成的移民社区。这类吊庄规模大、空间距离远，是移

① 摘自《宁夏脱贫攻坚工作资料》，宁夏回族自治区扶贫开发办公室资料。

② 摘自郭占元主编：《论世纪攻坚——宁夏西海固反贫困实践与思考》，银川：宁夏人民出版社，1998 年，第 138～147 页。

③ 摘自李宁主编：《宁夏吊庄移民》，北京：民族出版社，2003 年，“序言”，第 1 页。

④ 摘自李宁主编：《宁夏吊庄移民》，北京：民族出版社，2003 年，第 78 页。

⑤ 摘自《宁夏脱贫攻坚工作资料》，宁夏回族自治区扶贫开发办公室资料。

⑥ 摘自郭占元主编：《论世纪攻坚——宁夏西海固反贫困实践与思考》，银川：宁夏人民出版社，1998 年，第 138～147 页。

民吊庄中的中坚力量和典型代表。从1983年起，先后建成了大战场、马家梁、石坡子、狼皮子梁、扁担沟、玉泉营、闽宁镇、南梁台子、芦草洼、镇北堡、月牙湖、龙湖开发区等县外移民吊庄。这类吊庄起初实行“两地共管”（由迁出县和迁入县共管），待群众生活达到一定水平，各项社会事业形成一定规模后，再交属地县市人民政府管理。

二是县外插户吊庄移民。在迁入县人少地多的引黄灌区乡村，调剂部分土地，插花安置来自贫困山区的群众。迁入县负责从现有耕地中给移民每人划拨2亩土地，每户建2间房，1口水窖。迁出县负责搬迁并安排搬迁群众当年的生活及种子、肥料，保证一年生活口粮的供应和贫困户的救济。第二年年底，搬迁户生产、生活基本就绪后，移交迁入县管理。从1985年起，先后建成了中卫南山台子、陶乐五堆子与三棵柳、青铜峡甘城子、中宁长山头等县外插户吊庄基地。这类吊庄多集中在地多人少、尚有未开发和荒闲土地的地区，自然条件较山区更利于脱贫致富。

三是县内移民吊庄。20世纪80年代，宁夏建设固海扬水工程，工程控制范围的旱作农田变为灌溉农田。新灌区原住户的旱作承包地调整出土地，用于安置来自县内其他贫困乡村的群众，这种模式叫县内移民吊庄。县内移民也是俗称的“旱改水”，即在本县范围内，兴修水利，开发土地，将自然条件严酷或居住人口密度过大的贫困人口从干旱缺水的困难地区搬迁到新灌区安家落户、开荒生产的移民搬迁安置模式。[①] 从1980年同心县扬黄灌溉工程通水开始移民起，先后建成了同心河东、河西，海原兴隆、高崖、李旺等县内移民吊装基地。这类吊庄的一个突出特点就是建立在固海扬水工程的基础上。因其空间位移较小、成本低、行政隶属关系仅限于乡镇之间的变动，迁入地与原迁出地基本上属于同一社会亚文化类型，既便于组织，也易于文化心理的调适，在生产方式上接近于原迁出地。[②]

（2）扬黄灌溉工程移民（1995—2010年）

20世纪80年代初，按照《国家八七扶贫攻坚计划（1994—2000年）》，在吊庄移民的基础上，宁夏利用黄河水源优势，把黄河水上扬，引入周边土地，开发成新灌区，将贫困人口迁往此处居住，称为扶贫扬黄灌溉工程。[③] 1998年开始，宁夏陆续将30.8万人口从西海固贫困山区转移出来，建设了红寺堡县级扶贫开发区。[④] 这是以扶贫为宗旨的水利工程，也是把解决贫困问题与资源开发、生态建设、环境保护、国土整治有机结合的

---

① 摘自李宁主编：《宁夏吊庄移民》，北京：民族出版社，2003年，第179～180页。

② 摘自李宁主编：《宁夏吊庄移民》，北京：民族出版社，2003年，第180～189页。

③ 摘自《红寺堡之光》编委会编著：《红寺堡移民开发史》，银川：宁夏人民出版社，2009年，第38页。

④ 摘自《红寺堡之光》编委会编著：《红寺堡移民开发史》，银川：宁夏人民出版社，2009年，第48～59页。

系统工程和可持续发展工程，是大面积、大规模移民的典范模式。

红寺堡现有区域，1998 年以前作为部队用地使用。宁夏扶贫扬黄灌溉工程开工建设后，经协调，这片土地全部移交红寺堡管理，作为扶贫扬黄灌溉工程的开发用地。① 按照《国家八七扶贫攻坚计划（1994—2000 年）》，宁夏在 8 个国定贫困县，以解决 98 个贫困乡镇、139.8 万贫困人口的温饱问题为目标的“双百”扶贫攻坚战中，确立了“兴水治旱、以水为核心、以科技为重点、扶贫到村到户”的思路，在实施打井窖、修梯田、铺地膜，实施村村通电工程，着力改善基本生产生活条件的同时，1995 年 12 月，国家批准宁夏扶贫扬黄灌溉一期工程立项，启动实施了宁夏扶贫扬黄灌溉工程。1996 年，宁夏扶贫扬黄灌溉工程将百余千米之外的黄河水经过 4 级扬程，引到高出黄河水面 297 m 的红寺堡腹地，为千古荒原送来生命之水。1998 年，宁夏扬黄灌溉工程建设指挥部在红寺堡实施移民试点工作，工程面积包括整个红寺堡灌区。1999 年，自治区人民政府出台了《红寺堡开发区移民搬迁安置办法》，规定了移民范围和条件，移民主要是同心、海原、西吉、固原、彭阳、泾源、隆德 7 县生活在贫困带上的农民，重点是高寒、土石山区、干旱带上就地脱贫无望的农民，此外，还包括政策规定必须退耕还林还草的封山育林区以及水库淹没区的农户等。②

宁夏扶贫扬黄灌溉工程利用黄河水资源和黄河两岸可供开发的宜农荒地，发展扬黄新灌区用于安置移民，总体规划发展灌溉面积 200 万亩，其中红寺堡灌区 75 万亩，设计引水流量 25 m^3/s，重点实施了水利、农业、移民、供电和通信五项大工程，解决了 40 万贫困人口脱贫问题。③ 2005 年 9 月，国家发展改革委又对宁夏扶贫扬黄灌溉一期工程建设规模及初步设计概算进行了调整，批复项目开发总规模为开发土地 80 万亩，搬迁安置移民 40 万人，概算投资 36.69 亿元。该项目包括红寺堡扬水灌区和固海扩灌扬水灌区，涉及中南部 8 个县（区），现已搬迁安置移民 30.8 万人。④

（3）易地生态移民（2001—2007 年）

宁夏扬黄灌溉工程移民后，扬黄灌区的安置容量已近饱和，此后的生态移民安置在新建的小型灌区和调整的老扬黄灌区，采用县内搬迁方式，也就是易地生态移民。2001 年，宁夏作为国家易地扶贫移民搬迁试点工程省区之一，实施千村扶贫整村推进，先后

---

① 摘自《红寺堡之光》编委会编著：《红寺堡移民开发史》，银川：宁夏人民出版社，2009 年，第 38 页。
② 摘自《红寺堡之光》编委会编著：《红寺堡移民开发史》，银川：宁夏人民出版社，2009 年，第 38～43 页。
③ 摘自《红寺堡之光》编委会编著：《红寺堡移民开发史》，银川：宁夏人民出版社，2009 年，第 48～59 页。
④ 摘自《红寺堡之光》编委会编著：《红寺堡历史文化研究文集》，银川：宁夏人民出版社，2009 年，第 292～325 页。

在红寺堡灌区、盐环定扬水灌区、固海扩灌区、南部山区库井灌区、中卫市南山台灌区、平罗自流灌区、彭阳县长城塬灌区、农垦国有农场等处进行安置。

2001 年，为加快贫困地区脱贫致富进程，党中央提出，在西部地区对一部分生活在自然条件严酷、资源贫乏、生态环境恶化地区的贫困人口，实行搬迁移民，易地安置。国家发展改革委在宁夏、内蒙古、云南、贵州四省区实施易地扶贫移民搬迁试点工程。宁夏实施千村扶贫整村推进，对 1 118 个贫困村和 128.6 万贫困人口重点扶持。在易地扶贫移民搬迁试点工程中，宁夏坚持“政府引导、群众自愿、政策协调、讲求实效”的原则，按照“人随水走，水随人流”的思路，以居住在中南部山区偏远分散、生态失衡、干旱缺水、就地难以脱贫的贫困人口为搬迁对象，实施了易地扶贫移民。主要搬迁六盘山水源涵养林区 4.47 万人，涉及西吉县、海原县、原州区、隆德县、泾源县、彭阳县 6 县（区）39 个乡 415 个行政村；中部干旱风沙治理区 5.53 万人，涉及海原县、原州区、同心县、盐池县、红寺堡区 5 县（区）42 个乡 376 个行政村。从 2001 年开始至 2007 年年底，累计建设了 31 个项目区，开发土地 10.76 万亩，搬迁安置移民 14.72 万人。①

在宁夏，生态环境治理的重点区域与扶贫开发的重点区域相互重合。一方面，由于生态环境恶劣，群众的生产生活条件难以改善，生存环境日益恶化；另一方面，人民的生产生活又对生态环境造成了持续性破坏。因此，易地扶贫搬迁工程在宁夏又被称为“生态移民工程”。与原有的吊庄移民相比，易地扶贫搬迁移民主要是生态保护区、六盘山水源涵养林区、重点干旱风沙治理区和水库淹没区的贫困人口，2003 年又扩大到地质灾害发生区；易地生态移民大部分实行整村（自然村）搬迁，目的是彻底解决影响区域生态环境恢复的根本问题；对迁出区实行属地管理政策，即移民搬迁后，拆除原住房、供水、供电等设施，注销原驻地户口，土地由县人民政府统一调整纳入退耕还林规划，由林业部门统一造林、统一管护，这样一是方便政府管理，二是让移民安心在迁入地生活和发展。易地生态移民，不但全部享受国家退耕还林政策，而且国家按照人均 5 000 元的标准给予补助。②

（4）中部干旱带县内移民（2008—2010 年）

2008 年，利用宁夏已建成的扬黄工程，新建延伸一批水源工程，扩大供水范围，调整人均耕地占有量，并通过盐环定扬水续建工程、固海扩灌 11 泵站以后人畜饮水和节水

① 摘自《宁夏脱贫攻坚工作资料》，宁夏回族自治区扶贫开发办公室资料。

② 摘自中共宁夏回族自治区委员会党史研究室、宁夏回族自治区扶贫开发办公室、宁夏中共党史学会编著：《宁夏扶贫开发史研究》，银川：黄河出版传媒集团、宁夏人民出版社，2015 年，第 47～48 页。

灌溉工程、山区库井灌区节水改造工程，增加移民安置容量，进行县内移民。①

2008年，宁夏在千村扶贫整村推进中，借鉴“吊庄移民”等多年的移民经验，采取整村搬迁、集中或插花安置的形式，把西海固地区的扶贫开发纳入经济社会发展全局统筹考虑，实施了以劳务移民创收和特色种养业为主要收入来源，以改善生产生活条件为主要目标的中部干旱带县内生态移民工程。② 采取高效节水补灌农业和高效设施农业互补，结合移民区周边工业园区建设，开展农业生产与企业务工相结合的综合性安置方式进行移民。主要有六个特点：一是由以往插花搬迁、插花安置转变为整村整乡搬迁，集中安置；二是由以往跨县易地搬迁转变为县内生态移民；三是由以往人均2亩水浇地转变为依据安置地的水、土资源条件确定人均耕地面积；四是由以往安置地传统农业生产方式转变为发展高效节水设施农业和旱作节水特色农业；五是移民新村按照新农村建设的要求进行规划和建设，增加了村级活动场所、卫生室、科技服务站等，同时配套建设了沼气和太阳灶等农村能源设施；六是移民住房统一规划建设，为移民创造了整齐、美观、实用的居住和生活条件。2008—2010年，开发土地27.7万亩，搬迁安置了生活在中部干旱带上的盐池县、同心县、海原县、原州区、西吉县、沙坡头区6个县（区）520个自然村的贫困群众15.36万人。③

（5）“十二五”中南部地区生态移民（2011—2015年）

“十二五”期间，宁夏确立百万贫困人口扶贫攻坚战略，以县外安置为主，采用山川结合、集中插花结合、城乡结合等方式，进行中南部地区35万生态移民安置工作。采取山区川区结合、城乡结合、宜工益农结合、集中插花结合等多种途径，以县外安置为主，通过中北部土地整理新增耕地和适度开发部分宜农宜荒地安置移民。在北部引黄灌区，主要通过实施灌区节水改造，调整种植结构，提高水资源利用率，实现水资源优化配置。在中南部地区，主要通过对已建成的固海扬水、固海扩灌、盐环定扬水、红寺堡扬水灌区和库井灌区的节水改造，新建一批水源延伸工程、水库、集雨场和田间水柜等措施，大力发展高效节水农业和集雨补灌农业，解决农业用水问题。“十二五”生态移民搬迁原州、西吉、隆德、泾源、彭阳、同心、盐池、海原、沙坡头9县（区）34.5万人。④

---

① 摘自宁夏回族自治区人民政府：《宁夏中部干旱带县内生态移民规划提要（2007—2011年）》，2008年1月20日，第12～19页，http://www.cnki.com.cn/Article/CJFDTotal-NXZB200807007.htm，2008年7月1日。

② 摘自《宁夏中部干旱带县内生态移民规划提要（2007—2011年）》，宁夏回族自治区人民政府文件（宁政办发〔2008〕12号），2008年，第5页。

③ 摘自中共宁夏回族自治区委员会党史研究室、宁夏回族自治区扶贫开发办公室、宁夏中共党史学会编著：《宁夏扶贫开发史研究》，银川：黄河出版传媒集团、宁夏人民出版社，2015年，第48～49页。

④ 摘自《宁夏脱贫攻坚工作资料》，宁夏回族自治区扶贫开发办公室资料。

“十二五”生态移民的安置采用生态移民和劳务移民两种方式。第一种方式，生态移民，以有水有土地安置为主。一是开发土地集中安置。山区通过库井灌区、扬黄灌区节水改造、新建水源工程，对宜农宜荒地进行规模开发，建设移民新村。川区结合黄河金岸建设，现代农业发展、中北部土地整理、引黄灌区节水改造等重大项目，挖潜利用川区土地资源，调剂国有农林牧场耕地，安置移民。二是适度集中就近安置。移民迁出县（区）在乡镇范围内，选择靠镇、近水、沿路的区域建设大村庄，采用集雨补灌措施对原有耕地进行改造，就近适度集中安置。三是因地制宜插花安置。各市县根据实际情况采取灵活多样的办法，在有条件的地方插花安置部分移民。第二种方式，劳务移民，以务工安置为主。依托沿黄城市、重点城镇、工业园区、产业基地，建设移民周转房，集中安置部分移民。迁入县采取多种扶持措施，进行劳务技能培训，为务工人员实现稳定就业和增收创造条件，逐步建立起促进贫困地区人口向沿黄城市带、城镇转移的长效机制。①

（6）“十三五”易地扶贫搬迁（2016 年至今）

自 20 世纪 80 年代以来，宁夏用于移民安置的开发土地达到 160 多万亩，没有空间继续开发土地，所以“十三五”已不具备大规模集中安置的条件。② 但是，仍然有一部分群众需要进行搬迁安置。③ 结合国家《“十三五”时期易地扶贫搬迁工作方案》，④ 宁夏制订了易地扶贫搬迁规划，对截至 2015 年年底的中南部地区建档立卡贫困人口中的 8.09 万人实施易地扶贫搬迁，在宁夏 17 个县（区、市）、宁东等地进行了安置。⑤

“十三五”易地扶贫搬迁的对象定为，生存条件恶劣、公共服务难以保障、“一方水土养不起一方人”、就地脱贫难度大、搬迁愿望强烈的录入国务院扶贫办扶贫开发建档立卡系统的贫困人口，优先安排六盘山水源涵养林外围区、地质灾害易发区、地震活跃区的建档立卡贫困人口。采取山区与川区结合、城镇与农村结合、集中与插花结合、政府组织与市场化推动结合等多种途径进行安置。主要有 4 种安置方式：一是县内就近安置。在山区各县（区）将生存条件恶劣、居住过于分散、公共设施建设运行成本过高的贫困

---

① 摘自《宁夏“十二五”中南部地区生态移民规划》，宁夏回族自治区人民政府文件（宁政发〔2011〕34 号），2011 年，第 26～27 页。

② 摘自宁夏回族自治区人民政府：《宁夏“十三五”易地扶贫搬迁规划》，2016 年 8 月 16 日，第 13 页，http: //www.nx.gov. cn/zwgk/qzfwj/201910/t20191023_1811301.html，2016 年 8 月 23 日。

③ 摘自宁夏回族自治区人民政府：《宁夏“十三五”易地扶贫搬迁规划》，2016 年 8 月 16 日，第 12 页，http: //www.nx.gov. cn/zwgk/qzfwj/201910/t20191023_1811301.html，2016 年 8 月 23 日。

④ 摘自《宁夏脱贫攻坚工作资料》，宁夏回族自治区扶贫开发办公室资料。

⑤ 摘自宁夏回族自治区人民政府：《宁夏“十三五”易地扶贫搬迁规划》，2016 年 8 月 16 日，第 16～17 页，http: //www.nx.gov. cn/zwgk/qzfwj/201910/t20191023_1811301.html，2016 年 8 月 23 日。

自然村的部分群众，结合整村推进、美丽乡村建设，依托中心村、乡村旅游区，就近建设移民安置点，搬迁安置移民。二是劳务移民安置。依托沿黄城市带、清水河城镇产业带、重点城镇、工业园区、产业基地以及山区大县城，新建或回购符合标准的现有存量商品住房，安置有就业意愿、具有一定就业创业技能的移民。三是小规模开发土地安置。在有水土资源条件的县（区），通过挖掘潜力，小规模开发部分土地，或利用现有国家、集体耕地资源，安置少量移民。四是农村插花安置。在有条件的县（区），由安置县（区）人民政府采取统一收储、统一整修、统一编号、统一评估、统一公证的办法，回购当地农民进城后闲置在农村的房屋和土地，安置少量移民。①

1.3.3 宁夏生态移民迁出区主要生态类型

根据地理分布和农业特征，宁夏大体划分为南部黄土丘陵区、中部干旱区、北部引黄灌区、三山生态屏障（贺兰山、罗山、六盘山）（图 1-2）。“苦瘠甲天下”的西海固地区就是南部山区和中部干旱区的原州区、西吉县、隆德县、泾源县、彭阳县、海原县、同心县、盐池县等 8 个国家扶贫开发重点县（区）和红寺堡区省级扶贫开发县（区），以及沙坡头区、中宁县的山区部分，是我国 14 个集中连片特殊困难地区之一。这一地区处于我国半干旱黄土高原向干旱风沙区过渡的农牧交错地带，生态脆弱，干旱少雨，土地瘠薄，资源困乏。南部阴湿低温，如本研究的移民迁出区固原市泾源县，地处六盘山森林水源涵养区；中北部干旱少雨，如本研究的移民迁出区中卫市海原县，地处中部黄土丘陵区，再如本研究的移民迁入区吴忠市红寺堡区，地处中部半干旱沙化带。按照生态特点、自然条件和生态建设水平，总体来看，宁夏生态移民迁出区主要有三种类型②：

---

① 摘自《宁夏“十三五”易地扶贫搬迁规划》，宁夏回族自治区人民政府文件（宁政发〔2016〕66 号），2016 年，第 19 页。

② 摘自宁夏回族自治区人民政府：《宁夏生态移民迁出区生态修复工程规划（2013—2020 年）》，2013 年 10 月 31 日，第 22 页，http：//www.cnki.com.cn/Article/CJFDTotal-NXZB201323011.htm，2013 年 12 月 1 日。

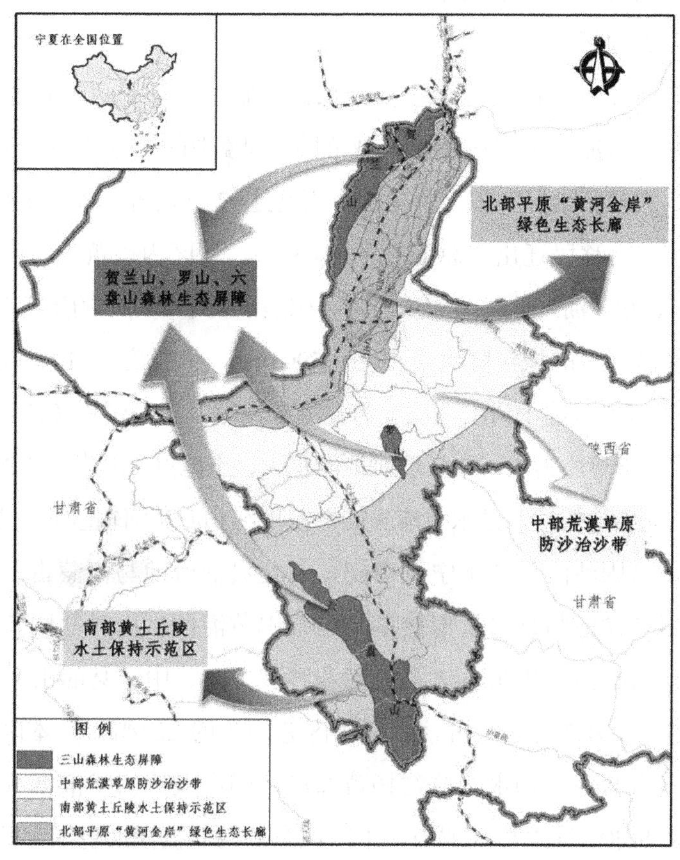

图 1-2 宁夏生态保护与建设重点示意图

（引自《宁夏生态保护与建设“十三五”规划》）

一是六盘山森林水源涵养区。位于宁夏西南部，北起南华山，西至月亮山、东至云雾山，南接甘肃平凉市。包括固原市原州区、西吉县、彭阳县、隆德县、泾源县，中卫市海原县部分地区，总面积 4 430.19 km^2。本区海拔大多在 2 500 m 以上，是泾河、清水河、葫芦河等河流的发源地，被誉为黄土高原上的“绿岛”和“水塔”。区域范围包括六盘山主体及其余脉南华山、月亮山、西华山周边地区的原州区、西吉县、隆德县、泾源县、海原县 5 个县（区）的部分地区，涉及 21 个乡镇，土地总面积为 162.5 万亩，占移民迁出区总面积的 12.77%。本区气候较为湿润，年降水量 450～700 mm，干燥度为 1～1.49，≥10℃积温 2 000℃，地形独特，动植物种类丰富，是宁夏重要的动植物资源基因库。土壤以山地灰钙土、黄绵土、黑垆土、草甸土等为主。植被类型多样，有温带落叶阔叶林、针阔叶混交林、山地灌丛草原、山地草甸草原和亚高山草甸等，是宁夏天然林和人工林的重点分布地区。[①]

二是黄土丘陵水土保持区。位于宁夏南部，北临中部干旱风沙草原区，东、南、西面分别与甘肃环县、平凉、靖远接壤。区域范围包括彭阳县、原州区、西吉县、隆德县、海原县 5 县（区）大部分地区，以及同心县、盐池县 2 县南部，涉及 68 个乡镇，土地总面积为 818.3 万亩，占移民迁出区总面积的 64.33%。[②] 区内以黄土丘陵沟壑区、土石山区为主，有清水河、葫芦河、茹河等河流。本区域是宁夏旱作耕地的集中分布区，还有固海扬黄灌区和库井灌区。本区域年降水量 300～500 mm，干燥度为 1.5～3.49，≥10℃积温 2 000～2 500℃。土壤以黄绵土为主，质地为轻壤或沙壤，土壤结构疏松。植被以人工落叶阔叶林、森林草原和干草原为主。本区坡耕地面积大、土地过度开发、生产条件差、贫困人口集中，生态具有先天脆弱性，是水土流失的严重地区和向黄河输沙的主要地区。[③]

三是干旱带防风固沙区。位于宁夏中部，东北灵盐台地与内蒙古鄂托克前旗、陕西定边相邻，西南卫宁盆地与甘肃景泰接壤，西临引黄灌区，南以盐同黄土丘陵沟壑区为界。区域范围包括同心县、盐池县 2 县北部和沙坡头区、中宁县的山区部分，涉及 7 个乡镇，土地总面积为 291.3 万亩，占移民迁出区总面积的 22.9%。[④] 本区是全区沙地和草原的集中分布区，有盐环定扬水、扶贫扬黄灌溉、固海及固海扩灌四大扬黄灌区，还有中部干旱带上唯一的水源涵养林区罗山。本区域东西两面被沙漠包围，植被以草原沙生植被和荒漠草原植被为主，气候干旱，年降水量 200～400 mm，干燥度为 3～4，≥10℃积温 2 500～3 000℃。本区光热资源丰富、水资源匮乏、植被稀疏、沙化土地广布、草场退化严重。土壤以灰钙土、淡灰褐土和风沙土为主，结构松散、沙性大[⑤]。

1.3.4 宁夏生态移民政策实践评估

30 多年的努力，开启了宁夏扶贫开发工作新格局，协调了宁夏南北区域格局，实现

---

① 引自《宁夏生态保护与建设“十三五”规划》，宁夏回族自治区人民政府文件（宁政发〔2016〕77 号），2016 年，第 22 页，http://www.nx.gov.cn/zwgk/qzfwj/201811/t20181108_1158110.html，2016 年 10 月 24 日。

② 摘自《宁夏生态移民迁出区生态修复工程规划（2013—2020 年）》，宁夏回族自治区人民政府文件（宁政发〔2013〕110 号），2013 年，第 24 页。

③ 引自《宁夏生态保护与建设“十三五”规划》，宁夏回族自治区人民政府文件（宁政发〔2016〕77 号），2016 年，第 19 页。

④ 摘自《宁夏生态移民迁出区生态修复工程规划（2013—2020 年）》，宁夏回族自治区人民政府文件（宁政发〔2013〕110 号），2013 年，第 25 页。

⑤ 引自《宁夏生态保护与建设“十三五”规划》，宁夏回族自治区人民政府文件（宁政发〔2016〕77 号），2016 年，第 18 页。

了扶贫、社会、生态、经济效益“多赢”。实施生态移民，既可契合脱贫减贫目标，又可统筹山川空间格局，对恢复和保护生态环境具有积极作用。[①]

一是区域空间统筹发展。宁夏坚持上下“一盘棋”，统筹城乡空间发展格局，“以川济山、山川共济”，根据山川地区人口承载能力，统筹山川资源，整合人力资源、土地资源、水利资源和财力资源，统一规划，优化人口布局，将部分山区贫困人口迁入承载能力较强的引黄灌区，使得移民们获得了相对较好的发展空间，同时有效减轻了贫困山区人口承载压力。从吊庄移民开始，就把西海固地区的贫困群众，跨区域吊庄移民到川区进行开发性生产，生态移民工程减轻了宁南山区的人口、土地承载压力，又有序实现了劳动力由宁南山区向中北部转移，促进了山川共济、共建共享。[②③]

二是实现生态移民致富。解决西海固的贫困问题，关键在于缓解人口压力，从根本上改善生产生活条件。根据迁出地、迁入地的资源和环境条件，结合群众意愿和安置条件，创新开展了生态移民、劳务移民、教育移民、插花移民等移民方式。特别是按照“人随水走，水随人走”和“近水、靠城、沿路”的思路，采取开发土地、集中安置等方式，实现了小开发、大保护，有效降低了公共设施建设运行成本，提升了公共服务水平。实施易地扶贫搬迁，统筹住房、产业、农田、水利、基础设施和公益事业建设，实现通水、通路、通信息、通广播电视、通客车，有增收的支柱产业、有经济合作组织、有综合服务网点、有文化体育活动场所、有标准卫生室、有团结干事的“两委”班子、有集体经济收入、有驻村工作队。先后出台了涉及搬迁、土地、户籍、住房、产业、教育培训、资金管理、社会管理等政策，实现了生态建设和移民搬迁健康有序。移民实行属地管理，由安置区所在县市（区）承担各项社会管理职能。结合生态移民工程，新建、调整了农业基础设施，探索发展主导产业，在产业发展上分类指导，针对不同贫困带（片）确定因地制宜的开发重点，推动农业农村经济跨越式发展，改善移民生产生活条件，增加了移民人均收入。[④]

三是改善生态环境。移民搬迁后，迁出区人为破坏生态环境的行为明显减少，大大减轻了迁出区的生态环境压力。迁出区土地荒漠化、沙化现象得到了有效遏制，水土流失、风沙肆虐的状况有了较大改观，局部地区气候有了明显改善，既巩固了退耕还林成

---

① 摘自张耀武主编：《宁夏扶贫实践与创新研究》，银川：黄河出版传媒集团、宁夏人民出版社，2013年，第85～93页。

② 摘自中共宁夏回族自治区委员会党史研究室、宁夏回族自治区扶贫开发办公室、宁夏中共党史学会编著：《宁夏扶贫开发史研究》，银川：黄河出版传媒集团、宁夏人民出版社，2015年，第52页。

③ 摘自《宁夏脱贫攻坚工作资料》，宁夏回族自治区扶贫开发办公室资料。

④ 摘自《宁夏脱贫攻坚工作资料》，宁夏回族自治区扶贫开发办公室资料。

果，又达到了恢复生态的目的，实现了脱贫致富与生态建设的“双赢”，促进了人与自然的和谐发展。“十二五”期间，迁出区的生态恢复230.1万亩，迁入区绿化4.1万亩；“十三五”期间，迁出区计划生态恢复40.61万亩，迁入区绿化0.1万亩。[①]

整体来看，移民工程成效显著，但也存在一些问题和潜在影响值得关注。现有研究更多地关注了迁入地经济发展、脱贫成效等。例如，移民安置地的政策供给（张瑜，2016）、社区建设（衡艺聪，2018）、社会管理（马从礼，2015）、生计方式变化（束锡红等，2017）、产业结构（黄立军，2016）、定居意愿（胡西武，2020）、生态安全（陈晓等，2018；王鹏等，2019）等方面。宁夏生态移民在移民前世居宁南山区，多年的生产实践中总结了很多适应当地气候环境的传统知识，具有重要的价值。移民后，生活的自然环境发生变化，迁入地与迁出地的气候、温度、土壤、水分等生态因子存在差异，农业产业发展过程中需要适应新的自然环境，移民拥有的传统生物遗传资源能否保留，有很大的不确定性，这一问题鲜有关注。

1.4 生态移民与生物多样性相关传统知识之间的关系

1.4.1 生物多样性相关传统知识的概念

与传统知识（traditional knowledge）相关联的词汇有：传统生态知识（traditional ecological knowledge）、地方性知识（local knowledge）、土著知识（indigenous knowledge）、遗传资源（genetic resource）、生物资源（biological resource）等（Gadgil M，1993；Barrance A J，1995；Huntington H P，2000；Parrotta J A，2007；Marlowe J，2015）。有关传统知识概念，Berkes 指出，土著群体根据他们在当地开发资源的使用惯例，响应和管理生态系统。这些蕴含传统文化习俗的本地生态知识解释和响应了来自环境的反馈，用于指导当地的资源管理。而且，传统生态知识有助于社区保护，契合了人与自然耦合系统的领域（Berkes，2000）。Drew（2005）指出，传统生态知识是通过人类与自然界之间多代密切互动而积累的多种知识体系，包括密克罗尼西亚系统分类中的民间分类学，基里巴斯的保护物种知识以及伯利兹的渔民对保护区设计的生态相互作用知识等。在中国，薛达元等（2009）提出了传统知识分类体系的五大类型，包括传统选育农业遗传资源的相关知识、传统医药相关知识、与生物资源可持续利用相关的传统技术及生产生活方式、与生物多样性相

① 摘自《宁夏脱贫攻坚工作资料》，宁夏回族自治区扶贫开发办公室资料。

关的传统文化、传统生物地理标志产品相关知识。薛达元的分类体系是我国传统知识研究的重要理论基础和依据。

1.4.2 生物多样性相关传统知识研究热点

《生物多样性公约》（CBD）第 8（j）条明确了传统知识的内容（薛达元，2006）。1998—2018 年的 20 年间，《阿格维古自愿性准则》《爱知目标》《名古屋议定书》等，不断完善、细化传统知识保护、惠益分享方面的内容（薛达元，2019）。当地人民在培育、应用和保护生物遗传资源过程中积累的知识正在逐步受到国际保护（薛达元，2014）。有关传统知识的研究热点主要集中在生物资源管理、生物文化保护、传统知识调查与评估、惠益分享制度等方面。

（1）生物资源管理方面。包括生态系统的管理、生物遗传资源的管理，这一方向多年来一直引领传统知识的研究热点。Gadgil M（1993）研究表明，一些土著群体利用当地的景观和经验法则来增加其异质性，可持续地管理生态系统和生物多样性。这些知识的保护会促进土著人民建立良好的以社区为基础的资源管理系统。Fikret Berkes 等（2000）总结了一些典型案例，表明生态系统管理中存在多种本地或地方的传统做法，包括物种管理、资源轮换、继承管理等生态管理方式。这些做法的背后有其相应的社会机制，包括一些利于当地管理和社会监管规则的社会机制和文化习俗（Cernea M M，2003）。Chazdon R L（2009）指出，人们积极管理和改造了乡村景观，对生物多样性保护、提供生态系统服务和农村生计可持续性起到了积极作用。De Albuquerque UP（2007）研究表明，巴西的一个生物群落 caatinga 植物，具有重要的民族药用治疗用途，而且与多样的文化遗产密切相关。Yeşilada E（1995）研究表明，南安纳托利亚金牛座山脉地区的民间医学包括传统的药用生物和方法，研究中对方言名称、使用的部位、药物的制备方法和药用价值进行了列举。Heinrich M（1998）研究表明，墨西哥本土医疗系统的重要组成部分就是当地的药用植物资源，也是地方性传统文化和知识的重要内容。

（2）生物文化保护。生物文化将生物和文化的概念密切结合（Gavin M C，2015），是传统生态知识的重要形式（毛舒欣，2017），也是传统知识研究的热点之一（王艳杰，2015）。Gavin M C（2015）提出了一套生物文化保护方法，吸取了以往不同保护模式（例如，共同管理、综合保护与发展以及基于社区的保护等）的经验教训，概述了生物文化保护计划的八项原则，助力维持动态且相互依存的社会生态系统，成为减少全球生物和文化多样性丧失的有力工具。Cocks M 等（2006）提出，文化是涉及跨文化交流的动态过程和对传统的重新表达，生物文化多样性解释了原住民和本地人文化价值的持续存在。Cocks M 等（2014）通过对南非“非传统”amaXhosa 的研究，重新评价了生物文化多样性的概念，这一概念涉及了人类的价值观和实践，包括景观、物种和遗传水平上的生物多样性，涵盖了具有文化底蕴的自然生态系统中野生物种保护、人类创造的景观要素和农业等领域。

（3）传统知识调查与评估。Sandra Díaz 等（2015）指出，生物多样性和生态系统服务政府间平台（IPBES）于 2012 年建立，这个平台用以加强科学政策互动，长期服务人类发展。IPBES 包含了土著知识和地方知识内容，在生物多样性和生态系统的评估和政策制定中发挥着重要作用。这个平台也为不同领域的学者和人民建立了更广泛的联系。Rosemary Hill 等（2020）指出，土著和地方知识对于全面评估自然以及自然与人的联系至关重要，IPBES 正在促进全球不同知识系统的联系。刘冬梅等（2018）建立了中国传统知识调查技术方法体系，为政府决策提供科学依据。

（4）惠益分享制度。薛达元（2011）指出，《名古屋议定书》中遗传资源和传统知识获取与惠益分享制度是重点和关键。谈判的焦点包括遗传资源的定义中是否包括衍生物，以及如何利用遗传资源等问题，为下一步立法奠定了基础。赵富伟等（2017）指出，区域贸易协定的双边模式，将遗传资源获取与惠益分享规则纳入其中，这为协调国际贸易制度与《名古屋议定书》冲突提供了新思路，但是遗传资源保护与持续利用国家对策的多公约之间的协调问题亟待解决。武建勇（2017）提出，获取与惠益分享的国家立法，应当明确所有权的问题，明确 ABS 管理问题，加强后续监管和跟踪监测。李一丁（2019）指出，基于“一带一路”倡议，中国可以双边路径为主、多边路径为辅，为全球生物遗传资源获取和惠益分享提供中国方案。

1.4.3 生态移民与生物多样性相关传统知识的关系

生态移民在发展历史上经历了与迁出地不同的自然和人文环境，他们能够利用的生物资源和所掌握的相关知识逐步发生了变化（Bahru T et al.，2014；Zhang Q et al.，2012；Yaseen G，2015）。虽然搬迁后生态移民的传统知识依然发挥作用，但传承前景堪忧。不同地区生物多样性相关传统知识既有差异性，也有相似性，其保留程度与生态环境、传统文化、风俗习惯、生产生活方式有密切关系（Bollig M et al.，1999；Linstädter A et al.，2013；Naah JBS et al.，2017）。

（1）生态移民与传统生物遗传资源。生物遗传资源的关键载体是遗传基因，新品种的改良也依赖于遗传基因。然而，传统地方品种如果消失，其所携带的基因也会消失，品种改良也就没有了基础（薛达元，2005）。如果移民不能很好地保留和合理利用传统生物遗传资源，会有很多传统种质资源因此丧失，不利于发展和传承（马瑛，2019）。迁移使得与传统遗传资源相关联的知识发生着新的变化（李巍，2016）。Monika Kujawska 等（2017）研究居住在阿根廷的巴拉圭移民在植物认知和分类上的实践，描述了重要的文化信仰内容。一些少数民族社区，例如夏藏滩水库移民、毛南族移民、前滩村移民等移民部分传统种植的农作物不再保留，一些传统品种逐步被新品种替代（周拉等，2014；刘银妹，2015；郑燕燕，2014）。甘肃、青海等地牧民搬迁后定居，改变了原有的传统生产生活方式（江波等，2007；索南多杰，2016）。移民后，原有的游牧、渔猎和农耕文化，随着移居环境的变化发生着变化，原有的赖以生存的农业遗传资源面临着如何传承和发展的挑战（周鹏，2013）。

（2）生态移民与传统医药。生态移民的传统医药知识有着深刻的文化内涵。Heidemarie Pirker 等（2012）关注了移民背景下药用植物传统知识的变迁，在不同的时间尺度分析了移民到澳大利亚、巴西和秘鲁的蒂罗尔人及其后裔持有的药用植物传统知识的变化，得出了长距离迁移背景下这些传统知识的复杂性和动态化。蒂罗尔移民在迁移到另一个国家时并不仅仅适应新的文化，也在同步使用传统药用植物，一些传统做法被放弃，一些新的元素被纳入其中。Han G S 等（2017）研究悉尼的韩裔澳大利亚移民的民族医疗知识时发现，事实上移民们已改变和重组了他们最初的医疗保健和文化习俗。在 Fontefrancesco M 等（2019）的研究中，意大利西北部的阿尔巴尼亚和摩洛哥移民，食用植物和草药的用法有着不同的文化适应策略。Gabriele Volpato 等（2009）指出，居住在古巴卡马圭的海地移民，其传统民族植物知识富含古巴文化，迁移后海地移民传统文化迅速消失，未记录的民族医学信息可能永远丢失。Waldstein A（2008）指出，墨西哥移民融入美国生活后，墨西哥文化中一些促进健康的医学知识丧失。梁媛等（2015）研究表明，彝族移民后，掌握老彝文的毕摩不再具有重要地位，在当地的作用慢慢减弱，由此老彝文记载的医药知识面临断代局面。

（3）生态移民与传统生计方式。生态移民的传统生产生活技术蕴含重要的生物多样性和生态系统相关知识（薛达元等，2009；Athayde S，2018）。Casali M E 等（2015）关注了意大利摩德纳移民的生活方式和饮食习惯变化，移民们对饮食结构的良好策略与原籍国的信仰、传统文化以及对食物的适应性有关。Susan Cassels 等（2005）以印度尼西亚北苏拉威西省的移民为例，解释移民从环境中获取资源、维持生计的自然资源开采行为，移民与当地的同化更为明显。Rogers S 等（2006）指出，内蒙古的移民安置使其社会关系和交流环境发生变化，使得原有的社会网络重构。一些牧民移民后，游牧放牧转变为定居圈养，或者因为用水等成本高的问题，生产生活适应难度较大（赛汉，2010；张丽君，2012）。Wilmsen B 等（2011）指出，三峡大坝移民从农村到城市，通过移民政策项目给予的补偿和利益获得了恢复生计的资本，但这种利益是短期的，并不能保障其可持续生计的需求，需要采取更多积极的措施确保重新安置的稳定性。一些移民转变生计，经过培训学习，成为产业工人，与其生计相关的传统知识发生了很大变化（李秀英，2012；董亮，2014；张丽君，2016；祁进玉，2011；苍铭，2006）。

（4）生态移民与传统民族文化。生物和文化有着融合、互促、发展的必然联系（Pretty J et al.，2009）。生态移民拥有的文化体系（Cernea M et al.，2010；薛达元，2014），在迁移后不断地进行适应和调适（丁风琴等，2016；李秀英，2012）。自然崇拜物，如河流、湖泊、山石、森林、树木等，糅合了移民对当地自然资源保护与利用的生态观念。Bruce A 等（2001）研究表明，传统文化在保护当地干旱森林残留斑块中发挥了积极作用。圣地禁忌在很多地区起到了保护生物多样性的作用（Liu H M，2002）。王程等（2014）研究发现，移民搬迁后选择橡胶林作为新坟山，经过搬山仪式，严格按照圣地的禁忌习俗加以对待，这一传统促进了安置地的生态保护。传统文化中包含了对自然环境资源管理的传统知识、对生物多样性保护的优良传统、对生物资源持续利用的经验等，对于指导生产实践和管理有着重要意义（龙春林，1999；银杰，2013）。

1.5 生态移民与生物多样性相关传统知识研究的理论与方法视角

生态移民和传统知识研究关联性的切入点是民族生态学学科体系。民族生态学是研究民族与环境之间相互作用关系的科学（冯金朝等，2004）。本研究基于人与自然环境协同发展、和谐相处而积淀的民族生态文化知识变迁的视角，结合民族学、生态学、民族植物学、人类生态学、社会学等学科的理论和方法，综合性地开展研究（冯金朝，2015）。

1.5.1 本课题相关联的理论研究

（1）可持续发展理论

可持续发展理论是民族生态学的基本理论之一，是研究人口、资源、环境与经济社会协调发展的关键性理论（冯金朝等，2014）。可持续发展的定义在《我们共同的未来》

中提出，可持续发展理论在《寂静的春天》中阐述和形成。1989年，联合国环境规划署（UNEP）在“可持续发展”声明中明确了这一概念，阐述如何合理使用自然资源的事宜。1992年，《里约宣言》和《21世纪议程》，将可持续发展作为未来长期发展战略（罗慧等，2004）。可持续发展理论对于生态移民的生物多样性相关传统知识研究具有重要指导意义。主要表现为：一是中国生态移民政策实施的理念，体现了人口与环境的协调发展。二是对于生态移民的迁出地修复、迁入地选择、资源的合理利用、移民后续产业的方向等问题的解决，均需要可持续发展理论的指导。

（2）人口迁移理论

人口迁移理论是生态移民研究的基础理论（骆新华，2005）。人口在两个地区之间的地理流动或者空间位置上的永久性或长期性的移动称为人口迁移。人口迁移的理论解释主要有“推拉理论”“双重劳动力市场理论”“新古典主义迁移理论”等（朱杰，2008；陈红艳，2016）。“推拉理论”是生态移民研究方面的重要理论基础。推拉理论中，人口迁移可以认为是迁出地的推力，也是迁入地的拉力。迁出地的推力涵盖了自然环境变化、人口承载压力、贫困、资源短缺等因素；迁入地的拉力包括良好的生产生活环境、公共服务等内容，移民的产生基于迁出地的推力大于迁入地的拉力（黄海燕，2016）。而且，在迁出地的推力（如生产生活条件不好、就业机会少、公共服务不健全等）和迁入地的拉力（优越的环境等）共同作用下产生了人口迁移。生态移民的模式和路径可以认为是典型的人口迁移模式。

（3）生态恢复理论

生态恢复理论在生态系统多样性保护和移民迁出区的修复上发挥着指导作用。生态恢复是生态系统演替的关键，是生物群落和生态系统产生动态变化的过程，正常的演替，使得生态系统趋向稳定（任宪友，2008）。生态修复可以认为是修复损坏的过程，也可以认为是维持生态系统健康和更新的过程，还可以是促进生态管理的过程（师尚礼，2004）。生态移民后，迁出地的修复基于生态恢复理论，生态移民的迁出可以认为是生态系统中撤出了一个干扰生态稳定性的因素，使生态系统可以通过本身的反馈机制对内部结构和相关功能进行调节，以此维持稳定有序的生态系统，使得生态系统恢复健康和更新的状态。

（4）多元治理理论

在多元治理理论中的主体多元，为解决生态移民后生物多样性相关传统知识的保护策略提供了可尝试的视角。一般来说，公共治理指公共管理组织维持秩序和满足公众需求的过程。其主体包括党和政府、各类组织和个人等。各类组织包括民间组织、行业协会等（钟时，2013）。公共治理包括多层级治理、网络治理、多中心治理等模式，以及不同度量体系的评价指标，从公民的利益与偏好出发，形成正式的权力结构，到自主管理的产出与结果，最后对利益相关者进行绩效评估（任声策，2009）。公共治理，应当注重除了国家常规的方法外，一些公共组织、民间组织、行业协会等的共同作用，其目标是实现规范的管理，以及促进公共利用最大化（魏涛，2006）。所谓的多元，也是一个多中心治理，可以从政府、市场、社会等多个角度来发挥作用，实现可持续的公共治理结构。

近些年，我国生态移民主要为政府主导式移民，而移民变居民的关键，需要转变治理方式、措施和手段，结合经济、文化、社会、生态等多个方面，由行政干预、行政管理方式转变为行政、社会、生态等多元化方式，发挥市场、社会的自我调节能力。在生态移民的生物多样性相关传统知识保护策略研究上，更需要地方行政管理、地方生态建设、地方性知识和文化、地方产业发展模式、地方产学研主导方向等各个方面的协同互促作用。

1.5.2 本书中民族生态学定量分析方法应用

本书有关民族生态学的定量研究，主要用于分析和比较移民村落和溯源地村落（迁入地和迁出地）载有传统知识的生物遗传资源提及情况，与该目标相吻合的分析方法包括 Jaccard 指数（JI）、相对引用频率（RFC）等[①]。这些指数可计算、分析和处理不同生态类型村落传统生态知识的重要性、共有性和差异性情况。

（1）Jaccard 指数（JI）

该指数用来反映样本间的相似性和分散性。JI 最早由瑞士植物学家 Paul Jaccard 于 1901 年提出，后常用于生态学研究中比较群落间的物种多样性的相似性和关联度。该指数可以恰当地用于移民村落和溯源地村落利用传统生物资源及传统知识相似性程度的比较分析。

（2）相对引用频率（RFC）

这一概念由西班牙民族植物学家 Javier Tardio 和 Manuel Pardo-de-Santayana 于 2008 年提出，指不考虑某物种的用途类型，提及物种有用的受访者总人数占所有受访者人数的比例。RFC 可以表明某个物种在相应地区的价值和重要性。由此可以分析移民村落和

① 摘自王玉华，王趁主编：《民族植物学常用研究方法》，杭州：浙江教育出版社，2017 年，第 90～116 页。

溯源地村落相应传统生物资源及传统知识的价值和重要性，为其开发和保护提供依据。

Evert Thomas 等（2007）在阿根廷巴塔哥尼亚干旱和森林环境中的原住民社区之间的传统野生植物知识比较研究，Heidemarie Pirker 等（2012）对迁移到澳大利亚、巴西和秘鲁的蒂罗尔人持有传统药用植物知识的转变研究，Matthias S. Geck 等（2016）在墨西哥南部地区药用植物知识的区域比较研究，Roberta Anne Lee 等（2001）在来自密克罗尼西亚联邦一个案例的文化动态与变化研究，Anna Waldstein 等（2008）关于墨西哥移民社区的传统医学与文化研究等，契合了地域性传统知识比较与变化方面的研究，也为本研究提供了借鉴思路。

现有的理论和研究有助于深入理解中国生态移民政策和发展方向，在解决生态移民相关问题上提供了理论支撑。但是生态移民与传统知识保护研究课题属于交叉学科，涉及基础编目、田野调查、植物鉴定等内容，需要建立在植物分类学、生态学、人类学、民族学、社会学等多个学科的基础上，才能科学地鉴定、分类和诠释载有传统知识的生物遗传资源情况。所以现有的理论在解决生态移民与传统知识保护冲突方面有着充分的优势，但在具体研究中仍有一定的局限性和不足之处，需要多角度研究和探讨。

综上所述，有关生态移民的研究呈上升趋势，是国内外热点问题，主要偏重于生态移民产生的经济、社会效益等方面；有关传统文化、传统知识的研究也很成熟，主要在人类学、民族学和民族生态学等学科领域呈体系化发展。然而，将两者结合起来，研究它们的关系和影响，具体来说，关于生态移民对传统文化、传统知识影响方面的现有研究非常有限。生态移民和传统知识的关系非常重要，因为它们的关系和影响决定了未来生态移民的可持续性，决定了生态移民的传统文化传承发展。这些问题在民族地区的生态移民政策实施中特别重要，亟待研究。

第 2 章 内容与方法

2.1 研究目标

本研究通过田野调查、定量研究等方法，揭示生态移民对生物多样性相关传统知识的影响，研究分析生态移民政策影响下，移民的传统知识变化和对传统知识变化的感知，找出影响因素，为进一步完善生态移民相关政策和制度措施提供建议，并为当地少数民族地区在移民过程中保护和传承优秀的传统文化和传统知识提供技术支持。

2.2 研究内容

2.2.1 宁夏生态移民典型村落传统生物遗传资源及传统知识的类型和重要价值分析

主要通过文献研究和田野调查的方法，收集、梳理地方资料，针对传统知识的五个类型，通过梳理迁出地和迁入地这五类传统知识的保存现状，获得各村拥有传统知识的数量及类型数据。再通过 6 个典型村庄的传统知识类型及重要价值（RFC）分析，探讨传统知识的特征和保留情况。

2.2.2 宁夏红寺堡区不同来源地生态移民传统知识保留情况的比较研究

通过定量分析（Jaccard 指数）方法，比较各村生态移民传统知识使用情况，分析和比较不同来源地（宁夏半干旱沙化区域、黄土丘陵区和森林区域）生态移民传统知识的相似性和差异性，并分析传统知识典型案例，探讨生态移民传统知识变化情况。

2.2.3　宁夏红寺堡区不同来源地生态移民对传统知识变迁的感知

通过多因素方差分析及对传统知识变化的感知访谈，分析不同来源地移民搬迁后传统知识保留和消失的趋势、原因，了解生态移民对传统知识保护和发展的态度及保护意愿。

2.2.4　宁夏生态移民的生物多样性相关传统知识保护策略

根据前文的分析，研究针对生态移民过程中传统知识受威胁的因素，保护与利用中存在的问题，提出保护和可持续利用策略。

2.3　研究方法与技术路线

本研究在查阅历史文献、年鉴等资料的基础上，结合田野调查、访谈等人文社科的方法，对生态移民的传统知识进行深入了解、编目和研究；结合植物鉴定、定量数据分析、统计软件处理等理工科类的方法，对生态移民的传统知识多样性、重要价值，不同来源地生态移民的相似性、差异性等问题进行分析。本研究以宁夏生态移民迁入地红寺堡区、迁出地泾源县和海原县等地为研究地点，选取了迁入地和迁出地的 6 个代表性村落进行实地调查，通过梳理迁出地和迁入地五大类传统知识的保存现状，获得各村拥有传统知识的数量及类型数据。采取滚雪球抽样法、半结构化访谈和问卷调查，并辅以自由列举法分析各类型传统知识的重要价值。通过比较各村生态移民传统知识使用情况，分析和比较不同来源地（宁夏半干旱沙化区域、黄土丘陵区和森林区域）生态移民传统知识的相似性和差异性。再通过多因素方差分析及对传统知识变化的感知访谈，分析不同来源地移民搬迁后传统知识保留和消失的趋势、原因，了解生态移民对传统知识保护和发展的态度及保护意愿，进而深入探讨传统知识的保护策略。技术路线见图 2-1。

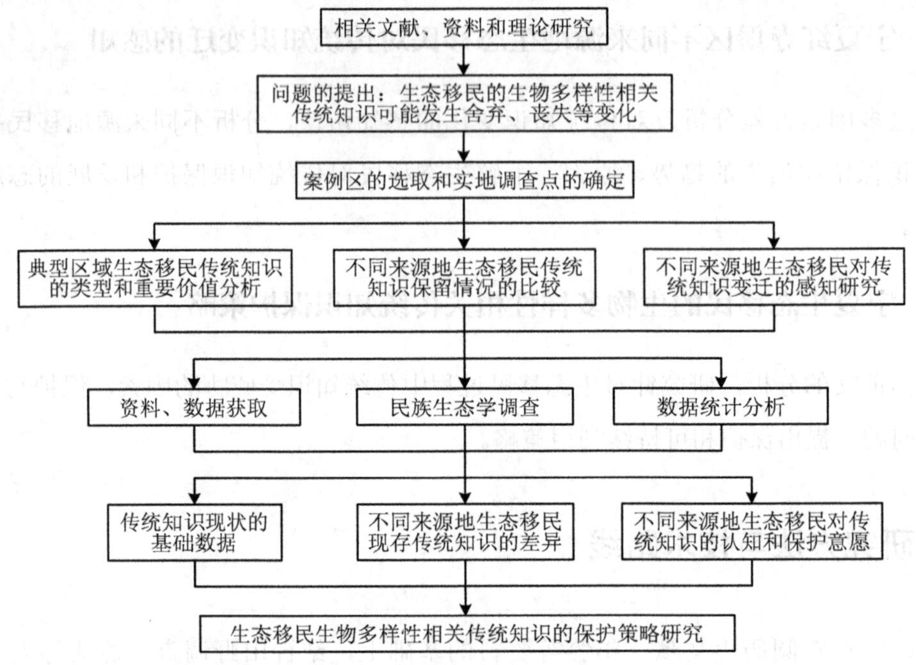

图 2-1 本研究的技术路线

2.3.1 文献研究和资料收集

（1）搜集和整理宁夏地方性文献资料，了解宁夏生态移民项目、区域生物资源的生境、分布等情况，总结分析自然资源、社会经济状况、当地传统文化等情况。走访宁夏吴忠市红寺堡区（生态移民迁入地）和固原市泾源县、中卫市海原县（生态移民迁出地）人民政府及各县政府相关部门，包括统计、农牧（种子站、兽医站、农科所）、林业、文化、民族宗教、卫生（医药部门）、科技、工商等部门，收集当地《区志》《统计年鉴》《资源环境集》《农业普查数据》《农业志》《农作物品种志》《种植区划》《畜禽品种志》《林地资源调查报告》《药用植物资源》《传统药用方剂疗法》《史志》《文化志》《传统饮食文化集》《传统文学工艺集》《村庄建筑设计》《民族志》《地理标志产品注册情况》，以及其他一些反映当地自然地理环境、生物多样性现状、社会经济发展、民族文化历史的基础资料。

（2）结合薛达元教授课题组的“回族传统知识词条编写报告”，梳理宁夏生态移民有关的生物多样性相关传统知识目录框架，以此为基础资料开展研究。

（3）阅读国内外有关生态移民的传统知识变迁文献，把握研究动态。

2.3.2 田野调查与案例研究

通过半结构访谈（semi-structured interview，SSI）、关键人物访谈（key informant interview）等方法，梳理迁出地和迁入地传统知识保存现状，获得各村拥有传统知识的数量及类型数据。采取滚雪球抽样法，每村选取 30%的农户（6 个村共选取了 315 户村民）进行半结构化访谈和问卷调查，了解迁入地和迁出地的村民对传统知识的使用情况，并辅以自由列举法分析各类型传统知识的重要价值（Geng Y et al.，2017；He J et al.，2019；Tinsae et al.，2014）。所有访谈程序获得事先知情同意，记录人口统计特征（性别、年龄、教育情况等，表 2-1）（Naah J B S N et al.，2018；Nunes A T et al.，2015），并运用民族学的方法，分析访谈案例（祁进玉，2011）。

表 2-1 受访者社会人口学特征

类别	性别		年龄/岁				教育程度			
	男	女	≤19	20～39	40～59	≥60	I	P	J	H
a 村	21	21	4	10	18	10	13	22	4	3
b 村	21	18	4	13	17	5	16	16	4	3
c 村	42	31	5	13	38	17	27	32	11	3
d 村	27	41	6	24	21	17	31	19	16	2
e 村	26	22	6	11	19	12	18	16	9	5
f 村	28	17	3	14	14	14	23	14	5	3
数量	165	150	28	85	127	75	128	119	49	19
比例/%	52	48	9	27	40	24	40	38	16	6

注：教育程度，I——文盲；P——小学；J——初中；H——高中。

2.3.3 数据分析

（1）生物标本鉴定

整理调查记录、照片与数据，进行标本鉴定与数据分析（Mao SSY et al.，2018；Thakur D et al.，2017）。调查过程中各类植物采集凭证标本和实物材料，以《中国植物志》《宁夏植物志》《六盘山植物图志》《宁夏南华山动植物图谱》《宁夏罗山维管植物》等文献为鉴定依据，凭证标本存放在中央民族大学植物学实验室。采集并初步鉴定后，在宁夏林业研究院朱强老师，中央民族大学龙春林老师、刘博老师和南京农业大学强胜老师等植物分类学专家的帮助下进行植物分类鉴定。被子植物用 APGIV 系统进行排序，蕨类植物用秦仁昌先生的分类系统进行排序，裸子植物用郑万钧先生的分类系统进行排序，所有植物的拉丁名在 the Plant list 官网进行了验证。

（2）民族生态学定量分析方法

用相对引用频率（RFC），计算、分析和处理不同生态类型村落传统生态知识的重要性、共有性和差异性情况。用 Jaccard 指数（JI）对不同村落利用传统生态知识的相似性程度进行比较分析。

a）相对引用频率（RFC）：

$$\mathrm{RFC}=\frac{\mathrm{FC}}{N}$$

表示提到某类与传统知识相关的生物遗传资源的受访者人数（也称为引用频率，FC），除以所有参与调查的受访者人数（N）。RFC 的数值越大，表明某生物遗传资源在该地区越重要，越有价值。这个数据支撑了生物遗传资源重要性列表的优先顺序，生物资源的重要性取决于对它受访者的数量（Bullitta S et al.，2018；Sara V et al.，2013）。

b）Jaccard 指数（JI）：

$$\mathrm{JI}=\frac{C}{A+B-C}\times 100$$

其中，A 表示村庄 a 中村民利用的某类传统知识的生物资源物种数；B 表示村庄 b 中村民利用某类传统知识的物种数；C 表示 a 村和 b 村共同利用的物种数。JI 可将不同村庄之间利用的生物物种进行比较，反映了村庄之间生物物种的相似性（Bahru T et al.，2014）。JI 介于 0～100 之间，值越大，说明两个村落利用生物物种的相似性越大，反之则说明两个村落对生物资源的认识和利用存在较大差异（Yaseen G et al.，2015；Muñoz Aunión A et al.，2014）。

c）聚类分析：以村为单位，统计该村村民所利用的某类传统知识的生物物种的全部种类。以各村所利用的种类数的计数卡方度量作为距离函数，运用组间分类法做系统聚类分析，研究各村村民所利用的物种之间的相似性。两村之间所利用物种的相似性越大，则距离函数越小；反之，相似性越小，距离函数越大（Ma Y et al.，2019）。再根据两两之间的距离函数，进行分类。此项数据分析作为 Jaccard 指数的补充，论证不同村落之间村民列举的传统生物资源的相似性和差异性。

d）多因素方差分析：选取受访者性别、年龄、教育程度 3 个因素作为参考变量。利用多因素方差分析，研究上述 3 个参考变量对该受访者所提及的生物资源物种数是否产

生显著性影响。

（3）数据统计

数据的整理、分析及调查问卷汇总，用 Excel、SPSS20.0 等软件进行分析，得出统计结果。

2.4　研究地点与时间安排

2.4.1　研究地点与对象

本研究以宁夏生态移民迁入地红寺堡区、迁出地泾源县、海原县等地为研究地点，选取了迁入地红寺堡区的 4 个村（a 村、b 村、c 村、d 村）和迁出地泾源县 1 个村（e 村，为 a 村溯源地未搬迁的邻村）、海原县 1 个村（f 村，为 b 村溯源地未搬迁的邻村）进行实地调查。6 个村落中，迁入地 a 村、b 村、c 村和 d 村属于 4 个搬迁村落，其中，a 村、b 村属于远距离搬迁村落；c 村、d 村属于近距离搬迁村落。迁出地 e 村和 f 村为 2 个溯源地村落（表 2-2、表 2-3、图 2-2）。

表 2-2　研究区域 6 个村落的地缘关系

生态移民类型	生态移民迁入地	搬迁距离	搬迁时间	迁出地邻村
六盘山水源涵养林区移民	吴忠市红寺堡区新庄集乡柳树台村二组（原固原市泾源县新民乡上湾村村民，简称 a 村）	约 300 km	2006 年	固原市泾源县新民乡张台村三队（原固原市泾源县新民乡上湾村附近未搬迁的邻村，简称 e 村）
黄土丘陵区移民	红寺堡区柳泉乡永新村新泉组（原中卫市海原县贾塘乡贺川村堳拉川自然村村民，简称 b 村）	约 200 km	1999 年	中卫市海原县贾塘乡堡台村陈湾队（原中卫市海原县贾塘乡贺川村堳拉川自然村未搬迁的邻村，简称 f 村）
重点干旱风沙治理区就地旱改水移民	红寺堡区大河乡香园村香园组（原吴忠市同心县石炭沟乡要艺山村村民，简称 c 村）	约 20 km	2000 年	迁出地附近已无人居住
重点干旱风沙治理区就地旱改水移民	红寺堡区柳泉乡水套村一组（原吴忠市同心县韦州镇水套村王户台村民，简称 d 村）	约 2 km	2000 年	迁出地附近已无人居住

注：1. 就地旱改水移民，即移民由没有水源、交通不便的大山深处搬迁至有水源的平坦地带，移民迁出地和迁入地相距 20 km 以内，属于就近安置。

2. 迁出地邻村：在移民的老家附近，现今仍未搬迁的邻村。

表 2-3 研究区域 6 个村落的基本情况

村名	家庭户数	人口	受访户数	访谈比例/%	海拔/m	地理位置
a 村	118	560	42	36	1 475	106°10′E，37°27′N
b 村	101	370	39	39	1 300	106°24′E，37°46′N
c 村	240	820	73	30	1 300	105°99′E，37°37′N
d 村	180	730	68	38	1 263	106°29′E，37°46′N
e 村	128	538	48	38	1 821	106°47′E，35°36′N
f 村	120	397	45	38	1 593	105°86′E，36°60′N

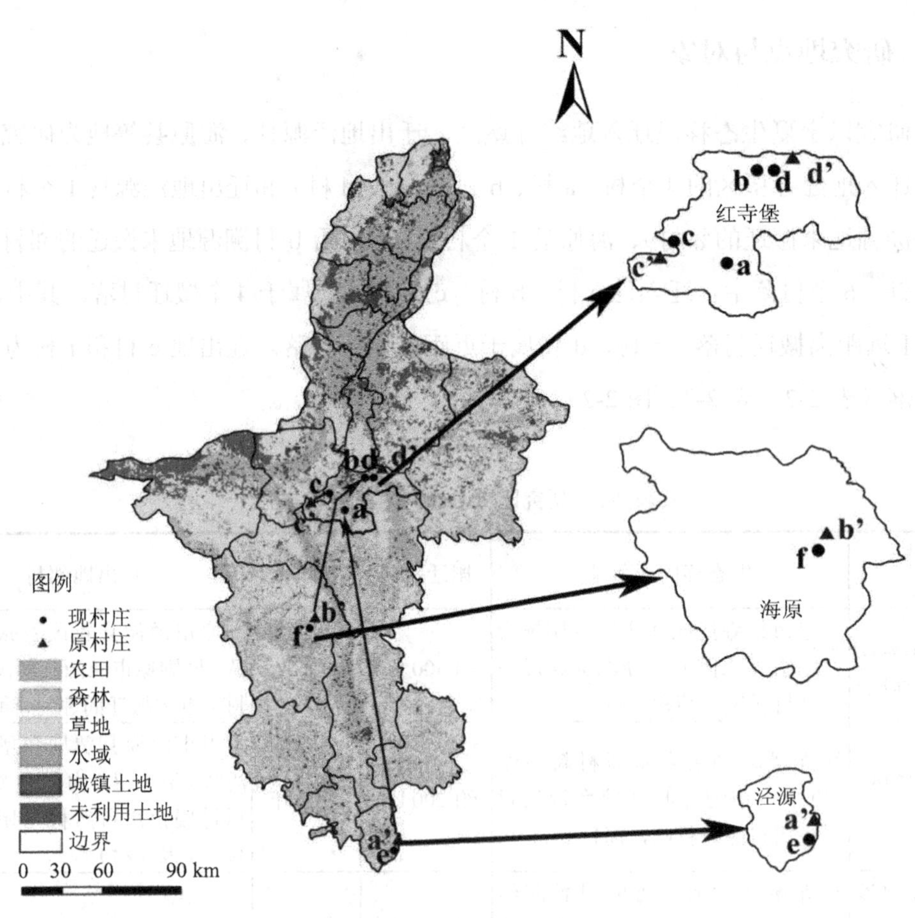

图 2-2 研究村落分布

注：a、b、c、d 村属于宁夏红寺堡区移民迁入地，生态类型为半干旱沙化区；a′，b′，c′，d′村分别为 a、b、c、d 村未搬迁前的位置，现已无人居住；e 村是 a′村的邻村，位于森林区域；f 村是 b′村的邻村，位于黄土丘陵区域；c 村和 d 村属于 5 km 以内就近移民的迁入地，位于半干旱沙化区域。

2.4.2　调查时间

（1）2018 年 3—6 月，进行摸底调查和预调研，设计和完善研究方案。

（2）2018 年 7—9 月，在选定的 6 个村进行第一次田野调查，完成资料收集、传统生物资源及传统知识调查研究工作。

（3）2019 年 5 月，2019 年 7—9 月，在选定的 6 个村进行第二次和第三次田野调查，完成典型案例的调查研究工作。

2.4.3　选点理由

（1）研究区域的代表性

一是选点具有生态移民的代表性。宁夏生态移民工程在全国具有典型代表性，红寺堡区是全国最大的易地生态移民集中安置区（贾国平等，2016）。1998 年以前，宁夏没有红寺堡区这一地方建制，这片土地无人定居。依托 1998 年的扬黄灌溉工程，将黄河水抽提上扬到这片区域，建起了这座县级建制的红寺堡区。宁夏利用 20 年时间，将中南部山区 30.8 万人搬迁至红寺堡扬水灌区和固海扩灌扬水灌区（其中红寺堡移民 23.5 万人）进行安置。本研究选择的移民迁入地 a 村、b 村、c 村、d 村位于红寺堡区，具有生态移民迁入地的代表性和典型性。其溯源地位于同心县、海原县、泾源县，具有宁夏生态移民迁出地的代表性和典型性。

二是选点具有宁夏生态区位和资源类型的代表性。宁夏主要的三大生态类型区域（黄土丘陵区、半干旱沙化区、水源涵养林区），本研究选点均有涉及。区域气候的基本特征为南寒北暖，南湿北干[①]，生态类型不同，生物资源类型有所区别，选点具有宁夏主要生态类型区域生物资源的典型性和代表性。移民搬迁后，将迁出地的传统种质资源带入迁入地试种，并不断地适应新环境，移民与其传统知识有着密切的联系，契合本研究的主题。其中，a 村、b 村、c 村、d 村所在的红寺堡区位于宁夏中部干旱带腹地，属于中温带干旱气候区，常年干旱少雨，昼夜温差大。[②] 迁出地 e 村位于宁夏固原市泾源县、宁夏南部六盘山水源涵养区，生物多样性非常丰富。迁出地 f 村位于宁夏中卫市海原县、宁夏中南部黄土丘陵区，生态环境脆弱。红寺堡就近搬迁的 c 村和 d 村历史属于同心县西北部，与红寺堡同处宁夏中部干旱带防风固沙区，2000 年因行政区划调整至红寺堡区，依据扬

① 摘自杨春光主编：《宁夏文化的源与流探析》，银川：宁夏人民出版社，2008 年，第 7 页。
② 摘自《红寺堡之光》编委会：《红寺堡移民开发史》，银川：宁夏人民出版社，2009 年，第 3～14 页。

黄灌溉水渠走势，就地将原先的旱地变为水田，村落就近搬迁至离水源较近的区域。

三是选点具有宁夏中南部经济社会、人文和民族的代表性。从经济社会发展实际来看，宁夏属于我国西北内陆欠发达地区，发展不足是宁夏最大的实际。从发展区划上看，宁夏可以分为北部和中南部两大区块。与中南部地区相比，北部地区的经济社会发展较为发达。研究区域的迁入地红寺堡区，位于宁夏北部和中南部地区的交汇处，迁出地泾源县 e 村和海原县 f 村位于中南部地区，农业产业结构均以种植业和养殖业为主。从人文特点来看，宁夏历史上处于农牧业交错地带，即旱作农业和畜牧业发展带，其文化特征包含了农耕文化、游牧文化、黄河文化等，各种文化既具有多元性和复合性，又具有很强的包容性。研究区域的迁入地红寺堡区各种文化交流融汇，迁出地海原县和泾源县属于典型宁南山区的文化体系。从民族来看，回族是宁夏当地少数民族中的主体民族，本研究的 6 个村均为回族村落，具有当地少数民族的典型性和代表性。

（2）设计思路

一是村落比较的设计。本研究在村落对比的问题上，选择了 6 个生态移民相关村落，引入理工科试验中实验组、对照组的设计理念。具体来说，①a 村和 b 村属于实验组，是红寺堡区远距离搬迁而来的 2 个生态移民村。②c 村和 d 村属于迁入地的对照组。是红寺堡区近距离搬迁而来的 2 个生态移民村，与 a 村、b 村均在红寺堡区，且搬迁年份均在 10 年以上。③e 村和 f 村属于迁出地的对照组。是 a 村和 b 村未搬迁前的邻村，搬迁前邻村相互之间、邻里之间有着密切的往来。a 村和 b 村搬迁后，e 村和 f 村村民至今一直生活在迁出地。所以 e 村和 f 村可以假设为 a 村和 b 村如果一直未搬迁的状态。综上所述，a 村、b 村是实验组，c 村、d 村是 a 村、b 村在迁入地的对照组，e 村、f 村是 a 村、b 村在迁出地的对照组。

二是影响因素的考虑。本研究的比较设计，基于与宁夏生态移民相关联的这 6 个回族村落传统生物资源及传统知识现状数据，比较分析生态移民对生物多样性相关传统知识的影响问题，其影响因素主要考虑搬迁对生物多样性相关传统知识产生的时间和空间上的影响。一组比较为 a 村、b 村和 c 村、d 村的比较，即远距离搬迁与近距离搬迁的影响问题。一组比较为 a 村、b 村和 e 村、f 村的比较，即移民搬迁与未搬迁的影响问题。比较中主要考虑两个方面：一是移民搬迁与未搬迁的影响，即时间上的变化；二是远距离搬迁与近距离搬迁的影响，即空间上的变化。以这个思路比较实验组、对照组的数据变化，便于清晰地阐述生态移民对传统知识的影响问题，也便于揭示民族和生态交叉学科所要解决的问题。

第3章　宁夏生态移民典型村落传统生物遗传资源及传统知识的类型和重要价值分析

根据宁夏不同区域的生态特征和宁夏生态移民的迁移路径，本研究选择了从宁夏六盘山森林区域、海原黄土丘陵区域、原同心半干旱沙化区域搬迁至红寺堡半干旱沙化区域的生态移民，开展生态移民的生物遗传资源及其传统知识调查研究。通过文献资料整理、半结构访谈等方法，开展田野调查，辅以自由列举法，分析 6 个典型村落传统生物资源及其传统知识的类型和 RFC 值，以此探讨宁夏生态移民的传统生物资源及其传统知识特征和重要价值。本研究中涉及的具体生物资源，均在附录中详细记载了其基源生物学名、拉丁名及其他详细信息，正文中仅在部分典型生物资源出现时进行了标注和信息说明。

3.1　传统选育农业遗传资源类型和重要价值

传统知识的重要载体之一就是传统农作物种和农家品种等生物遗传资源（王艳杰，2015）。培育、选育、栽培、应用、保存、发展这些遗传资源的知识、技术和实践，属于生态移民的重要传统生产生活活动。载有传统知识的遗传资源，包括传统选育农作物、蔬菜等生物遗传资源。在实地调查中，这一部分资源占了所有调查中较大比重，包含非常典型、具有代表性的遗传资源类型。本研究中农业遗传资源涉及种和农家品种，有品种的作物种统计到品种数，没有品种的作物种统计到种数，以此为计算依据。

3.1.1　传统选育农业遗传资源类型

3.1.1.1　传统粮食作物类型

6 个研究区域受访者保留的传统农作物种 17 种，农家品种 28 个，隶属禾本科、豆科、亚麻科、十字花科、蓼科、茄科、唇形科、菊科等 8 科 16 属（详见附录 6-1）。调查收集的农家品种中，禾本科植物 13 个（占 46%），豆科 7 个（占 25%），亚麻科和蓼科各 2 个（占 7%），茄科、唇形科、菊科、十字花科各 1 个（图 3-1 和图 3-2）。禾本科主要有小麦、糜子、谷子、荞麦等主粮作物，豆科主要有蚕豆、豌豆、兵豆、白芸豆等。亚麻科的胡麻、芝麻菜等，是当地重要的食用油料作物。

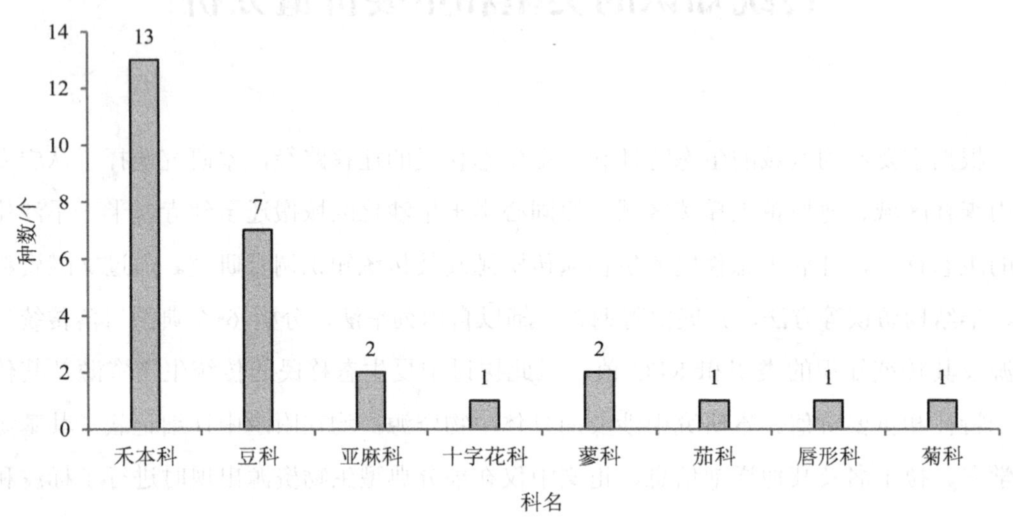

图 3-1　6 个村落传统粮食作物各科所占的种数

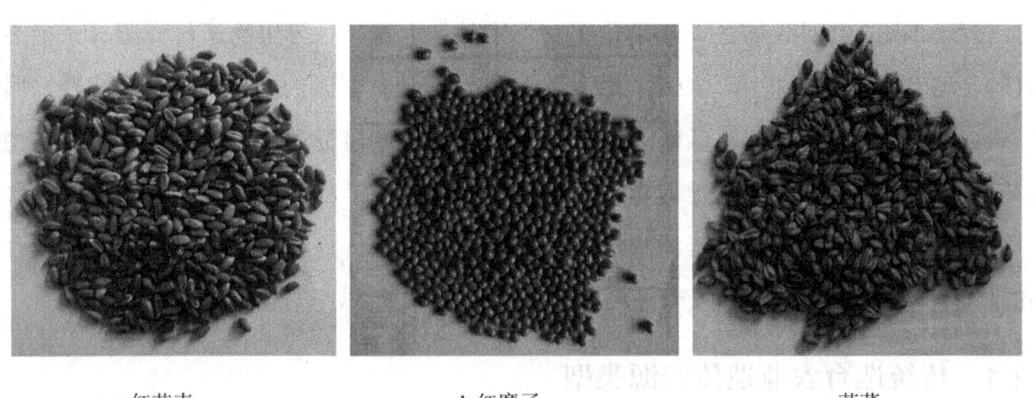

a.红芒麦　　b.红糜子　　c.苦荞

d.白芸豆　e.兵豆　f.麻豌豆
g.蚕豆　h.净子胡麻　i.高粱

图 3-2　传统粮食作物

传统粮食作物的传统知识内涵及特征：典型村落的村民们在长期的历史实践中，与当地气候和生态环境相适应，所选育的农作物遗传资源有着典型的地域代表性。传统选育的粮食作物品种蕴含了当地村民们因地制宜、充分利用当地生态环境和物种资源方面的育种知识、植物抗劣方面的选育知识等，体现了选育过程中对宁南山区自然环境和生产生活实际的适应性，表现出耐旱、耐寒、抗瘠薄、抗病虫等特性。具体种和品种的特征如下：

一是小麦。根据地理环境和生态特征，小麦属于主粮作物。[①] 研究区域生态移民选育的小麦主要有 3 个，分别为红芒冬麦、红芒春麦、秃头麦等。小麦在宁夏全区均有种植，南部山区以冬小麦为主，北部灌区以春小麦为主。[②] 调查得知，宁南山区普遍缺水，这些品种具有抗旱、抗冻性，适应当地干旱的自然条件，当地村民普遍喜爱种植；在薄地和干旱情况下种植，要做好蓄水保墒，在伏秋要深翻土地，不然只长茎秆，不长穗；[③] 口感

① 丁明主编：《宁夏种业发展报告》，银川：黄河出版传媒集团、宁夏人民教育出版社，2018 年，第 199 页。
② 摘自农家实用科技丛书：《宁夏农作物品种介绍》，银川：宁夏人民出版社，1983 年，第 8～11 页。
③ 摘自农家实用科技丛书：《宁夏农作物品种介绍》，银川：宁夏人民出版社，1983 年，第 9 页。

方面，红芒麦很美味，是蒸馒头、做面条的上好麦子，做出的面条很劲道；经济价值上，麦子产量稳定，磨出的面粉品质好；社会文化方面，移民迁出地保留着种植传统麦子的习俗，移民迁出后，老家人走亲访友，不忘带上红芒麦作为礼物。

二是糜子。糜子是宁夏生态移民迁出地传统选育的主要杂粮。研究区域生态移民传统选育的糜子有 3 个，分别为红糜子、黄糜子、黑糜子。红糜子，当地又叫紫杆红，宁夏干旱地区农家品种，生育期 110～130 d，植株紫红色，籽粒红色，具有抗旱、出米率高（约 70%，一般亩产 50 kg 左右）、品质好、不倒伏、适应性强等优点。黄糜子，宁夏农家品种，灌区种植产量高一些，生育期为 70 d 左右，千粒重 6～7.5 g，籽粒黄色，丰产性能强。黑糜子，当地也叫小日月糜子，茎秆颜色有黄绿、紫秆两种，籽粒为黑色，具有抗寒抗旱力强、早熟、黑穗病轻、秆硬不倒伏等特点。[①] 这个品种耐旱性强，在干旱区表现良好，尤其在干旱区域的干旱年份适宜种植。[②] 这些糜子品种，是当地人充分利用山区干旱、昼夜温差大、土壤瘠薄等水土条件而选育出的优良品种资源。口感上看，糜子脱壳叫黄米，俗称大黄米，可与白米掺和做成糜饭、可磨成糜面做糜子馍馍，都是当地喜食的主食。社会文化方面，迁入地的移民普遍提及，搬迁后糜子在新环境可种植，产量可观，部分移民仍然保留着种植习惯，在邻里之间进行交换或赠送。

三是谷子。谷子的种植与宁夏不同生态区域的气候、土壤、温度特点密切相关，经过长期选育保留的有 4 个：狼尾谷、毛接接谷、小黄谷、白凉谷。狼尾谷，当地也叫狼尾巴谷子，适应于宁夏南部山区水旱地种植，生育期 121 d 左右，为黄谷黄米，抗旱、抗倒伏。[③④] 毛接接谷和小黄谷，是宁南山区传统选育的适合干旱地区种植的农家品种，抗旱力强、耐瘠薄，产量稳定，不易倒伏。白凉谷，经世代选育保留下来，生长强壮，生长期在干旱区为 150 d，灌区亦可种植，籽粒白色，呈球形。[⑤] 谷子在中部丘陵区和北部干旱区种植较多，谷子的特征、生物学特性与糜子大体相仿，但谷子生育期长，种得早、收得晚，利于轮作倒茬和精耕细作。谷子耐旱能力强，是宁夏当地的抗旱稳产作物，耐储藏，放在阴坡土窖里，20 年不霉变。谷子去皮后即为小米，味美好吃，深受当地人民喜爱。[⑥]

---

① 摘自农家实用科技丛书：《宁夏农作物品种介绍》，银川：宁夏人民出版社，1983 年，第 20～21 页。

② 摘自宁夏农林科学院：《农作物研究所创建三十八年志（1950—1987）》，银川：宁夏农林科学院研究所，1988 年，第 116～117 页。

③ 摘自农业科技参考书目：《宁夏主要农作物优良品种介绍》，银川：宁夏回族自治区农业科学研究所、科学技术服务站，1971 年，第 36 页。

④ 摘自农家实用科技丛书：《宁夏农作物品种介绍》，银川：宁夏人民出版社，1983 年，第 21～23 页。

⑤ 摘自农家实用科技丛书：《宁夏农作物品种介绍》，银川：宁夏人民出版社，1983 年，第 25 页。

⑥ 摘自海原县地方志编纂委员会编著：《海原县志（1991—2008）》，银川：黄河出版传媒集团、宁夏人民教育出版社，2011 年，第 132 页。

四是玉米及其他。玉米、高粱的种植需水，宁南生态移民传统选育的玉米统称老玉米，玉米属于宁夏重要的粮、经、饲作物；高粱为老品种高粱，均适宜于宁夏南部山区川水地及肥力较高的旱台地种植，具有较强的抗低温能力。[①] 莜麦、甜荞麦、苦荞麦也属于当地重要的小杂粮，具有耐寒耐旱性状。莜麦是在糜谷作物不易生长的地区发展而来，抗旱耐瘠薄能力强，品质好，也是宁夏本地的当家品种，产量较高，性状较稳定，优于小麦。荞麦有三棱黑甜荞和苦荞，甜荞种植面积较大。荞麦生育期 70 d，生育期在粮食作物中属于最短的，且抗病虫能力强，不抗冻，品质虽然好，但是出粉率较低。[②] 在当地种植的面积伴随秋、春干旱程度而有别，在秋春干旱时，夏作物或者早秋作物播种困难，农民们适时借墒抢种荞麦，就是俗话说的夏田受灾秋田补。[③]

五是豆类作物。豆类是宁夏特色优势作物，与宁夏气候环境相适应，利用价值和转化率很高。[④] 宁夏的豆类种植历史悠久，豆类可以养地肥地，是传统的轮作倒茬、恢复地力的作物，而且生育期短、可复播，是粮食、油料、饲料等多种副食品加工原料。研究区域生态移民传统选育的豆类传统资源有 7 个，包括兵豆、白芸豆、白豌豆、麻豌豆、兰豌豆、豌豆、大豆。其中，白豌豆、麻豌豆都是当家品种。白豌豆是宁夏西吉县的当地品种，在宁南各县区有种植，生育期 115 d，粒白色，耐瘠薄，抗旱、适应性强，品质好。[⑤] 麻豌豆，属宁夏中部干旱地区当地品种，灰麻色、圆形，生育期 100 d 左右，荚果成熟时呈浅黄色，该品种耐寒抗旱，适应性强。[⑥]

六是薯类作物。当地的薯类资源，传统的地方品种有深眼窝洋芋。洋芋就是马铃薯（俗称土豆），是移民迁出地的主要农作物之一，也是传统优势作物。洋芋是一种抗旱、抗逆性强的高产作物，农民俗称“宝贝蛋”。宁南生态移民传统选育的有深眼窝洋芋，[⑦]适用于宁夏固原地区一般干旱区川水地、阴湿地区的山川地种植。[⑧]

七是油料作物。研究区域的油料作物有 5 个：油葵、芫芫胡麻、净子胡麻、苏子、芸芥。[⑨] 宁夏固原有“油盆”之称，重要原因就是油料丰富。胡麻耐寒、抗旱、耐瘠，品

---

① 摘自丁明主编：《宁夏种业发展报告》，银川：黄河出版传媒集团、宁夏人民教育出版社，2018 年，第 221 页。
② 摘自海原县资料：《海原县农业区划报告汇编》，宁夏回族自治区海原县农业区办公室，1983 年，第 430 页。
③ 摘自海原县资料：《海原县农业区划报告汇编》，宁夏回族自治区海原县农业区办公室，1983 年，第 397 页。
④ 摘自宋刚、赵志刚主编：《宁夏豆类产业发展现状及能力提升》，宁夏农林科学院资料。
⑤ 摘自农家实用科技丛书：《宁夏农作物品种介绍》，银川：宁夏人民出版社，1983 年，第 35 页。
⑥ 摘自农家实用科技丛书：《宁夏农作物品种介绍》，银川：宁夏人民出版社，1983 年，第 36 页。
⑦ 摘自农业科技参考书目：《宁夏主要农作物优良品种介绍》，银川：宁夏回族自治区农业科学研究所、科学技术服务站，1971 年，第 338 页。
⑧ 摘自农家实用科技丛书：《宁夏农作物品种介绍》，银川：宁夏人民出版社，1983 年，第 33 页。
⑨ 摘自安维太主编：《宁夏油料作物》，银川：宁夏人民出版社，2008 年，第 1～5 页。

质优良。农民谚语有“要吃胡麻油，伏里晒日头”，胡麻在开花灌浆期（7—8 月）需要充足的光照。[①] 宁南山区的气候特点正好与胡麻的生长气候要求一致，为胡麻生长创造了得天独厚的气候条件。胡麻主要种植在海拔 1 700～2 000 m 的地区，经过长期发展，形成了一定的产业基础。[②] 苏子，为宁夏中宁县的地方油料品种，是油、药两用作物。向日葵是宁夏中部干旱地区较常种植的油料作物，当地俗称“油葵”。[③] 芸芥，在当地又叫云盖、元元。芸芥传统上有元元和黄芥子两个品种，在实地调查中仅有的芸芥品种在当地也叫元元。芸芥也是主要的油料作物之一，抗旱、耐瘠薄能力强，抗病，油品适口性好。

3.1.1.2 传统蔬菜作物的类型

研究区域受访者保留的传统蔬菜 36 种，农家品种 43 个（详见附录 6-2），其中蒜有 3 个老品种，分别为大蒜、红蒜、白蒜；南瓜 2 个老品种，分别为番瓜、牛腿瓜；萝卜 3 个老品种，分别为绿头、白头和红头萝卜；辣椒 2 个老品种，分别为辣子和线辣子；胡萝卜 2 个老品种，分别为红萝卜和黄萝卜。43 个老品种，隶属十字花科、石蒜科、豆科、伞形科、葫芦科、苋科等 12 个科（图 3-3）。

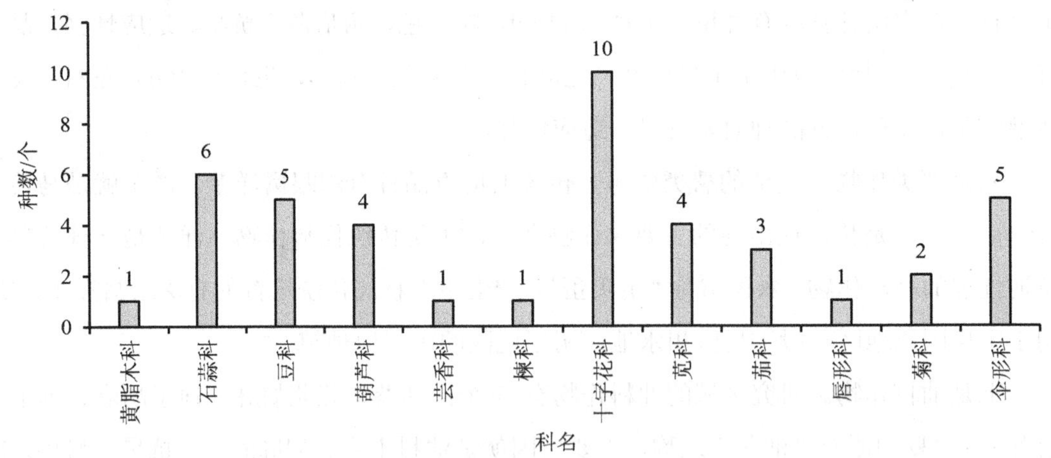

图 3-3 6 个村落传统蔬菜作物各科所占的种数

调查收集的老品种中，十字花科 10 种（占 23.3%），石蒜科 6 种（占 14%），豆科 5 种（占 11.6%），伞形科 5 种（占 11.6%），葫芦科 4 种（占 9.3%），苋科 4 种（占 9.3%），

① 摘自海原县资料：《海原县农业区划报告汇编（上册）》，宁夏回族自治区海原县农业区办公室，1983 年，第 276 页。

② 摘自宁夏农林科学院：《农作物研究所创建三十八年志（1950—1987）》，银川：宁夏农林科学院研究所，1988 年，第 118 页。

③ 摘自农家实用科技丛书：《宁夏农作物品种介绍》，银川：宁夏人民出版社，1983 年，第 40 页。

茄科 3 种（占 7%），菊科 2 种（占 4.7%），黄脂木科、芸香科、楝科、唇形科各 1 种（分别占 2.3%）。十字花科有白菜、甘蓝、萝卜、雪里红等植物，以经常食用的蔬菜为主。石蒜科主要包括葱、蒜、韭菜、红葱等植物，以调味品为主。其他植物均为当地村民长期栽培选育的传统蔬菜和调味品作物。

蔬菜作物的传统知识内涵及特征：蔬菜类农业遗传资源，包括宁夏生态移民传统选育的当家老品种。受地域影响，宁南生态移民的迁出地普遍缺水（除泾源县六盘山林区），传统蔬菜品种类别不多。迁出地泾源县的蔬菜类品种最为丰富，传统保留的蔬菜资源较多，例如牛腿瓜、番瓜、扫帚菜、香椿、苜蓿等。宁南山区的传统蔬菜品种多以庭院作物为主，表现为自给自足，种子一直采取自家留种、亲戚之间交换、集市购买的方式。经济作物主要有小茴香、红葱、白葱、红蒜、番瓜、萝卜等。泾源县移民搬迁后，将传统蔬菜作物种和农家品种带到迁入地种植，得益于庭院作物需水量得到保障以及祖辈们的饮食传统和习惯，十几年来这些传统蔬菜作物在迁入地得以保留。

以红葱为例（图 3-4），红葱（*Allium cepa* L.var. *proliferum* Regel）又叫龙葱，是非常好的调料，一直是当地自繁自育的栽培品种，每年留种，打籽（为红葱的珠芽，当地俗称龙儿子/葱儿子）；红葱也是抗旱耐寒的当家品种，不用浇水，适应瘠薄旱田种植，一般是 5 月种植，9 月收获，储备过冬；红葱辛辣，中部半干旱沙化区域和黄土丘陵区域历史上属于半干旱草场区域，传统养羊，羊肉多与红葱搭配烹饪，红葱是使羊肉不膻的一个传统调味料，而且感冒时吃龙葱，也会缓解症状，当地人普遍喜爱。调查中的另一种葱，白葱，口感清香，白葱多与牛肉搭配烹饪，六盘山水源涵养林区阴湿，历史适宜养牛，牛肉多与白葱搭配烹饪，是当地饮食的一个习惯。

a.红葱的珠芽，当地也叫龙儿子

b.红葱

图 3-4　红葱

再如牛腿瓜［*Cucurbita moschata*（Duch. ex Lam.）Duch. ex Poiret］。六盘山水源涵养林区阴湿多雨，气候条件适宜牛腿瓜和番瓜的种植，宁南泾源县村民各户的庭院均有种植；牛腿瓜开春种植，8 月成熟可食，大一点的牛腿瓜重达 8 kg，小的差不多 4 kg；牛腿瓜不容易发生病虫害，不用打农药，随摘随食，到了冬天把牛腿瓜收回来，放在窖子里，存着冬天吃；牛腿瓜瓜心的瓤，很多籽，可以留作下一年作种子。牛腿瓜食用方法多种，可以蒸、煮、炒着吃，做苞谷饭，做包子馅，煮稀饭等，蒸熟还带着甜味，口感极佳。相对于其他相似的蔬菜瓜类来说，牛腿瓜肉厚皮薄，口感更好，甜度也更高，所以当地人普遍种植（图 3-5）。

图 3-5 牛腿瓜

（注：牛腿瓜，因瓜形似牛腿而得名）

3.1.1.3 野生食用生物的类型

研究区域受访者传统利用的野生食用生物有 53 种，分为 4 类：真菌类、藻类、蕨类和被子植物类。

第一类是真菌类，有 3 种，分别为黑木耳、云芝、点柄乳牛肝菌，这 3 种植物均为六盘山水源涵养林区村民常食用的生物类型，与当地阴湿多雨、生物多样性丰富有关。第二类是藻类植物，有 2 种，分别为发菜和念珠藻，是当地村民普遍喜食的两种藻。第三类是蕨类植物，有 1 种，即碗蕨科的蕨菜，是宁夏六盘山水源涵养林区居民传统喜食的野菜。第四类是被子植物，有 21 科 47 种（详见附录 6-3），超过 2 种（含 2 种）的科有 9 个，其中菊科（8 种，占 17%），石蒜科（5 种，占 11%），蔷薇科（4 种，占 8.5%），十字花科（4 种，占 8.5%），苋科（4 种，占 8.5%），车前科（3 种，占 6.4%），五加科（3 种，占 6.4%)，旋花科（2 种，占 4.3%)，伞形科（2 种，占 4.3%)（图 3-6）。

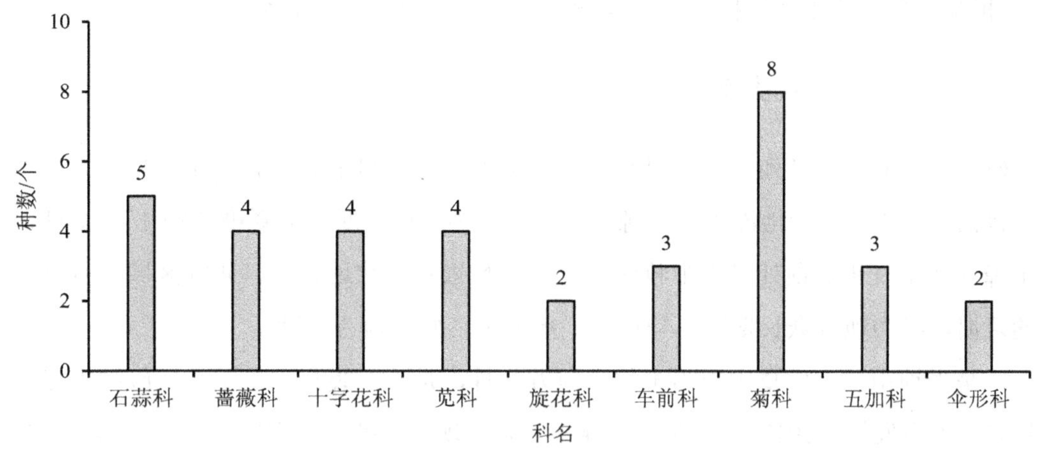

图 3-6　6 个村落传统食用野生被子植物 2 种以上的科所占种数

野生食用生物中被子植物最多，从生活型来看，草本植物 39 种（83%)，灌木或乔木 8 种（17%)，草本植物为当地村民主要的野生食用植物。食用部位有嫩茎叶、果实、嫩芽、根、全株等。从食用部位来看，以嫩茎叶（包括嫩茎、嫩叶和嫩芽）为主的植物最多，34 种，占比 72%；果实 10 种，占比 21%；根 3 种，占比 7%。34 种野菜类植物中，使用部位以茎、嫩茎、叶、嫩叶和嫩芽为主。

野生食用生物的传统知识内涵及特征：宁南生态移民迁出区域的野生食用资源与地方水土关系密切。例如，中部半干旱沙化区和黄土丘陵区的野生食用植物有蒙古韭（*Allium mongolicum* Regel，当地俗称沙葱）等。苣荬菜（*Sonchus arvensis* L.)、苦苣菜（*Sonchus oleraceus* L.)、乳苣（*Lactuca tatarica*（L.） C.A.Mey）这三种当地均称为苦苦菜。发菜（*Nostoc flagelliforme* Born. et Flah.，当地俗称“头发菜”)、茵陈（*Artemisia capillaris* Thunb)、猪毛蒿（*Artemisia scoparia* Waldst. et Kit.，当地俗称“白蒿头子”)、艾蒿（*Artemisia argyi* Levl.et Vant.)、迷果芹（*Sphallerocarpus gracilis*，当地俗称“面筋”)，这些均是耐旱的植物。位于六盘山水源涵养林区的泾源县内的野生食用植物最为丰富，这与其阴湿的气候环境有关。还有一些植物具有潜在的经济价值和开发利用价值，如短柄小檗、尖叶茶藨子、白刺有酸甜的果实可以使用，在当地也有“酸不溜溜树”的俗称。狭叶米口袋有像小米粒一样的果实，当地俗称“米谷粧粧”或者“粮食粧粧”。蛇莓、东方草莓、腺花茅莓都有草莓的味道，酸甜可口。野西瓜苗里有黑色的果实，当地俗称“黑籽籽”，在干旱时期曾是救命草。菥蓂在当地俗称苦芥子，果实可以榨油食用。地稍瓜果皮绿色，果瓤白色，当地俗称奶瓜瓜，像奶一样白色、味美，可以生食和凉拌。牻牛儿苗俗称“红根子”，根是红色；迷果芹俗称“面筋”，根是白色，均为当地经常食用的野味。

3.1.1.4 传统家养动物类型

研究区域的受访者列举出 6 种传统家养动物（详见附录 6-4），其中脊椎动物 3 科 5 种，包括当地山羊、当地滩羊、泾源黄牛、静原鸡和西吉驴；无脊椎动物 1 科 1 种，中华土蜂。从宁夏历史地处半农半牧区的生产实际来看，牧地较广，研究区域素有饲养畜禽的习惯，经当地群众长期选择和培育，形成了良好的地方良种。

一是当地山羊。宁夏中卫山羊作为地方品种，是特有裘皮用山羊，适应能力强、耐寒抗暑（刘占发等，2017）。二是当地滩羊。滩羊现今主要分布在宁夏盐池、同心、灵武一带，体格虽小，但体质结实，非常适应干旱气候和风沙，具有耐粗饲、遗传性状稳定的特点。三是泾源黄牛。宁夏固原市泾源县历史选育出的老黄牛品种，俗称“爬山虎”，体型粗大，适应山区坡地役用，具有耐粗饲的特点，黄褐色、紫红色居多。经多年选育，现为宁夏当地普遍食用和广泛认可的肉牛。四是静原鸡。宁夏固原市传统选育，以野外采食为主，补饲为辅，具有耐粗饲、抗病力强、觅食能力强等特点，且产蛋大、肉质鲜美。五是西吉驴。主要分布在宁夏西吉县、原州区、海原县等地，经过多年的驯养和培育，西吉驴适应性极强，具有耐粗饲、行动敏捷、性情温驯、善于攀登山路、役用性能较强、抗疾病较强的特点。六是中华土蜂。是中国独有的传统蜜蜂品种，泾源县村庄有多年的养殖历史，因六盘山水源涵养林区蜜源丰富，适合土蜂养殖而保留至今。

传统家养动物的传统知识内涵及特征：畜牧业的发展向来在宁夏农业生产中扮演着重要角色。半农半牧区的生产方式、饲养畜禽的传统习惯和以牛羊肉为主的饮食习惯，决定了传统家养动物在当地的重要作用。早在清朝年间的《海原县志》上就有对畜禽的描述记载：海原曾经是“水甘土衍、可种膏腴”“羊皮之佳者、不止宁夏滩皮”的地方。经多年培育，形成了优良的地方良种，例如宁夏当地滩羊、宁夏当地山羊等。① 再如由役用牛转变为肉用牛的泾源黄牛，这些品种不仅是当地村民充分利用当地生态环境和物种资源选育的地方品种，还是具有重要经济价值的农业遗传资源，更是满足社会文化需求的关键载体。

3.1.1.5 传统选育林木资源类型

研究区域受访者传统选育的林木有 35 种，隶属 13 科 25 属（详见附录 6-5）。传统选

① 摘自海原县资料：《海原县农业区划报告汇编（下册）》，宁夏回族自治区海原县农业区办公室，1983 年，第 552 页。

育的林木中被子植物 31 种，裸子植物 4 种。裸子植物有：松科的华北落叶松、柏科的侧柏等。35 种植物中，蔷薇科植物 14 种（占 40%），豆科 3 种（占 8.6%），鼠李科 3 种（占 8.6%），松科 3 种（占 8.6%），胡颓子科 2 种（占 5.7%），杨柳科 2 种（占 5.7%），茄科 2 种（占 5.7%），榆科、桑科、胡桃科、桦木科、猕猴桃科、柏科各 1 种，分别占 2.9%（图 3-7）。

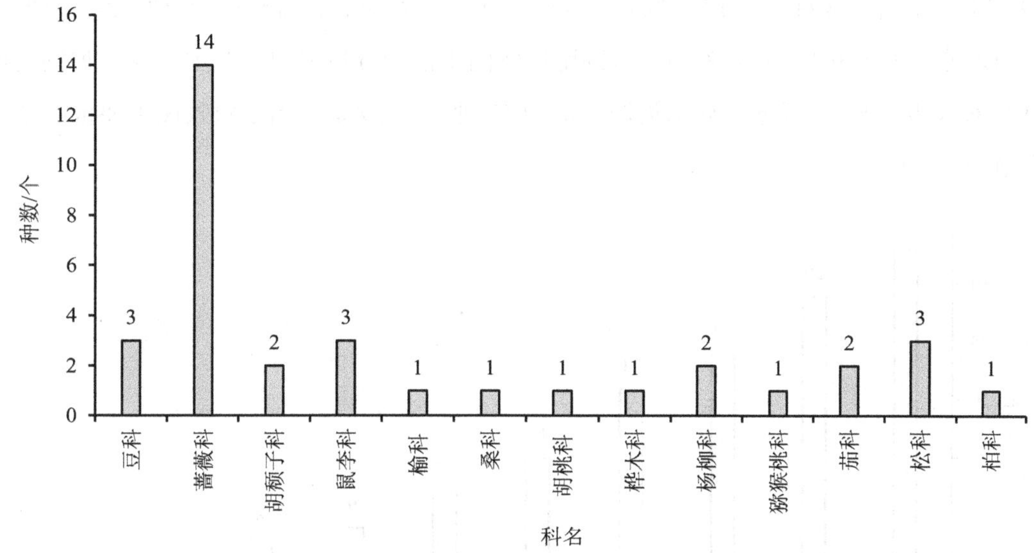

图 3-7　6 个村落传统选育林木资源各科所占的种数

从传统选育林木资源的生活型来看，灌木类 7 种（占 20%），乔木类 22 种（占 62.9%），乔木或灌木类 6 种（占 17.1%）。乔木类占比最高，包括榆树、槐树、花红等。灌木类包括柠条锦鸡儿（*Caragana korshinskii* Kom）、毛樱桃（*Prunus tomentosa* Thunb.）、枸杞（*Lycium chinense* Mill.）等。乔木或灌木类包括樱桃李、山杏、秋子梨（*Pyrus ussuriensis* Maxim. ex Rupr.）等。从其使用部位和用途上来看，传统选育的果树 22 种，绿化树种 10 种，木材类 3 种。传统选育的果树 22 种，多为食用果实的林木 19 种。

传统选育林木资源的传统知识内涵及特征：宁南山区生态移民传统栽培的林木有传统选育的果树、木材、绿化树种等。柠条锦鸡儿，在当地俗称牛板筋草、柠条，属于落叶大灌木，是当地重要的防风固沙植物，得到了当地村民的普遍认可。榆树在当地俗称榆钱树，属于落叶乔木，榆钱的名字与榆树的花可食用有关，当地和着面、拌上胡麻油清蒸后食用。宁夏枸杞在当地俗称枸杞子，根部入药时又叫狗牙刺或者地骨皮。枸杞耐盐碱，能够保持水土，是经过长期选育出来的重要林木资源。杏、桃、花红、山杏、山桃是当地普遍喜食的水果，这些林木的选育均与其耐寒耐旱的特征有关。

3.1.1.6 传统选育饲用植物类型

研究区域的受访者列举出224种饲用植物（详见附录6-6），隶属42科150属。在鉴定出的饲用植物中，物种数大于10种的科有：豆科33种（占14.73%），菊科29种（占12.94%），禾本科24种（占10.71%），苋科21种（占9.38%），蔷薇科15种（占6.70%），蓼科12种（占5.36%）（图3-8）。对饲用植物的生活型分析表明，草本、藤本类饲用植物181种（占81%），乔木、灌木类饲用植物43种（占19%），当地农牧民主要依靠草本植物作牲畜饲料。

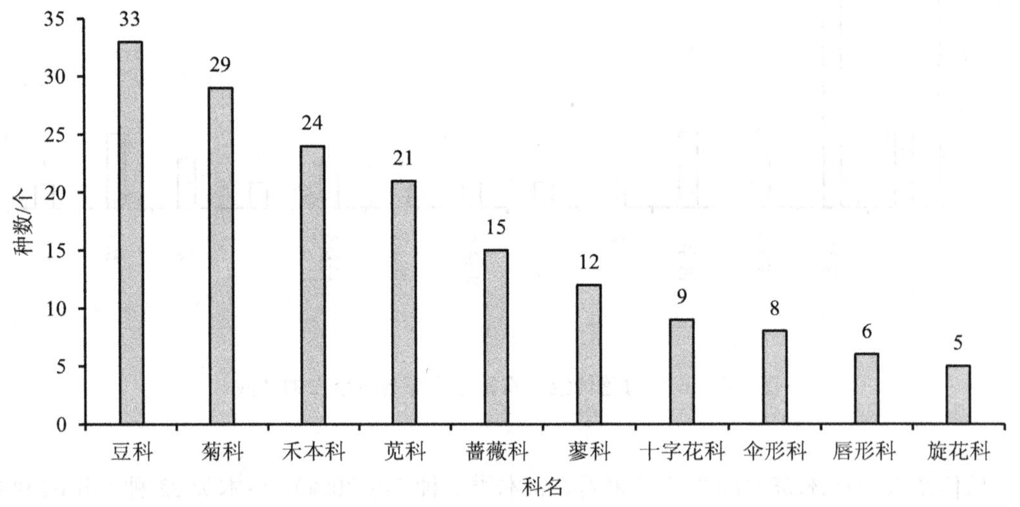

图3-8 研究区域饲用植物类型5种及以上的科所占的种数

最常被牲畜采食的部位是植物的茎叶（213种，占95%）。可以同时饲喂茎、叶、花、果实的植物39种（占17.4%），充分说明了当地饲用植物的多样性。仅饲喂根、花、种子的植物11种（占5%），占比很小，但各有特点，不可忽视。例如，仅饲喂根的植物2种，鹅绒委陵菜和胡萝卜，块根均富含淀粉、多汁，牛羊均喜食。仅饲喂果实的植物3种：五味子、苦豆子和芝麻菜。五味子的果实酸麻辣，可入药。苦豆子仅种子可饲喂羊、牛，但季节性有毒，需小心饲喂。芝麻菜为当地的油料作物，其油饼、油渣可作饲料，营养丰富。仅饲喂花的植物艾，在当地主要是药用艾灸，牛羊偶尔采食花序部分。①

传统选育饲用植物的传统知识内涵及特征：移民们总结出一些饲用植物的特殊功效，非常有价值。在访谈中得知，一些植物具有增膘、催情、催乳、祛火等特殊功效。可以

① 摘自李克昌、郭思加主编：《宁夏主要饲用及有毒有害植物》，黄河出版传媒集团、黄河出版社，2012年，第1页。

显著增膘的植物有驼绒藜（*Krascheninnikovia ceratoides*（L.） Gueldenst.）、白花草木樨（*Melilotus albus* Medik.）、花苜蓿（*Medicago ruthenica*（L.） Trautv.）、沙蓬（*Agriophyllum squarrosum*（L.） Moq.）、珠芽蓼（*Persicaria vivipara*（L.） Ronse Decr.）、白莲蒿（*Artemisia gmelinii* Weber ex Stechm.）、黑沙蒿（*Artemisia desertorum* Spreng.）、蓍状亚菊（*Ajania achilleoides*（Turcz.） Poljakov ex Grubov）。植物冷蒿（*Artemisia frigida* Willd.），在冬春季节，叶枯而枝条多汁，有抓膘、保镖、催情、催乳的作用。兴安胡枝子（*Lespedeza davurica*（Laxm.） Schindl.）、牛枝子（*Lespedeza potaninii* Vassilcz.）和甘草（*Glycyrrhiza uralensis* Fisch.），花期制成干草，冬春季节饲喂羔羊和体弱家畜，可增膘、催乳。具有祛火、增强体质等药效的植物是鸡爪大黄（*Rheum tanguticum* Maxim. ex Balf.）、掌叶大黄（*Rheum palmatum* L.）和皱叶酸模（*Rumex crispus* L.），这 3 种植物在夏天熬成药水，喂给牛、羊喝，是夏季牛、羊祛火、清热解暑的必备植物。绳虫实（*Corispermum patelliforme* Lljin）制成干草，在冬季饲喂羔羊、体弱的病羊，其营养价值高。这些知识是长期生产实践中传承下来的宝贵财富，值得记载和研究。

部分村民反映，经常饲喂蒙古韭（*Allium mongolicum* Regel）和碱韭（*Allium polyrhizum* Turcz. ex Regel）的羊，宰杀后食用，羊肉味道鲜美，可除膻味。还有村民提到，牛最爱吃田旋花（*Convolvulus arvensis* L.），民间俗语有“苦子蔓，驴不吃，马不看，老牛过来扯长面。山羊、绵羊也爱吃”。意思是，田旋花俗称“苦子蔓”，这种草驴不吃，马不看，但是牛见了它，就像当地人见了长面（当地人普遍爱吃的一种面食）一样，能够美美地饱餐一顿。还有几种植物，仅青嫩期牛、羊爱吃，结实后有毒不能饲用，如鹤虱（*Lappula myosotis* V. Wolf）、异刺鹤虱（*Lappula squarrosa* subsp. heteracantha（Ledeb.） Chater）和苍耳（*Xanthium strumarium* subsp. *sibiricum*（Patrin ex Widder） Greuter）。这 3 种植物，青嫩期牛羊食用，但种子成熟后，其边缘的毛刺容易黏身上，成为有害植物。

3.1.2　传统选育农业遗传资源的 RFC 值评估

3.1.2.1　传统粮食作物的 RFC 值评估

传统粮食作物的相对引用频率（RFC）范围为 0.63～57.14（详见附录 6-1），RFC 值越高表明该种粮食作物越频繁地被当地村民们利用，在该地区越重要，越有价值。28 种粮食作物种和农家品种中，玉米 RFC 值大于 50。意味着在 315 名受访者中，有一半以上提到了玉米。除了玉米，RFC 值大于 10 的有 13 种（表 3-1）。

表 3-1 RFC 值大于 10 的传统粮食作物排序

序号	名称	RFC 值	序号	名称	RFC 值
1	玉米	57.14	8	净子胡麻	20.00
2	向日葵	42.54	9	苦荞麦	19.37
3	甜荞	29.52	10	羌羌胡麻	18.41
4	小黄谷	23.17	11	红糜子	15.56
5	黄糜子	22.54	12	白豌豆	15.56
6	红芒春麦	22.22	13	蚕豆	12.38
7	芸芥	21.27	14	麻豌豆	10.79

3.1.2.2 传统蔬菜作物的 RFC 值评估

传统蔬菜种和农家品种的相对引用频率（RFC）范围为 0.32～49.84（详见附录 6-2）。43 种蔬菜种和农家品种中，RFC 值大于 10 的有 18 种（表 3-2）。

表 3-2 RFC 值大于 10 的传统蔬菜作物排序

序号	名称	RFC 值	序号	名称	RFC 值
1	红葱	49.84	10	豇豆	21.90
2	韭菜	46.35	11	黄萝卜	19.37
3	菊芋	39.37	12	白蒜	18.10
4	白菜	38.41	13	紫苜蓿	18.10
5	黄花菜	38.10	14	葫芦巴	18.10
6	芫荽	31.43	15	红萝卜	18.10
7	甘露子	27.62	16	绿头萝卜	14.60
8	白葱	26.35	17	扫帚菜	14.60
9	白萝卜	23.49	18	红头萝卜	12.70

3.1.2.3 野生食用植物的 RFC 值评估

传统野生食用植物的相对引用频率（RFC）范围为 0.32～85.40（详见附录 6-3）。53 种野生食用植物中，RFC 值大于 10 的有 26 种，排名前 10 的 RFC 值均大于 35（表 3-3）。

表 3-3　排名前 10 的野生食用植物排序

序号	名称	RFC 值	序号	名称	RFC 值
1	苣荬菜	85.40	6	地稍瓜	42.54
2	苦苣菜	85.40	7	蒙古韭	41.90
3	乳苣	85.40	8	藜	40.63
4	蒲公英	69.84	9	独行菜	38.73
5	念珠藻	57.14	10	发菜	37.78

3.1.2.4　传统家养动物的 RFC 值评估

传统家养动物相对引用频率（RFC）范围为 0.95～34.29（详见附录 6-4）。6 种家养动物中，RFC 值大于 10 的有 4 种（表 3-4）。

表 3-4　RFC 值大于 10 的传统家养动物排序

序号	名称	RFC 值	序号	名称	RFC 值
1	当地滩羊	34.29	3	泾源黄牛	17.14
2	当地山羊	28.57	4	静原鸡	10.48

3.1.2.5　传统选育林木资源的 RFC 值评估

传统选育林木资源的相对引用频率（RFC）范围为 0.32～38.41（详见附录 6-5）。35 种传统选育的林木资源中，RFC 值大于 10 的有 16 种（表 3-5）。

表 3-5　RFC 值大于 10 的传统林木排序

序号	名称	RFC 值	序号	名称	RFC 值
1	柠条锦鸡儿	38.41	9	花红	18.41
2	榆树	36.83	10	垂柳	17.78
3	宁夏枸杞	35.24	11	槐	17.14
4	枸杞	35.24	12	枣树	15.56
5	沙枣	33.97	13	山杏	15.24
6	杏	32.38	14	山桃	14.92
7	桃	32.38	15	刺槐	13.97
8	胡桃	18.41	16	酸枣	11.11

3.1.2.6 传统选育饲用植物的 RFC 值评估

传统选育饲用植物的相对引用频率（RFC）范围为 0.32～77.14（详见附录 6-6）。224 种饲用植物中，RFC 值大于 10 的有 136 种，说明饲用植物在当地的知晓率较高。排名前 13 位的饲用植物，RFC 值均大于 50（表 3-6）。

表 3-6 RFC 值大于 50 的传统饲用植物排序

序号	名称	RFC 值	序号	名称	RFC 值
1	冰草	77.1	8	灰绿藜	65.1
2	猪毛蒿	73.0	9	玉米	56.8
3	猪毛菜	71.4	10	苣荬菜	56.2
4	藜	69.2	11	苦苣菜	56.2
5	紫花苜蓿	67.9	12	野苜蓿	55.9
6	茵陈蒿	67.6	13	稗	54.9
7	狗尾草	67.3			

3.1.3 载有传统知识的传统选育农业遗传资源价值分析

3.1.3.1 资源特有价值

本研究中，一些农业遗传资源是当地特有的品种，也是当地村民世代培育的传统地方品种。例如，在宁南黄土丘陵区域传统选育的果树主要生长在温带干旱落叶果树带上，秋子梨和花红均是代表。秋子梨（*Pyrus ussuriensis* Maxim. ex Rupr.），俗称香水梨，寿命长、产量高、抗病虫、抗逆性强，果实汁多、甜酸、适口，特别是越冬后的果汁又甜又香，饮后有清凉感，能够消炎解毒，对于辅助治疗喉头发炎疼痛等有很好的疗效，是老年人和病人的上等饮料，是黄土丘陵区域群众最喜爱的果树品种之一。花红（*Malus asiatica* Nakai）有着超过百年的栽培历史，抗旱、抗寒、少病虫害、抗逆性强、味甜不酸，但不耐贮藏。再如，牛腿瓜属于泾源县生态移民重要的庭院作物之一，搬迁后的移民一直保留着种植习惯，但是迁入地种植产量低，个头也小，品质不如迁出地好。牛腿瓜可以炒、煮，或者切成粒和米饭一起蒸，蒸熟带着甜味，泾源县迁出的移民普遍喜食。

3.1.3.2　生态价值

传统选育的农业遗传资源与气候、土壤、地形等自然条件相适应，饱含了当地村民因地制宜利用资源的生态知识。例如，粮食作物中，保留下来的小麦及杂粮品种，多为抗旱耐旱的地方品种。传统选育的资源以小麦和杂粮为主，未见水稻品种，主要与生态移民居住环境大部分干旱缺水，不适宜种植有关。小黄谷的 RFC 值在谷子里最高，与其产量稳定，抗旱、耐瘠薄、不易倒伏等优良性状有关。荞麦有甜荞和苦荞两个品种，是重要的杂粮类作物。特别是苦荞，对于糖尿病人来说是非常好的杂粮作物。再如，传统选育的林木、野生食用生物等资源与地方水土条件密切相关。中部干旱沙化区选育的柠条、沙棘等树种，具有耐寒抗旱、防风固沙、保持水土的作用。

3.1.3.3　经济价值

传统选育的农业遗传资源，具有产量、品质、口感、抗劣（病、虫、倒伏、盐碱）、营养价值、市场价值等方面的优势。当地村民培育和栽培这些品种的过程中，也获得了有关这些品种特性的知识。例如，红葱是宁南黄土丘陵区和半干旱沙化区移民们历史种植的传统优良老品种。红葱适应性强，旱田种植适宜，需水量少，耐寒、耐旱，瘠薄地也可种植。移民们在实践中摸索出红寺堡适宜种植红葱，逐渐把红葱发展成了经济作物，大量种植，收益可观。红葱这些年在当地卖价为 4.6～9.6 元/kg，高于其他葱。红葱被当地村民普遍提及，也与当地饮食习惯喜食牛羊肉有关，特别是羊肉，因为红葱作为辛辣的调味品，是当地村民确保羊肉不膻的关键调料。再如，传统家养动物当地滩羊也具有很好的经济价值和市场前景。宁夏中部半干旱沙化区，也是历史上的传统牧场区域，羊的养殖量较大，且滩羊适应性强，是宁夏当地普遍认可的传统家养动物，也是宁夏的主养品种。但滩羊一年一胎，一胎一只，产量低，通常都是供不应求。有个问题值得关注，当地山羊也是被当地村民广泛认可的传统品种，但由于山羊善于攀爬，不适应圈养，近些年封山禁牧以后，山羊的存栏量减少幅度较大。

3.1.3.4　社会文化价值

传统选育的农业遗传资源多与传统生产习惯、社会交际礼品、民族节庆习俗等密切相关。当地社会习俗和传统文化对促进这些品种资源长期保存和持续发展起着重要作用。例如，亚麻（芫芫胡麻和净子胡麻）、芝麻菜、向日葵等，都是当地主要的油料作物，与传统油炸食品习俗有关。经过长期选育，净子胡麻和芫芫胡麻两个品种，均受当地群众喜爱，更是油炸食品的主要油料。传统蔬菜和农家品种中，因为当地以面食为主，韭菜和芫荽是面食中重要菜品而被广泛提及。菊芋、白菜、甘露子、萝卜均可新鲜食用，也可以腌制，供冬季蔬菜短缺时食用，在当地被普遍提及。萝卜、黄花菜更是当地传统食品烩小吃、烩肉等炖煮类饮食的重要原料。葫芦巴作为一种传统调味料，俗称香豆菜或者香豆子，是当地蒸花卷、做焜馍等面点类食品的必备调料，地道又美味。酸枣和沙枣在当地的八宝茶中常用。

3.2 传统医药资源类型和重要价值

2013—2015 年，宁夏地区进行过一次中医药传统知识调查，历时 3 年 2 个月。项目组调查了 227 人，审核通过的传统知识 124 项，其中单验方 83 项，传统诊疗技术 33 项，生命养生知识 2 项，传统制剂方法 1 项，中药炮制技艺 1 项，其他 4 项。[①] 在传统知识名录中对调查区域、民间医生用药情况、传统药物信息、传统药品样品搜集情况、传统药物考证、采集药物标本、传统医药传承情况、调查单方、验方汇总、特色诊疗技术、调查所得生命养生知识等内容做了详细记载，这对于传统知识的保护有着重要意义（见附录 4）。

本研究的调查村落中，有此类熟悉中医药传统知识的乡土大夫，在六盘山水源涵养林区较为多见，他们在医药相关传统知识的传承和保护中发挥了积极作用。由于《宁夏中医药传统知识调查保护名录》对此部分传统知识的整理较为全面，本研究的 6 个村落中医药类疗法、炮制技术等知识的典型性不足，所以没有更加详细和更有价值的发现。本节中传统医药资源的调查，包括药用植物资源 178 种，药用动物资源 14 种。

3.2.1 传统医药资源类型

3.2.1.1 传统药用植物类型

研究区域的受访者列举出 178 种传统药用植物（详见附录 6-7），其中，菌类植物 2 种（占 1.12%），蕨类植物 3 种（占 1.69%），裸子植物 1 种（占 0.56%），被子植物 172 种（占 96.63%）。一是菌类，有云芝和马勃。二是蕨类，有木贼、石苇、两色鳞毛蕨。三

① 摘自田杰、王艳平主编：《宁夏中医药传统知识调查保护名录》，银川：黄河出版传媒集团、阳光出版社，2017 年，第 10～11 页。

是裸子植物，有中麻黄。四是被子植物，有 58 科 140 属 172 种，物种数量大于 5 种的科有 9 种（图 3-9），其中，石蒜科 7 种（占 4.07%），禾本科 6 种（占 3.49%），豆科 11 种（占 6.4%），蔷薇科 10 种（占 5.81%），十字花科 6 种（占 3.49%），蓼科 6 种（占 3.49%），唇形科 7 种（占 4.07%），菊科 27 种（占 15.7%），伞形科 10 种（占 5.81%）。从药用植物的生活型分析来看，草本、藤本类药用植物 140 种（占 81%），乔木、灌木类药用植物 32 种（占 19%），当地药用植物的主要类型为草本、藤本类植物。

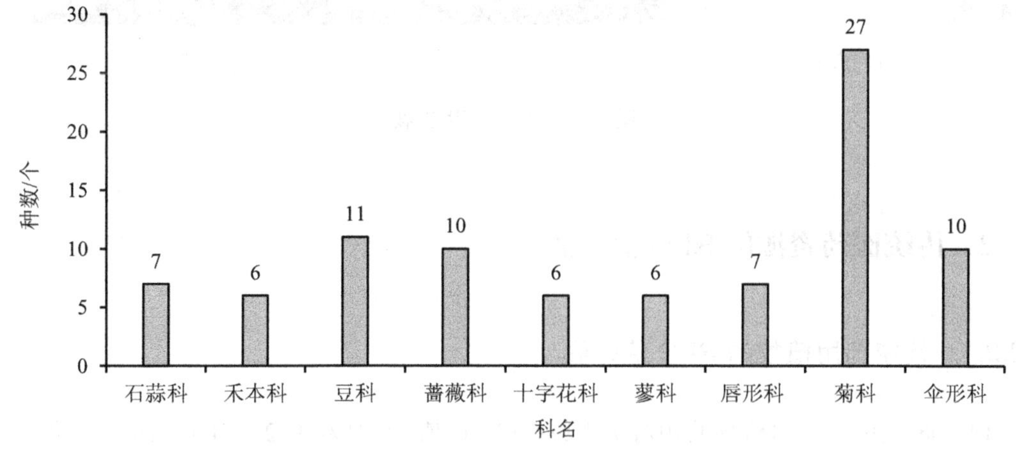

图 3-9 研究区域药用植物种类 5 种以上的科

3.2.1.2 传统药用动物类型

研究区域的受访者列举出 14 种传统药用动物（详见附录 6-8），其中脊椎动物 7 科 8 属 8 种，无脊椎动物 6 科 6 属 6 种。研究区域动物用药，牛科 2 种，其他科各 1 种。从用药部位来看，包括幼体（7.14%）、成虫（35.71%）、皮毛（21.43%）、内脏及衍生物（33.33%）。从用法上看，内服类药用动物 21%，外敷类药用动物 79%。其中，内服类药物可以治疗咳嗽、哮喘、皮肤病、风湿、骨折、皮炎等病症。比较有地方代表性的是牛、羊胆汁，泡上小米后食用，可以治疗咳嗽和哮喘。鸡胆汁和鸡内金（鸡胃壁的内膜），可以健胃消食，治疗消化系统类疾病。鼠妇，可以将鼠妇装在胶囊壳里吃下去治疗牙疼和骨折；将鼠妇咬碎至坏牙处，可以缓解和治疗牙疼；将鼠妇碾碎并涂抹到伤口处，可以治疗骨折。外敷类药用动物，如鸽子、兔子皮均有治疗肺炎的功效，将鸽子宰杀后，趁热将其胸肌隔开，露出肠子，贴于小儿胸腔，鸽子不拔毛，与小儿的胸腔肉贴着肉，捂住 2～3 h，可以治疗小儿肺炎；同样的用法，将兔子宰杀后，将兔子皮贴于小儿胸腔，也可以治疗肺炎（图 3-10）。

a.鸡内金　　b.蜂房　　c.蛇皮

图 3-10　传统药用生物

3.2.2　传统医药资源的 RFC 值评估

3.2.2.1　传统药用植物的 RFC 值评估

研究区域传统药用植物的相对引用频率（RFC 值）范围为 0.32～71.11（详见附录 6-7）。178 种药用植物中，RFC 值大于 10 的有 25 种（表 3-7）。

表 3-7　RFC 值大于 10 的传统药用植物排序

序号	名称	RFC 值	序号	名称	RFC 值
1	苣荬菜	71.11	14	车前	17.78
2	苦苣菜	71.11	15	平车前	17.78
3	蒲公英	52.06	16	大车前	17.78
4	艾草	48.89	17	刺儿菜	17.46
5	甘草	42.86	18	中麻黄	16.19
6	糙叶黄耆	29.52	19	苍耳	15.56
7	掌叶大黄	29.21	20	无毛牛尾蒿	13.65
8	茵陈蒿	26.98	21	黄精	11.75
9	猪毛蒿	26.35	22	白茅	11.75
10	北柴胡	21.27	23	白莲蒿	11.75
11	苦豆子	18.73	24	秦艽	11.43
12	宁夏枸杞	18.10	25	冬葵	10.79
13	枸杞	18.10			

3.2.2.2　传统药用动物的 RFC 值评估

研究区域传统药用动物的相对引用频率（RFC）范围为 0.32～10.16（详见附录 6-8）。14 种药用动物中，RFC 值大约 10 的仅 2 种，分别为黄牛（RFC 值 10.16）、绵羊（RFC 值 10.16）。

3.2.3　载有传统知识的传统医药资源价值分析

3.2.3.1　资源特有价值

一些药用植物具有传统的地方特色，村民们总结了一些顺口溜。白鲜（*Dictamnus albus* L.），俗称八股牛，在当地有“家有八股牛，刀伤不用愁”的说法，可以止血消炎，清热解毒，祛风除湿，中医用药主治皮肤病，但在宁夏当地用于止血。蒙疆苓菊（*Jurinea mongolica* Maxim.），俗称“鸡毛狗”，“家有鸡毛狗，不怕刀割手”，主要有止血的功效，是当地外用止血药。二裂委陵菜（*Sibbaldianthe bifurca*（L.） Kurtto & T.Erikss.），俗称“鸡冠草”，“家有鸡冠草，不怕血山倒”，具有凉血，止血的作用。攀缘天冬（*Asparagus brachyphyllus* Turcz.），俗称“寄马桩”，“家有寄马桩，不怕生大疮”，具有排脓生肌、敛疮拔毒的作用。贝母（*Fritillaria cirrhosa* D.Don.）和知母（*Anemarrhena asphodeloides* Bge.），“贝母、知母和冬花，专治咳嗽一把抓”，有祛痰止咳的作用。黄瑞香（*Daphne giraldii* Nitsche.），俗称“祖师麻”，“打得满地爬，离不开祖师麻”，具有麻醉、止痛、散瘀的作用，治疗跌打损伤。①

3.2.3.2　生态价值

宁夏具有“南寒北暖，南湿北干”的气候特点，药用资源的特征与气候条件密切相关。例如苣荬菜、苦苣菜、蒲公英、艾草、甘草、茵陈蒿和猪毛蒿等，均具有耐旱、生长能力强等特点。苣荬菜、苦苣菜和蒲公英 RFC 值排名前 3。苣荬菜和苦苣菜是当地重要的药食同源性植物，食用时俗称苦苦菜，药用时用法同败酱草，其带根的全草可消炎，治疗阑尾炎、痔疮肿痛、急性痢疾等，外用可以洗伤口、治疗虫蛰。蒲公英也是药食同源植物，其带根的全草可清热、解毒、消炎、消肿，用于治疗感冒、腮腺炎、上火、尿路感染等。艾草在当地药用植物 RFC 值中排名第 4 位，当地野生艾草资源丰富，食用时

① 邢世瑞主编：《宁夏中药志》，银川：宁夏人民出版社，2006 年，第 28 页。

与面一起蒸食，药用时主要用于艾灸。艾蒿主要用叶，水煎服时，治疗小腹冷病、经寒不调等，外治皮肤瘆痒。艾灸，通过点燃艾草之后熏、烫穴道治疗风湿。甘草在当地是资源较为丰富的植物，用药部位为根状茎和根，治急性胃炎、肠炎等。食用甘草可祛火、消炎、祛痰止咳，治疗咽喉肿痛、咳喘痰多、食少或腹泻、尿道炎等症。茵陈蒿和猪毛蒿在当地均俗称白蒿头子，其幼苗可用于治疗黄疸、肝炎等病。

3.2.3.3 经济价值

中药材的道地性最为重要。当地也在发展一些道地药材，例如六盘山区栽培的常用大宗药材有黄芪、党参、黄芩、柴胡、秦艽、大黄等。黄芪的根可补气升阳、止汗、止血、排脓消肿，用于治疗面色萎黄、饮食无味、贫血等病。柴胡，其根在当地用于解热、舒肝、止痛，治疗感冒发热、肝气郁结、头晕目眩；也可与白蒿头子配用，治疗急慢性肝炎。麻黄的枝和根，可发汗、平喘、利尿，水煎服用于治疗感冒风寒、头痛鼻塞、肺热咳喘、慢性支气管炎、盗汗等病。秦艽的根可祛风湿、退虚热，治疗风湿疼痛、盗汗等。除此之外，甘草、麻黄、小茴香等重点道地药材也要加强种质保护、育种研发和种子成苗率研究，提高经济价值。

3.2.3.4 社会文化价值

传统选育的医药资源，与当地的饮食文化、生活习俗密切相关。例如，当地善于养殖牛羊，牛羊的苦胆和牛黄是被提及最多的药用动物资源。宰牛、羊时取胆囊处的硬块，用棉花包裹，用线缠好后阴干。牛黄、牛苦胆或羊苦胆泡小米后风干，可用于清热解毒，治咳嗽和哮喘。再如，与牛、羊养殖相关的药用资源大黄，其根及根茎，可祛火、通便等，用于治疗上火、食积便秘，还可治疗黄疸型肝炎，也是夏天必备的祛火饮品。另外，中华土蜂的蜂蜜和蜂房均可入药，蜂蜜在秋冬季采收，取蜂蜜；采蜂蜜后，将除去了死蜂及蛹的蜂房晒干。蜂蜜可以止咳，蜂房可以治疗湿疹、皮炎、肿毒、肿痛等。

3.3 传统技术及传统生产生活方式类型和重要价值

研究区域的传统技术蕴含着丰富的可持续利用生物资源的知识（王国萍等，2019）。经过整理，与宁夏生态移民相关的有 17 种，其中农业技术类 3 种、工艺技术类 4 种、食品加工技术类 7 种、建筑技术类 1 种、其他类型 2 种。

3.3.1　传统技术及传统生产生活方式的类型

3.3.1.1　传统农业生产技术的类型

研究区域的受访者列举出的传统农业生产技术 3 种，包括歇地、旱作技术和施用农家肥（详见附录 6-9）。

（1）歇地。为一种传统耕作类型，一块地连续种两到三年后就要歇一年，以恢复土地的肥力。宁南山区常年干旱缺水，土地养分资源匮乏，这是在这种条件下形成的特有耕作方式。

（2）旱作技术。当地村民总结出 1 种传统与现代旱农耕作技术相结合的方式，即“五墒四早三多”的技术要领。五墒：早耕深耕多蓄墒，过伏合口保底墒、雨后耙耱少耗墒、冬春镇压提底墒，适时早播用冻墒（王建宇等，2006）。四早：早灭茬破土养表墒、早深耕蓄水贮底墒、早抢墒打磨保全墒、早打碾镇压保表墒。三多：多犁耱晒垡纳墒、多打碾滴水归田、多施肥调水抗旱。[①] 蓄墒，蓄住天上的水。保墒，就是保住田中墒，在旱季防止蓄积的水分散发。“四早三多”是旱作农业的成功经验，深耕灭茬晒地，浅耕收墒保墒；雨水多，土壤湿可多耕，反之则少耕；改变白露后打耱地的习惯，秋旱时早收墒，有墒就打，有雨就耱等，达到抗旱的目的。[②]

（3）施用农家肥技术。当地施用的农家肥包括牲畜圈肥、人粪肥、草木灰、油渣、炕灰、炕土等。[③] 牲畜圈肥，就是家畜粪尿，适用于各类土壤和作物，改土增效效果均好。草木灰是灰粪，主要为炕灰，多施用于洋芋、荞麦等作物。炕土，经长时间烟熏火燎，肥力足，肥效持久。

3.3.1.2　传统工艺技术的类型

研究区域的受访者列举出的传统工艺技术有 4 种，包括刺绣、花色剪纸、编织技艺、擀毡（详见附录 6-9 和图 3-11）。4 种工艺有着不同的类型、内容和技术：

① 引自宁夏农业志编纂委员会编著：《宁夏农业志》，银川：宁夏人民出版社，1999 年，第 219～220 页。
② 引自《海原县志》编纂委员会编著：《海原县志》，银川：宁夏人民出版社，1999 年，第 170 页。
③ 引自《海原县志》编纂委员会编著：《海原县志》，银川：宁夏人民出版社，1999 年，第 173 页。

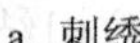
a. 刺绣

b. 剪纸①

c. 编织

图 3-11　传统工艺技术

（1）刺绣。当地俗称“扎花”，其图案以花草为主，一般不表现动物，与花草相关的鸟类和蝶类不忌用，通常鸟蝶与花草图案相结合。② 刺绣常见于家里生活用品上，如被罩、床单、枕头、袜底、鞋垫、衣服、围裙等。当地姑娘出嫁，姑娘们要为自己精心刺绣门帘、枕头等嫁妆，并准备足够的针线扎和荷包，以备婚后使用，也是传统的“表青针线”的婚俗。

（2）花色剪纸。剪纸主题有家禽、家畜等动物，以及菊、牡丹、竹等花草。这些剪纸运用在农户家中，主要有炕围花（炕边上贴着的剪纸）、墙花、门花、灯花、喜花、箱柜花、鞋衣花边等。在民间传唱的一首“花儿”：“白云彩山上雾绕哩，灵芝草有心人找

① 摘自马乾坤主编、王文清编著：《泾源非遗名录》，银川：黄河出版传媒集团、宁夏人民出版社，2016 年，第 212 页。
② 引自马乾坤主编，王文清编著：《泾源非遗名录》，银川：黄河出版传媒集团、宁夏人民出版社，2016 年，第 190 页。

哩，尕妹子手儿巧哩，万样子花随心铰哩。”这里面说到，当地的妇女们心灵手巧，使用一把剪刀，可以铰（剪）出各种各样的剪纸作品。当地剪纸中主要的两个类型为动物和植物，以人物形象为题材的剪纸不曾见到。

（3）编织技艺。当地村民利用本地所产的野草，毛竹，庄稼的茎、叶、根等，就地取材，编成各种生活用品，以竹编最为有名。经过起底、编织、锁口等工序编织而成。方法上以经纬编织法为主，在编织过程中，穿插着各种技法，如疏编、插、穿、削、锁、钉、扎、套等，这些技法确保了编出图案花色的多样性。多见于调查点固原市泾源县，其盛产毛竹，自古以来就用毛竹编织提篮（筐子）、筛子、背篼、箩子、枕头、席、帽子、筷子笼等用具。[①] 在宁南干旱区和黄土丘陵区常用芨芨草编织，制作扫帚、草帽等。

（4）擀毡。在当地俗称“羊毛毡”“雨毡”或者“毡窝窝”。擀毡需要手艺娴熟的匠人（称“毡匠”）用羊毛、水、工具（一张弹毛弓，一张竹帘子）和其他辅助工具制成。[②] 即选用本地产的羊毛，秋天的羊毛需要拉净晒干，夏天的羊毛用柳条或竹条抽打后，用刀将羊毛剁成寸节，剔除杂毛和杂物，然后由毡匠弹毛、铺毛、擀毡、洗毡（用清水控白），最后搭在架子上晒干就是成品的毡了。羊毛毡的历史悠久，村民家的炕上都会铺毡，作为预防寒冷的重要床上用品。

3.3.1.3　传统食品加工技术的类型

研究区域的受访者列举出的传统工艺技术 7 种，包括油香、馓子及其油炸食品，焜馍、干粮馍及其烙蒸煎食，揪面、手擀面及其煮食，油茶及其流食，杂粮加工技术，牛羊肉食品加工技术，熬茶技艺（详见附录 6-9 和图 3-12）。

a.炸馓子

b.炸麻花

c.炸果果

图 3-12　传统食品加工技术

① 引自马乾坤主编，王文清编著：《泾源非遗名录》，银川：黄河出版传媒集团、宁夏人民出版社，2016 年，第 160 页。

② 引自中共海原县委、海原县人民政府编著：《花儿故乡》，银川：宁夏人民出版社，2008 年，第 64 页。

（1）油香、馓子及油炸食品。传统食用胡麻油居多，面粉、蜂蜜、花椒、葱、鸡蛋是主要食材，做出油香、馓子、麻花、油酥脆花等。当地胡麻油制作的油炸食品类别，主要有油香、馓子、麻花、果果子。

油香，也叫油饼子。[①] 发酵面甜味油香、烫面油香多用于喜事，表示吉祥幸福、欢乐喜庆。发酵面淡味油香多用于丧事，表示怀念故人。馓子，一般是将面粉加入适量矾、碱、盐，再加入红糖、蜂蜜、花椒、葱等熬成的液体，再加入鸡蛋和香油，和面，将面搓成均匀的细条，呈长绳状，对头折成两个来回，成八股，用手将两头捏在一起，即可放入油锅炸熟。麻花，按照口味不同，有蜜味麻花和淡味麻花两种。还可按照原料和搓法的差异，分为三股麻花、绳头子麻花、大麻花、果料麻花、芝麻麻花。果果子，制作方法与麻花相同，可以将面搓捏成花、片、卷等多种样式，有草叶状、菱形还有压上条纹的，像花朵一样美丽，因此也称“花花子”。

（2）焜馍、干粮馍及其他烙蒸煎食。研究区域列举和食用的类型有焜馍、干粮馍、锅盔。焜馍，用碱和干面粉制成。干粮馍和锅盔做法一样，用温火在锅中慢慢烙熟，干粮馍体小而薄，锅盔质厚体大，二者均能长期存储，也有“出门必备干粮馍”的说法。

（3）揪面、手擀面及其煮食。面食以面条、面片为主，包括揪面、炒糊饽、米蒿子等。食材为面、胡麻油等，面以手擀制成。揪面为片状；糊饽为长柱状；浆水面要用浆水发酵；麻食子又称“猫耳朵”，用手指捻出小面卷食用；生汆面主要为肉丸子和揪面制成。

（4）油茶及其他流食。油茶，俗称“肉面子”。羯羊肉或羊油切成肉丁，再加上面粉和盐，将面炒得由白色变为黄色即可。食用时，用滚烫的开水冲开食用。还有拌汤，俗称“白面粥”，将面粉搓成面索索或小面疙瘩，下到滚水里制成。[②] 一般是生病或者没有胃口时食用。

（5）杂粮加工技术。传统小杂粮的制作工艺丰富多样，在研究区域比较有代表性的类型有 4 种，包括甜醅子、荞面搅团、油圈圈、糖瓜子。甜醅子用莜麦、小麦和甜醅曲制作而成。荞面搅团，用荞麦面制成。油圈圈，也叫荞面圈圈，原料也是荞麦面，将面捏成“甜甜圈”一样的形状，用胡麻油炸熟食用。熬糖，当地俗称“糖瓜子”。起源于宁南山区，每年冬季用当地的黄米、麦芽等熬糖而成。把黄米蒸熟，放凉后用麦芽面拌匀。这种糖酥、脆、香、甜，是当地儿童普遍喜爱的食品。

（6）牛羊肉食品加工技术。当地牛羊肉为主要肉食，研究区域牛羊肉食品类型 7 种，

---

① 引自中共海原县委、海原县人民政府编著：《花儿故乡》，银川：宁夏人民出版社，2008 年，第 79～82 页。

② 引自王正伟著：《回族民俗学概论》，银川：宁夏人民出版社，1993 年，第 45～76 页。

分别为烩小吃、烩羊杂碎、碗蒸羊羔肉、手抓羊肉、炒烩肉、小炒肉、闷肚子等。烩小吃，即牛羊肉剁碎后，制作成丸子和夹板，烩制而成。羊杂碎，将羊的内脏煮熟后烩制而成。闷肚子，将牛肠洗净后，灌入米、葱、油等，蒸煮后食用。

（7）熬茶技艺。研究区域熬茶技艺主要有 2 种，分别为盖碗茶、夷子蒿茶。盖碗茶为当地较为普遍的一种甜茶，盖碗由碗盖子、碗和托盘三部分组成，一般选用茉莉花茶，外配枸杞、红枣、核桃、芝麻、葡萄干、桂圆、玫瑰花、糖等，俗称“八宝盖碗茶”。夷子蒿茶为文献中未见记载的一种茶品，这种茶是一种名为无毛牛尾蒿（*Artemisia dubia* L. ex B. D. Jacks.）的植物制成的茶，当地人俗称“夷子蒿茶”。当地人每年五月初五端午节当天，在移民迁出地的耍艺山阴沟处，采集无毛牛尾蒿，用传统的炒茶技艺炒制。在宁南生态移民迁出地的调查中，仅红寺堡区香园村的迁出地，也就是原同心县石炭沟乡的耍艺山阴沟里有此植物，当地世代用于制茶，属于该区域移民特有的、传统利用的生物资源。

3.3.1.4　传统规划设计与建筑技术的类型

研究区域的受访者列举出的规划设计与建筑技术 1 种，为窑洞民居（详见附录 6-9 和图 3-13）。窑洞民居是宁南山区常用的传统民居，现在搬迁的移民不再使用，溯源地的农民也已住上了砖房，偶尔见老窑洞储藏物品，窑洞基本成为古迹。窑洞虽然不是与生物资源相关的知识，但是属于当地适应自然环境的一种生态知识，值得记载。不仅如此，当地村民多次提到窑洞里储存种子 10 年不会坏的说法，也说明了窑洞是传统生物资源储存的重要场所。

a.移民迁出地的窑洞

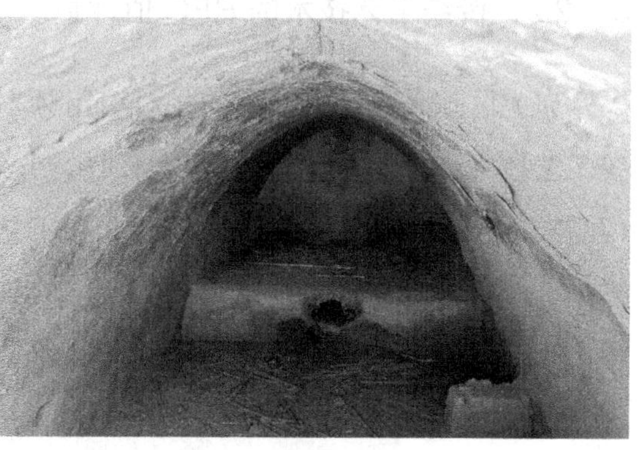
b.窑洞内设

图 3-13　传统窑洞民居

窑洞民居有崖窑、箍窑洞两种。根据山大沟深、丘陵纵横的自然地势修洞而居。一种是在依山靠崖的地方铲出一个断面，再掘出窑洞，即“崖窑”。窑洞大小，根据土质的坚硬程度、松软沙化情况而定。另一种是在地势较平坦的地方，用土坯和黄草泥垒窑，即“箍窑洞”。箍窑由专门的掌楦子师傅去做，每 3～5 年需要在窑外面抹一层泥，否则遇到雨天容易下塌。① 这一工艺技术是在资源匮乏、缺少木材的条件下，世代传承下来的民居设计。

3.3.1.5 其他传统技术的类型

调查得知，研究区域有 2 种传统技术，农家枕头和染指甲。虽然这不属于上述四类技术，但与当地传统生物资源的利用有关（详见附录 6-9）。

3.3.2 传统技术及传统生产生活方式的 RFC 值评估

3.3.2.1 传统农业生产技术的 RFC 值评估

研究区域传统农业生产技术的相对引用频率范围为 16.19～72.06（详见附录 6-9）。3 种传统农业生产技术，RFC 值均大于 10，分别为施用农家肥（RFC 值 72.06）、旱作技术（RFC 值 22.86）、歇地（RFC 值 16.19）。施用农家肥更为频繁地被当地村民提及，与其半农半牧的生产方式有关，牛羊粪较为普遍，特别是封山禁牧后多为圈养，牛羊粪成为农田的主要农家肥。

3.3.2.2 传统工艺技术的 RFC 值评估

研究区域传统工艺技术的相对引用频率范围为 1.59～74.29（详见附录 6-9）。4 种传统工艺技术中，有 2 种 RFC 值大于 10，分别为编织技艺（竹编等，RFC 值 74.29）、刺绣（扎花、绣花，RFC 值 24.76）。其他 2 种工艺技术的 RFC 值分别为花色剪纸 RFC 值 6.35、擀毡（羊毛毡、雨毡、毡窝窝）RFC 值 1.59。编织技艺最为频繁地被提及，与当地农业生产生活中离不开筐、背篼、筛子等用品有关。刺绣属于当地生活中一类重要的生活工艺技术，村民家中炕围、被罩、床单、鞋垫等物均需要扎花的点缀。剪纸多为家中点缀类物品，窗花、灯花或者箱柜花多见于婚房等处，不作为家中日常用品。擀毡技术是历史上用于防寒、家中炕上必备的用品，但是这些年生活水平提高了，通过商品买卖，一

① 引自王正伟著：《回族民俗学概论》，银川：宁夏人民出版社，1993 年，第 116 页。

些精致的毯子、电褥子成为现今保暖的床上用品，毡不再是必需的生活用品了。

3.3.2.3　传统食品加工技术的 RFC 值评估

研究区域传统食品加工技术的相对引用频率（RFC）范围为 67.94～95.87（详见附录 6-9）。7 种传统食品加工技术 RFC 值均大于 50，说明传统食品加工技术与饮食密切相关，被村民们频繁提及。7 种传统食品加工技术的 RFC 值排序分别为：油香、馓子及其他油炸食品（RFC 值 95.87），揪面、手擀面及其他煮食（RFC 值 94.92），牛羊肉食品加工技术（RFC 值 92.70），焜馍、干粮馍及其他烙蒸煎食（RFC 值 90.79），杂粮加工技术（RFC 值 90.79），油茶及其他流食（RFC 值 74.92），熬茶技艺（RFC 值 67.94）。

3.3.2.4　传统规划设计与建筑技术的 RFC 值评估

窑洞民居，RFC 值为 2.54（详见附录 6-9），为村民们利用当地山势地形建造的、利于生活、农作物储存的传统建筑。其 RFC 值较低，研究区域的 315 户村民中，仅 8 户提及仍在使用窑洞，主要用于储存农作物种子，冬暖夏凉，不易变质。其他村民，因社会发展、生活水平提高，均已居住砖瓦房，窑洞民居已成为历史，不再居住和使用。

3.3.2.5　其他传统技术的 RFC 值评估

农家枕头（用荞麦皮、糜子、油葵籽等装枕芯），RFC 值 29.84，染指甲（凤仙花染指甲），RFC 值 14.29。当地村民的农家枕头是就地取材，用荞麦皮、糜子或者油葵籽作为原材料制作的枕头，具有透气、舒适的优点。染指甲，当地村民们用到凤仙花（*Impatiens balsamina* L.），俗称“指甲花”，指甲花的花部用刀切成碎片，放食用碱和盐腌制 15～20 min，涂到手指甲上，先把手指用塑料袋包起来，再外面包一层布，7～8 h 后拆开，手指会变红，2～3 个月不褪色。这一染色技术在当地很常用，一般家有女儿的话，会选择种 2～5 株，供孩子和妇女染指甲用。

3.3.3　传统技术及传统生产生活方式的价值分析

3.3.3.1　资源特有价值

传统熬茶工艺中，夷子蒿茶是迁入地 c 村的特有茶品。当地村民选用夷子蒿（植物学名：无毛牛尾蒿）制作茶叶，有养胃的功效，此前未曾见过记载和报道。这一茶品如果加强研发，会有非常好的开发前景。

3.3.3.2 生态价值

当地村民在适应自然环境的过程中，总结和传承了一些非常重要的传统技术和传统生产生活方式。例如，传统农业生产技术中的旱作技术，是宁南农耕地常用的农业生产技术，经过多年总结，当地村民采用传统与现代旱农耕作技术相结合的方式，蓄住天上水，保住田中墒，基本上形成了“五熵四旱三多”的技术要领，达到“秋雨春用”的目的，收到了良好的蓄水保墒效果。

3.3.3.3 经济价值

传统技术中，有一些有市场前景和开发潜力的技术。例如，传统工艺技术中刺绣、剪纸、编织等物品，在市场上有着很好的销售前景。传统食品加工技术中，油炸食品、各式各样的传统面食、面点、牛羊肉菜品等，是宁夏特色饮食。熬茶技艺中八宝茶较为普遍，八宝中的玫瑰花酱也是迁入地 d 村传统的饮茶习俗。

3.3.3.4 社会文化价值

传统技术烙印着当地的社会交往和传统文化，是维系传统生物遗传资源的重要载体。例如，食品加工多为传统节庆、婚丧嫁娶的必备工序，过节时邻里之间互赠油香，婚嫁中牛羊是嫁妆和聘礼的重要组成部分，丧葬中炸油香（俗称倒油，意思就是锅里倒上油，炸传统面点）和宰牲也是重要的程序。大至婚丧嫁娶，小至每日饮食结构，油炸食品占据了非常重要的地位。再如，揪面、手擀面及其他煮食，焜馍、干粮馍及其他烙蒸煎食也被广泛提及。历史上，当地广泛种植小麦类作物，缺稻谷，所以饮食上以面食为主。米食以黄米、糜米居多。杂粮加工技术是因当地旱作物丰富、杂粮多样而传承下来的技术。

3.4 生物多样性相关传统文化类型和重要价值

宁夏生态移民的传统文化中，传统节庆、传统文学艺术载有当地动植物使用的相关知识。研究区域的传统节庆中，与生物多样性相关的知识有 3 种；传统文学艺术中，与生物多样性相关的知识有 4 种。

3.4.1　生物多样性相关传统文化的类型

3.4.1.1　传统民族节庆的类型

研究区域的受访者列举出的传统民族节庆，包括传统的民族节日、丧葬习俗、婚嫁习俗（详见附录 6-10）。

（1）传统的民族节日有开斋节、古尔邦节等。本研究的 6 个村落均为回族，民族节日一致。开斋节需要炸油香、馓子，这些油炸食品传统使用胡麻油、小麦、蜂蜜等。古尔邦节传统宰食牛羊或骆驼，与当地的畜牧养殖传统密切相关。

（2）丧葬习俗中有一种传统用法与传统生物资源相关，即亡人（去世的人）穿的克番布上洒红花水。丧葬习俗中的红花水，用红花、冰片、樟脑与水配成，其混合液体洒在克番布（包裹亡人的白布）上，起到了驱虫作用。

（3）婚嫁习俗，与当地种植、养殖传统密切相关，牛羊肉是婚嫁中必备的肉食，此外，馓子、油香、麻花也是必备的传统食品。

3.4.1.2　传统文学艺术的类型

研究区域的受访者列举出的传统文学艺术 4 种，包括农事谚语、竹子口弦、泥哇呜、杏核哨（详见附录 6-10）。

（1）农事谚语。农事谚语蕴含了当地传统种植的农作物与节气的关系，如“清明前后，种瓜种豆”。研究区域的谚语多与气象、时令、耕作技术等有关，是当地村民认识自然和总结生产经验的重要表现。

例如：

“针扎的胡麻，卧牛的谷。

种前晒一晒，苗儿出得快。

薄地上炕土，一亩顶两亩。

三年墙，两年炕，上在地里庄稼旺。”

——流传于宁南山区

"种地不倒茬，十有九回瞎。
收花的豆子带花的荞，尖嘴子胡麻并不饶。
糜子处暑不抽穗，白露不低头，到了寒露喂老牛。
黄田昼夜变，紧收不敢慢。
早期不慌，早种不忙。
麦子宁早，荞麦宁迟。
深谷子，浅糜子，胡麻种在土皮子。
庄稼地里一根草，好像毒蛇咬。
一个狗粪坨坨，一个荞面馍馍。
粪放三年成土呢，土放三年成粪哩。
冬水放得饱，来年收成好。
雨淋心，水浇根，没雨再灌减收成。"①

——流传于宁南山区

"二八月羊，如盘场。
水草旺，牛羊壮。
秋冰草，夏芦子，七八月的蒿头子。"②

——流传于宁南山区

（2）竹子口弦。俗称"口琴子"或"口衔子"，是用竹子制作而成的一种传统乐器，将竹片削成 10 cm 长的酒瓶状，剜去中间部分，留一舌簧，弹奏时将舌簧轻轻含在双唇间，可发出声音。③ 研究区域的口弦有两种，竹制口弦和铁制口弦，其中，竹制口弦与生物多样性相关，也是当地最为常见的口弦形式。口弦多为女性使用，用手弹动竹片，发出声音，表达优美的曲调。

（3）泥洼呜。俗称"牛头埙"或者"泥萧"，是用泥巴制作而成的一种传统乐器。研究区域的老年人有儿时吹过泥洼呜的记忆。将一块泥做成牛头形、圆形等形状，晾干后用芨芨草（*Stipa splendens* Trin.）杆钻几个孔，做成一个吹口，还有四个小口用手按即可。

① 引自李文才主编，王新林，陈瑜，苏刚，范静波，编著：《海原民间谚语》，银川：黄河出版传媒集团、阳光出版社，2013 年，第 51～53 页。

② 引自李文才主编，王新林，陈瑜，苏刚，范静波，编著：《海原民间谚语》，银川：黄河出版传媒集团、阳光出版社，2013 年，第 56～57 页。

③ 引自周庆华主编：《固原市非物质文化遗产名录（第一辑）》，银川：黄河出版传媒集团、宁夏人民出版社，2011 年，第 14～15 页。

这个制作成品没有当地生物资源的元素参与，但其传承过程蕴含了当地村民在黄土地上创作的文艺元素，属于传统的生态知识，予以记载。

（4）杏核哨。杏核磨制出的一种传统乐器。选一枚杏儿，吃完杏肉，留下核。把杏核正面鼓起的部分磨平，直到露出杏仁为止，同样把反面磨到露出杏仁为止。用铁丝把杏仁弄碎后掏出。将杏核正反面的开口，磨到 5～8 mm 为宜。洗净后用嘴吹奏。吹奏时，把哨子半含在口中，露出开孔，对准开孔的上端吹气，利用气息变化就能吹奏出各种鸟鸣声。

3.4.2　生物多样性相关传统文化的 RFC 值评估

3.4.2.1　传统民族节庆的 RFC 值评估

传统民族节庆的相对引用频率（RFC）范围为 30.79～97.46（详见附录 6-10）。传统民族节庆 RFC 值均大于 10，排名为：开斋节（RFC 值 97.46）、婚嫁习俗（RFC 值 97.46）、古尔邦节（RFC 值 97.46）、丧葬习俗（RFC 值 30.79）。

3.4.2.2　传统文学艺术的 RFC 值评估

传统文学艺术的相对引用频率（RFC）范围为 3.17～19.37（详见附录 6-10）。4 种传统文学艺术中，仅 1 种 RFC 值大于 10，为农事谚语（俗称老话/老人们说，RFC 值为 19.37）。其他 3 种传统文学艺术的 RFC 值分别为：杏核哨（RFC 值 7.30）、泥洼呜（牛头埙，RFC 值 6.03）、竹子口弦（口衔子/口琴子，RFC 值 3.17）。

3.4.3　生物多样性相关传统文化的价值分析

3.4.3.1　生态价值

传统文化中所使用的生物资源，充分体现出与当地气候、土壤、地形等自然条件的适应性。例如，传统文学艺术中的农事谚语被广泛提及，与其包含天文、气象、气候等生产知识有关，适用于指导当地村民生产实践。

3.4.3.2　经济价值

传统文化中所使用的生物遗传资源，如炸油香用到的红芒麦、油品用到的胡麻、过节用到的牛羊肉等，因其产量、品质、口感、抗劣（病、虫、倒伏、盐碱）等方面的特性，在当地具有较高的社会和经济价值。牛羊肉市场、净子胡麻均具有广阔的市场。

3.4.3.3 社会文化价值

民族节庆和文学艺术所使用的传统生物资源，均有较高的社会文化价值。例如，传统民族节庆中，开斋节、婚嫁习俗和古尔邦节更为频繁地被当地村民们提及，三种节庆均有食用牛羊肉和油香、馓子及其他油炸食品的习俗，这与当地村民牛羊肉的食用、传统面点加工技术的传承密切相关。这些节日的饮食习俗，促进了牛羊肉交易，也活跃了油香等传统面点的制作。

3.5 传统生物地理标志产品的类型和重要价值

传统生物地理标志产品包括农业系统评定的地理标志农产品，原国家质量监督检验检疫总局评定的地理标志保护产品和原国家工商总局注册的地理标志商标，在 2018 年机构改革后，宁夏的三类地理标志于 2020 年 3 月以后进行统一管理。截至 2019 年 12 月，经查阅国家及地方的地理标志产品相关资料，梳理出宁夏的传统生物地理标志产品 96 个，其中地理标志农产品 60 个（见附录 5-1）[①]，地理标志保护产品 11 个（见附录 5-2），地理标志商标 25 个[②]（见附录 5-3）。

经调查，96 种地理标志产品中，与迁出地中卫市海原县、固原市泾源县、吴忠市同心县和迁入地吴忠市红寺堡生态移民相关，且与生物资源相关的有 14 种，分别为宁夏枸杞、同心圆枣、固原马铃薯、固原胡麻油、固原黄牛（与泾源黄牛，统计为 1 种）、泾源蜂蜜、吴忠亚麻籽油、同心滩羊肉、同心银柴胡、海原硒砂瓜、海原小茴香、海原马铃薯、六盘山秦艽和六盘山黄芪等。经调查访谈得知，六盘山秦艽和六盘山黄芪的使用范围可涵盖泾源县，所以将六盘山秦艽、六盘山黄芪也列入泾源县可使用的地理标志产品。综上，可认定的 14 种地理标志产品中，食品类 9 种，药材类 5 种。

---

① 宁夏农业农村厅农产品质量安全中心资料整理。

② 张欣.《宁夏地理标志商标助推地方经济发展研究》[D]. 中央党校，2019 年，第 11～14 页。

3.5.1　传统生物地理标志产品的类型

3.5.1.1　传统食品类地理标志产品的类型

研究区域列举出的 9 种食品类地理标志产品为：同心圆枣、固原马铃薯、固原胡麻油、固原黄牛、泾源蜂蜜、吴忠亚麻籽油、同心滩羊肉、海原硒砂瓜、海原马铃薯（详见附录 6-11）。

（1）同心圆枣。保护范围为同心县、红寺堡区、中宁县、海原县等区域。本研究中除了 e 村，其他村均在其保护范围。同心圆枣在宁夏同心的栽培有 300 年的历史，耐干旱，枣果大、果肉厚，是经多年人工选育后保存下来的优良乡土树种，也是当地村民认可的好品种。

（2）固原马铃薯。保护范围为固原市全境，本研究区域的 6 个村，仅 e 村符合该保护范围。马铃薯引入固原是在明朝中叶，经历了 300 多年的发展历程。固原马铃薯耐瘠薄、抗旱耐寒，是当地的“宝贝蛋”，也是主粮之一。马铃薯加工的菜品类型丰富，洋芋擦擦、洋芋面、粉条等均为当地普遍喜食的家常菜品。

（3）固原胡麻油。保护范围为固原市全境，本研究区域的 6 个村，仅 e 村符合该保护范围。当地村民普遍食用的油料作物就是胡麻油，在中华人民共和国成立之前，胡麻油还可以用作点灯油，又叫清油灯。当地村民的传统饮食中无论炸、炒、凉拌，都离不开胡麻油。值得一提的是，冬季低温寒冷情况下，胡麻油不会凝固。

（4）固原黄牛。保护范围为固原市全境，本研究区域的 6 个村，仅 e 村符合该保护范围。固原历史上就有养牛传统，当地黄牛役用有劲，肉用有味，在村民的传统生产生活中发挥着重要作用，得到了消费者的普遍认可。泾源黄牛肉，其保护范围为泾源县，泾源县地处六盘山水源涵养林区，水资源充沛，水质良好，黄牛品质最佳。

（5）泾源蜂蜜。保护范围为固原市泾源县，本研究区域的 6 个村，仅 e 村符合该保护范围。与泾源黄牛肉一样，泾源蜂蜜的品质得益于六盘山气候阴湿，植被多样，蜜源丰富的条件，传统饲养中华土蜂被广泛认可。

（6）吴忠亚麻籽油。保护范围为吴忠市全境，本研究区域的 a 村、b 村、c 村、d 村符合该保护范围。红寺堡区地处半干旱沙化带，胡麻耐寒耐旱，又是当地的传统油料作物，胡麻产油在当地称为亚麻籽油，油质佳，是当地认可的好产品。

（7）同心滩羊肉。保护范围为同心县、红寺堡区等，本研究区域的 a 村、b 村、c 村、d

村均符合该保护范围。滩羊肉得益于当地半干旱草场环境，气候为冬长夏短、春迟秋早、日照充足、水质偏碱，肉质不膻也不腻。滩羊一年一胎、一胎一只，产量小，供不应求。

（8）海原硒砂瓜。保护范围为宁夏海原县，本研究区域中仅 f 村符合该保护范围。海原硒砂瓜种植历史有100年以上，即砂地上压砂石，减少水分蒸发，起到了蓄水保墒、减少水土流失的作用，这种旱地压砂种的西瓜，被当地誉为“石头缝里的西瓜”[①]。

（9）海原马铃薯。保护范围为海原县，本研究区域中仅 f 村符合该保护范围。海原马铃薯有着悠久的种植历史，在宁夏当地具有重要的抗旱性能，需水量少，仅靠天然降雨就可以进行农业生产，具有稳产、高产、抗逆的特征，灾荒年更是保命的抗旱救灾作物。宁南山区的村民们对马铃薯情有独钟，马铃薯是当地的明星蔬菜和重要主食，马铃薯粉条、粉丝、粉皮为当地普遍喜食的“三粉”。

3.5.1.2　传统药材类地理标志产品的类型

研究区域列举出 5 种药材类地理标志产品：宁夏枸杞、同心银柴胡、海原小茴香、六盘山秦艽、六盘山黄芪（详见附录6-11）。

（1）宁夏枸杞。保护范围为宁夏全区，本研究区域的 6 个村落均属于该保护范围。宁夏昼夜温差大，适宜枸杞生长。尤其是引黄灌区，依托黄河水和清水河苦水的混灌，使得宁夏枸杞富含成分与众不同，为药典上记载的道地药材。中宁枸杞更是驰名中外。

（2）同心银柴胡。保护范围为同心县、红寺堡区等，本研究区域中a村、b村、c村、d村均在其保护范围。宁夏中部干旱带适宜种植银柴胡、甘草、黄芩等沙生中药材，现有年留床面积16.3万亩左右。

（3）海原小茴香。保护范围为海原县，本研究中仅 f 村在保护范围。海原小茴香有多年的种植历史，它的生长多靠天然降水（靠天吃饭的黄土丘陵区域），适时补灌井水和河水。海原县干旱少雨，春暖迟、夏热短、秋凉早、冬寒长[②]。其种植区一般选择地势较低、平坦的土地，施以农家肥，使得其具有很高的药用和食用价值。小茴香既可以入药祛寒止痛，又可以作为香料（调味品），嫩茎、叶可作为蔬菜。海原成为当地有名的“小茴香之乡”。

（4）六盘山秦艽。保护范围为固原市隆德县等六盘山地区，经访谈得知，泾源县根据区域范围及授权情况，可列入保护范围。本研究区域的 6 个村，仅 e 村符合该保护范

① 引自马虎、李昊主编：《宁夏农产品地理标志》，银川：黄河出版传媒集团、阳光出版社，2017年，第99～102页。
② 引自马虎、李昊主编：《宁夏农产品地理标志》，银川：黄河出版传媒集团、阳光出版社，2017年，第164～166页。

围。秦艽广泛分布于宁夏六盘山一带，隆德县是秦艽的主产区，当地种植此药材有1 000多年的历史。泾源县位于六盘山地区，百药齐全，历史上种植此药材。

（5）六盘山黄芪。保护范围为固原市隆德县等六盘山地区，经访谈得知，泾源县根据区域范围及授权情况，可列入保护范围。本研究区域的6个村，仅e村符合该保护范围。黄芪原名黄耆，在六盘山一带，品质优良、药用有效成分高，这里有着多年驯化种植野生黄芪的经验。

3.5.2　传统生物地理标志产品的RFC值评估

3.5.2.1　传统食品类地理标志产品的RFC值评估

食品类地理标志产品的相对引用频率（RFC）范围为3.17～44.76（详见附录6-11）。因红寺堡属于移民迁入地，经过20多年的建设，现今尚没有自治区级以上认可的传统地理标志产品。但在20多年的生产实践中，移民们探索出一些传统农产品可在红寺堡区种植，且品质很好，在相关表述中使用了“现在希望的地理标志产品”的说法。食品类地理标志产品包括经过认证的9种（详见附录6-11）。经访谈村民后，补充了1种村民希望成为地理标志产品的农产品：红寺堡黄花菜，所以这里的RFC值分析时共统计了10种食品类地理标志产品。

10种地理标志产品中，RFC值大于10的有9种，排序为：同心滩羊肉（RFC值44.76）、固原黄牛（RFC值9.84，包含现在希望的地理标志产品红寺堡黄牛后RFC值43.81）、海原硒砂瓜（RFC值7.30，包含现在希望的地理标志产品红寺堡硒砂瓜后RFC值36.19）、红寺堡黄花菜（RFC值33.65）、同心圆枣（RFC值27.30）、固原马铃薯（RFC值15.24）、吴忠亚麻籽油（RFC值12.38）、泾源蜂蜜（RFC值11.43）、固原胡麻油（RFC值10.48）。还有1种RFC值小于10：海原马铃薯（RFC值3.17）。远距离搬迁的移民，例如a村、b村从泾源县、海原县搬迁至红寺堡区，搬迁后很难合法使用迁出地的地理标志产品。在搬迁后，通过移民们十多年的传统生产生活实践，调查中移民们认为广泛认可且适宜成为下一步红寺堡地理标志产品的有：红寺堡滩羊肉、红寺堡黄牛、红寺堡硒砂瓜、红寺堡黄花菜、红寺堡圆枣等。

3.5.2.2　传统药材类地理标志产品的RFC值评估

药材类地理标志产品的相对引用频率（RFC）范围为2.54～58.73（详见附录6-11）。

5种地理标志产品中，RFC值大于10的有3种，分别为：宁夏枸杞（RFC值58.73）、同心银柴胡（RFC值15.87）、海原小茴香（RFC值11.11）。还有2种RFC值小于10，分别为六盘山黄芪（RFC值4.44），六盘山秦艽（RFC值2.54）。从5种药材类地理标志产品RFC值来看，宁夏枸杞在宁夏境内均可使用，所以6个村均有提及。同心银柴胡在红寺堡区4个移民村落均有提及。海原小茴香仅f村有提及。六盘山黄芪和秦艽RFC值小于10，与其地理标志产品仅在六盘山地区注册，且保护范围具有特定性有关。

3.5.3 传统生物地理标志产品的价值分析

3.5.3.1 生态价值

传统生物地理标志产品的保护范围与其生态区域有着密切联系。传统地理标志产品，是不同生态区域的村民在培育、应用和保护生物遗传资源过程中积累下来的重要知识。例如，在半干旱沙化区域（本研究的红寺堡区位于此区域），宁夏枸杞有着很好的水土保持作用，这一地理标志产品围绕中宁一带种植，有着500多年的历史，具有重要的生态价值。

3.5.3.2 经济价值

地理标志产品因其经济价值高，且有一定开发利用前景而被使用和传承。在调查中发现，很多传统生物地理标志产品经济效益高、市场开拓潜力大，有重要的经济价值。例如，固原黄牛，“顿顿吃中草药，天天喝矿泉水”，肉质鲜嫩、瘦肉多、脂肪少，深受当地民众喜爱，市场潜力巨大。再如，泾源蜂蜜，浓缩了传统中华土蜂一年的采蜜精华，现今市场价300元/kg左右，比普通蜂蜜贵10倍，市场前景很好。

3.5.3.3 社会文化价值

传统生物地理标志产品能够延续至今的一个关键因素就是社会文化价值。例如，同心滩羊肉和固原黄牛的价值，与当地村民饮食文化中喜食牛羊肉、婚丧嫁娶中需要宰食牛羊等文化习俗有着密切的关系。再如，固原胡麻油和吴忠亚麻籽油的价值，与当地油炸食品传统使用胡麻油有关。

3.6　本章小结

本章通过生态移民相关村落的调查研究，根据生物多样性相关传统知识的五大分类体系，获得 6 个村生态移民拥有、保存和使用的生物多样性相关传统知识的基础数据。每类生物遗传资源及传统知识的重要价值分析，引入了 RFC 值的计算方法，并分析了资源特有价值、生态价值、经济价值、社会文化价值等。研究表明，这些传统知识的价值主要体现在对当地经济的促进，对民族团结进步和社会和谐的推动，对传统文化的继承与弘扬，并体现在当地居民的衣食住行和生产生活各个方面，是当地社会发展取之不尽的知识源泉。

（1）传统选育的农业遗传资源

研究区域受访者保留的传统农作物农家品种 28 个，相对引用频率（RFC）范围为 0.63～57.14，玉米、向日葵、荞麦、谷子、糜子等 14 个 RFC 值大于 10。传统蔬菜农家品种 43 个，RFC 值范围为 0.32～49.84，红葱、韭菜、菊芋、白菜、黄花菜等 18 个 RFC 值大于 10。传统利用的野生食用生物有 53 种，RFC 值范围为 0.32～85.40，乳苣、苣荬菜、苦苣菜、蒲公英等 26 种 RFC 值大于 10。传统家养动物 6 种，RFC 范围为 0.95～34.29，当地滩羊、当地山羊、泾源黄牛、静原鸡等 4 种动物的 RFC 值大于 10。传统选育的林木有 35 种，RFC 值范围为 0.32～38.41，柠条锦鸡儿、榆树、宁夏枸杞等 16 种林木资源 RFC 值大于 10。传统选育饲用植物 224 种，RFC 值范围为 0.32～77.14，冰草、猪毛蒿、猪毛菜、藜、紫花苜蓿、茵陈蒿等 136 种饲用植物的 RFC 值大于 10。驼绒藜、白花草木樨、花苜蓿等饲用植物具有增膘、催情、催乳、祛火的特殊功效。重要价值方面，秋子梨、花红具有资源特有价值。小麦、荞麦等粮食作物，枸杞、柠条等防风固沙、保持水土的林木资源具有生态价值。红葱、当地滩羊等具有经济价值。净子胡麻等粮食作物具有社会文化价值。

（2）传统医药

研究区域的受访者列举出 178 种传统药用植物，RFC 值范围为 0.32～71.11，苣荬菜、苦苣菜等 25 种药用植物的 RFC 值大于 10。蒙疆苓菊、珠芽蓼、白鲜等药用植物有传统的地方特色用法。传统药用动物 14 种，RFC 值为 0.32～10.16，牛、羊的 RFC 值大于 10，牛的苦胆和牛黄在当地有着重要用途。重要价值方面，白鲜、蒙疆苓菊、二裂委陵菜、攀缘天冬等具有特有价值；苣荬菜、苦苣菜和蒲公英等具有耐旱的生态价值；黄芪、党参、秦艽、柴胡、大黄等具有经济价值；牛苦胆、牛黄、蜂房等具有社会文化价值。

（3）传统技术及传统生产生活方式

研究区域涉及 17 种。农业类技术 3 种，RFC 值范围为 16.19～72.06，歇地、旱作技术和施用农家肥的 RFC 值均大于 10。传统工艺技术 4 种，RFC 值范围为 1.59～74.29，编织技艺、刺绣的 RFC 值大于 10，编织技艺最为频繁地被提及，与当地传统农业生产生活中离不开筐、背篼、筛子等用品有关。传统食品加工技术 7 种，RFC 值范围为 67.94～95.87，均大于 10，说明传统食用加工技术与生活饮食密切相关，村民们频繁提及。传统规划设计与建筑技术 1 种，为窑洞民居，RFC 值 2.54，主要储存农作物种子，冬暖夏凉，不易变质，不再用于居住。其他传统技术 2 种，RFC 值 14.29～29.84，均大于 10，农家枕头常用荞麦皮、糜子、油葵籽等装枕芯，染指甲常用凤仙花（当地俗称指甲花）。重要价值方面，熬茶工艺中的夷子蒿茶具有地方特有价值；五墒四旱三多的旱作技术具有生态价值；传统工艺和食品具有经济价值；传统食品加工技术、擀毡等传统工艺技术具有社会文化价值。

（4）与生物多样性相关的传统文化

包括传统民族节庆，RFC 值范围为 30.79～97.46，均大于 10。当地均有食用牛、羊肉和油香、馓子及其油炸食品的习俗，这些与当地村民牛、羊肉的食用、传统面点加工技术的传承密切相关。传统文学艺术 4 种，RFC 值范围为 3.17～19.37，农事谚语（俗称老话/老人们说）RFC 值大于 10。重要价值方面，农事谚语具有生态价值；节庆中的牛、羊肉需求具有经济价值；节庆中的传统面点加工技术具有社会文化价值。

（5）传统生物地理标志产品

研究区域涉及 14 种。食品类 9 种，RFC 值范围为 3.17～44.76，除海原马铃薯外，其他地理标志产品的 RFC 值均大于 10。药材类地理标志产品 5 种，RFC 值范围为 2.54～58.73，宁夏枸杞、同心银柴胡的 RFC 值大于 10。重要价值方面，宁夏枸杞等具有生态价值；固原黄牛、泾源蜂蜜等具有经济价值；饮食中用到的地理标志类产品具有社会文化价值。

每一类传统生物遗传资源及传统知识中，RFC 值越大，表示该种生物资源或传统知识更频繁地被当地村民所利用和使用，在该地区越重要越有价值。每一类传统生物遗传资源及传统知识中都有 RFC 值相对较高的，更好地运用这些具有重要价值的传统知识，可为今后移民的产业发展、文化繁荣、生态和谐提供指导。RFC 值相对较低，但有一定生物学价值的传统知识，可有针对性地进行记载和保护。

第 4 章　宁夏红寺堡区不同来源地生态移民传统知识保留情况的比较研究

本章在宁夏典型村落生物遗传资源类型和重要价值分析的基础上，列举不同生态区域（宁夏六盘山森林区域、海原黄土丘陵区域、原同心半干旱沙化区域、红寺堡半干旱沙化区域）搬迁至红寺堡区的生态移民，其传统知识变化的典型案例，进一步探讨 6 个典型村落村民的传统知识相似性和差异性。通过对 6 个典型村落的分析，比较不同来源地的移民、迁入地与迁出地传统知识的异同，以此探讨搬迁对生态移民传统知识的影响。这一研究将对下一步如何有针对性地保护生态移民的生物多样性相关传统知识提供参考依据。

4.1　传统选育农业遗传资源保留情况的比较研究

经调查得知，搬迁前，红寺堡是一片荒滩，无人定居，搬迁对移民来说是重新开始生产生活的过程。移居之后农民种的原有品种，其种子基本从迁出地带到迁入地，一些传统品种能够适应新环境得以保留，不适应新环境舍弃。本研究基于实地调查获得 6 个村传统知识现状基础数据，对传统粮食作物、传统林木资源、传统选育饲用植物资源等当地村落现有的典型资源保留情况进行了比较研究。

4.1.1　传统粮食作物资源保留情况的比较

4.1.1.1　传统粮食作物数量的比较

鉴定出的 28 个传统粮食作物中，6 个村落提及数量排序为 f 村（24 种）＞d 村（18 种）＞c 村（17 种）＞e 村（13 种）＞a 村（9 种）=b 村（9 种）（见附录 6-1）。f 村最为丰富，该区域历史上属于广种薄收的宁南黄土丘陵旱作区域。f 村的邻村搬迁至 b 村后，传统农作物种和农家品种数量明显减少，仅为迁出地 f 村的 37.5%。由于水土条件变化、土地资源紧张，加上产量和经济效益影响，芒麦、秃头麦等传统小麦品种，狼尾谷、毛接接谷、红糜子、黑糜子、莜麦、苦荞麦等传统小杂粮鲜有种植，红芒冬麦不再种植。c 村、d 村属于近距离搬迁的村落，历史属于半干旱沙化区域，种植的粮食作物也以旱作物为主，但较宁南黄土丘陵区域相对少一些。e 村所在的泾源县，是宁夏唯一一个整县地处六盘山林区的县城，产业结构以大力发展苗木产业为主，10 多年来传统农作物种和农家品种数量呈减少趋势。e 村的邻村搬迁至 a 村后，传统农作物种和农家品种明显减少，仅为迁出地的 30.8%。

整体来看，生态移民搬迁后传统农作物种和农家品种数量减少。黄土丘陵区域 f 村传统农作物种和农家品种最多，搬迁后的 b 村明显减少。

4.1.1.2 传统粮食作物的相似性比较

从 JI 看（图 4-1），c 村和 d 村相似度高达 84.21，这与两村历史上属于半干旱沙化区域，搬迁后生态类型不变有关。从聚类情况看（图 4-2），第一个聚类里，c 村与 d 村的传统粮食作物相关关系最强。第二个聚类里，a 村、e 村相关关系最强，其次是与 b 村、f 村。f 村与其他村距离函数较远。

由此可见，近距离搬迁的 c 村和 d 村在传统农作物种和农家品种的保留上具有高度的相似性。

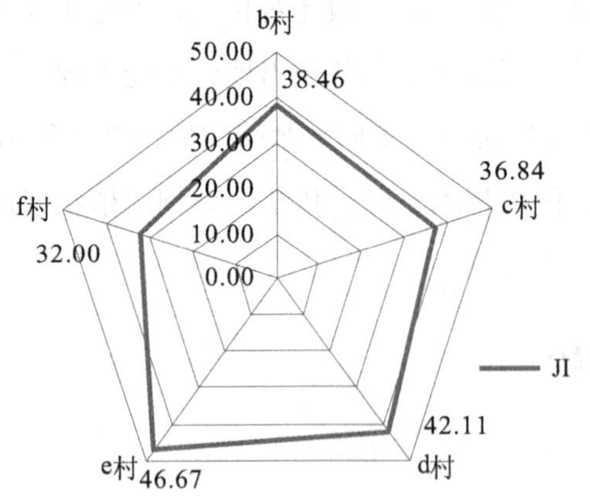

a 村粮食作物与各村的相似度

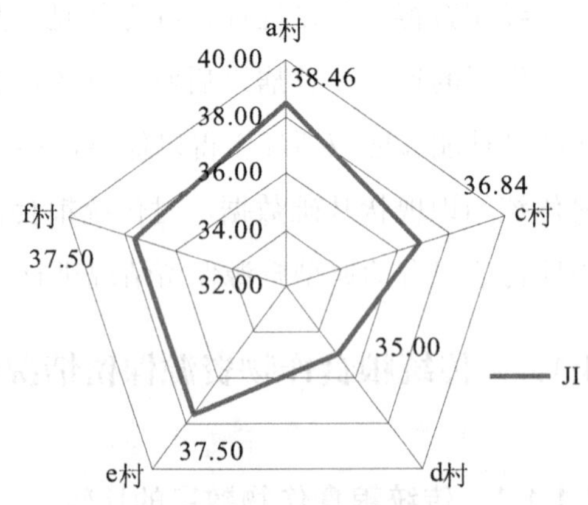

b 村粮食作物与各村的相似度

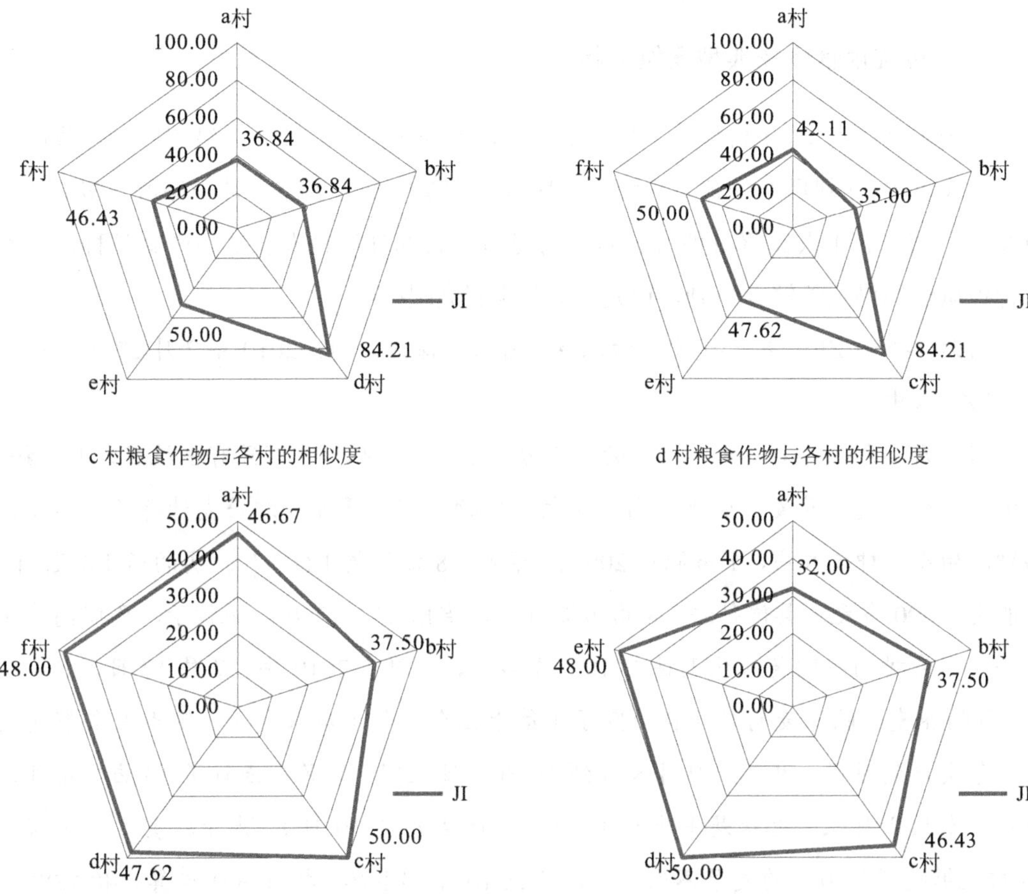

图 4-1　6 个村落之间传统粮食作物的相似度

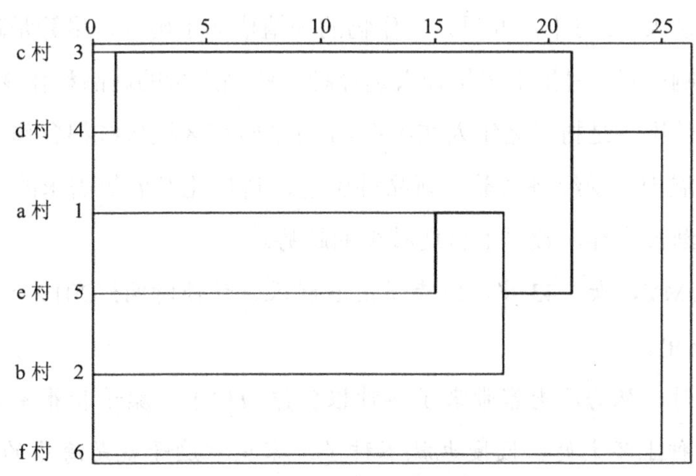

图 4-2　6 个村传统粮食作物的聚类分析树状图

4.1.1.3 传统粮食作物典型案例分析

传统粮食作物中，f村最多，与其未搬迁，世代生活于此，一直沿用广种薄收的旱作生产方式有关。f村所在的黄土丘陵区域腹地，沟壑纵横，老品种种子保留较多。在调查中发现，部分老年人保留着种植老品种的习惯，大部分年轻人尝试高产新品种，虽然老品种种质资源仍然能够收集到，但是也有下降的趋势。

访谈4-1：LZF，男，91岁，海原县f村人，访谈时间：2019年7月27日，访谈地点：LZF家中。

家里五谷杂粮都是老辈人留下的，吃习惯了，口感很好。家里有狼尾谷、毛挼挼谷、小黄谷、红芒麦、荞麦、糜子、高粱等大田作物。家里荞麦和红芒麦种得多。荞麦是老品种的甜荞，种了8亩，1亩能打200斤[①]荞麦，8亩就是1 600斤。卖的话1.3元/斤，8亩能卖1 000多元。具体种法：8亩田撒种子，要撒11～12斤。撒种子，要撒高，撒宽一些。荞麦种的时间是入伏天往前10 d左右种，今年（2019年）7月12日入伏，7月6日种的荞麦。收荞麦的时间在白露子（第十五个节气）和寒露子（第十七个节气）两个节气交接的时候，也就是9月8日到10月8日之间。红芒冬麦种了13亩，九月二日播种，农历六月收，也就是中伏天（7月22日至8月10日），麦子就黄了。一家人种10亩就够吃了！山地的麦子不生虫，麦子放10年都不坏。按往常年份算，40亩红芒麦子，能打1万斤。前几年红芒麦不值钱，1.5元/斤都卖不上。现在开始值钱了，但是很少有人种了。

LZF的话里，除了传统杂粮的品质和口感好，也在算经济账，现在多考虑自给自足，市场需求不是特别大。f村十年九旱，旱作物的种植依赖于雨水，尽管是耐旱作物，但是极度缺水也会影响产量。村里很多年轻人选择种一些高产量的新品种作物或者外出务工，老品种的保存和使用多是村里老年人在维系。f村是研究区域传统粮食作物品种最丰富的村。十多年的发展中，受经济效益、新品种引进、科技化发展等需求的影响，一些老品种粮食作物也逐渐被舍弃，数量上呈现减少的趋势。

访谈4-2：LMY，女，43岁，红寺堡区b村人，访谈时间：2019年7月24日，访谈地点：LMY家中。

刚搬迁过来时，从海原老家带来了各种粮食作物种子，糜子和荞麦在红寺堡种上还行，其他老品种种上不太好，慢慢也就不种了。家里红糜子就是海原的传统老品种，5

---

① 1斤=0.5 kg，全书同。

年前还种着 3 亩糜子，现在不种了，种子也没了。糜子开春种上，基本上 6—7 月和油葵一起收，生长期短，生长 4～5 个月就能收了。糜子省水，玉米一年要淌 6 次水，糜子一年淌 3～4 次水就够了。那活截（以前），也就是 5 年前，家里种了 3 亩糜子，打了 15～18 袋糜子，一袋 100 斤，差不多收了 1 800 斤左右。糜子收了以后，给亲戚点、邻家些，连卖带送的，大家都很喜欢。

糜子很好，和白米掺和做成的饭，是特别重要的主食，我们叫糜饭。红寺堡这边习惯叫黏饭、茸饭，都是一个意思。以前种，是因为在老家糜子是主粮，天天都要吃。搬到红寺堡后，娃娃们从小在红寺堡长大，不爱吃老家的糜子了，嫌扎嗓子（感觉米粒粗糙，太硬，下咽困难）。我们和老人们还都爱吃，所以种一点。但是这几年上了年龄，吃不动了（饭量小了），街上随便称 2～3 斤吃点就够，所以没再种了。

LMY 在海原老家保留下来了很多耐寒耐旱老品种，搬迁时带到了红寺堡。刚搬来时，尝试在新土地上种老家的种子，但是很多品种因水土环境改变长势不好。尝试种了一些老品种，发现糜子可以继续种，能壮地（增加土壤肥力）。LMY 也是搬迁后为数不多家里还种植老品种的移民。

综上，传统农作物种和农家品种在宁南黄土丘陵区域较为丰富，保存了很多适宜贫瘠土地的旱作物品种。搬迁到红寺堡后，在多种因素的影响下移民们种植传统旱田作物呈减少或消失趋势。

4.1.2　传统选育林木果树资源保留情况的比较

4.1.2.1　传统选育林木果树数量的比较

鉴定出的传统选育林木 35 种，提及的数量排序为 e 村（26 种）＞d 村（18 种）＞c 村（15 种）＞a 村（14 种）=f 村（14 种）＞b 村（10 种）（见附录 6-5）。e 村传统选育林木最多，源于林区的生态优势，青海云杉、华山松、侧柏、白桦为 e 村常见树种，其他村少见。a 村搬迁后，传统选育林木数量为 14 种，仅为迁出地 e 村的 54%。b 村和其迁出地 f 村的选育林木数量差别不大，均偏少。c 村、d 村的传统选育林木资源数，在 6 个村落中居中，与其近距离搬迁、林木利用变化较小有关。枸杞作为 6 个村落均提及的传统选育果树资源，具有食用、药用、保持水土等多种作用，得到了普遍认可。花红、杏也是传统选育的果树树种，在 6 个村均有提及，得到了普遍认可。

整体来看，搬迁后的传统林木数量减少。迁出地和迁入地的生态区域差异越大，植被变化越大，减少趋势越明显。

4.1.2.2 传统选育林木果树资源的相似性比较

从JI看（图4-3），b村与f村的相似度50，体现了搬迁后选育的林木资源与迁出地的同源性。例如香水梨仅b村和f村有种植，其他4个村未见提及。秋子梨，当地俗称香水梨，该梨冷冻久存后颜色变为棕黑色，果肉化为果汁，润肺止咳，是稀少而又珍贵的地方品种。访谈得知，b村搬迁后虽种植传统香水梨，但产量和品质均不高，仅有零星几户保留了这一传统品种，濒临丧失，这一问题值得进一步关注。c村、d村没有表现出明显的相似性。从聚类情况看（图4-4），第一个聚类里，d村与f村的相关关系最强，其次与b村相关关系强；第二个聚类里，a村、c村相关关系最强。e村为独立一组。

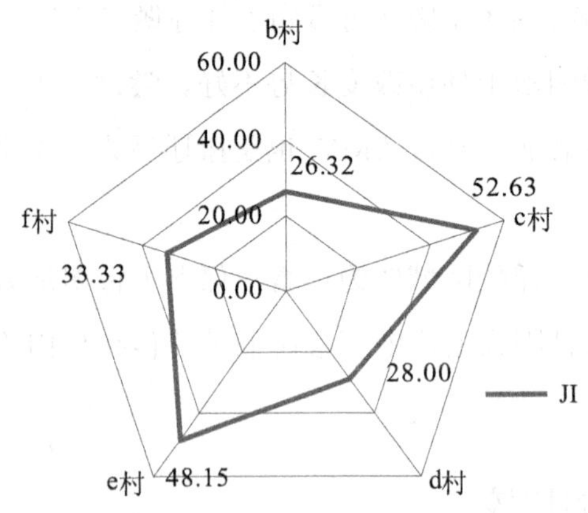

a村传统选育林木与各村的相似度

b村传统选育林木与各村的相似度

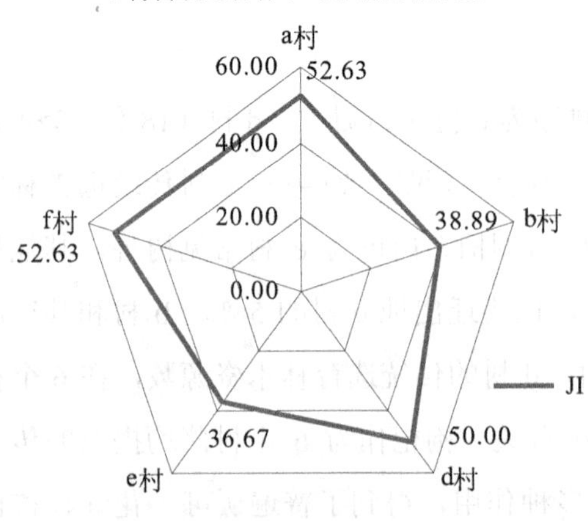

c村传统选育林木与各村的相似度

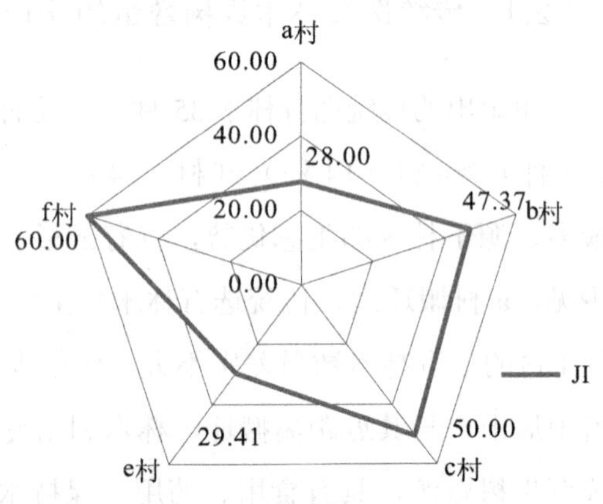

d村传统选育林木与各村的相似度

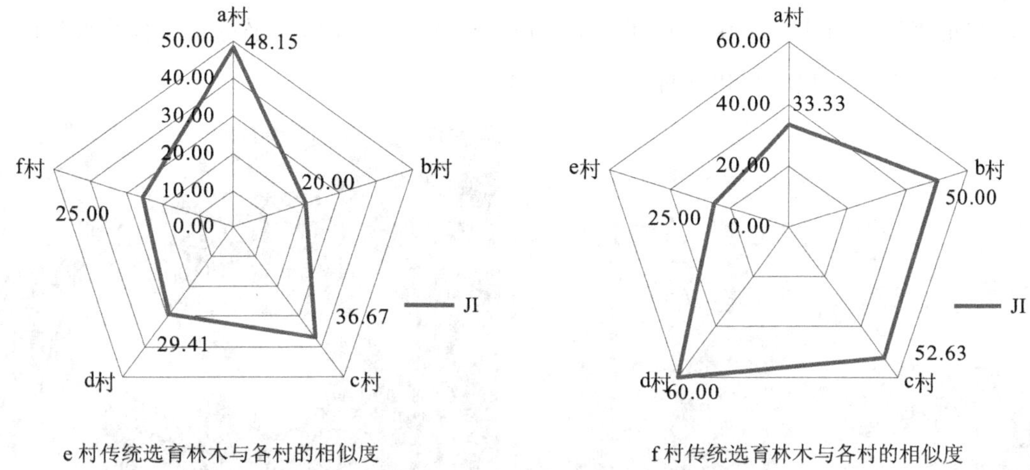

图 4-3　6 个村落之间传统选育林木的相似度

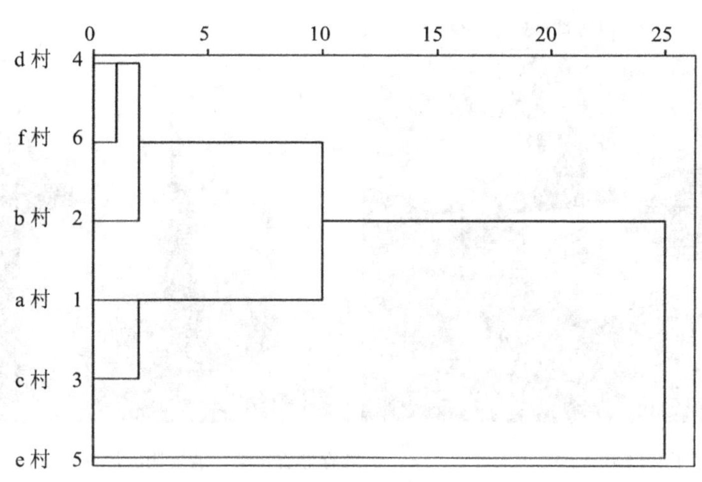

图 4-4　6 个村传统选育林木的聚类分析树状图

由此可见，a 村与迁入地的相似性更高。b 村与迁出地 f 村的相似度更高，高于迁入地，这与 b 村和 f 村均保留了传统品种香水梨有关。虽然香水梨仍有种植，但是种植数量减少，搬迁后质量有变化，存在种质丧失的问题，需要关注。

4.1.2.3　传统选育林木果树资源典型案例分析

案例：香水梨

调查中发现，传统林木资源中香水梨有一定的地方代表性，f 村、b 村均种植香水梨（*Pyrus ussuriensis* Maxim. ex Rupr.）。海原是香水梨的传统产地。b 村村民从海原搬迁后，有两户把老家的香水梨树苗带到红寺堡种植。整体来看，f 村几乎每家都有香水梨树，但是搬迁后的 b 村，仅两户仍在种植（图 4-5）。

a.香水梨树

b.香水果子

c.摘梨，戴手套摘梨至缸中

d.存储香水梨，放置阴凉屋内，或者堆放至院子里南墙根

e.冬天冷冻后的香水果子

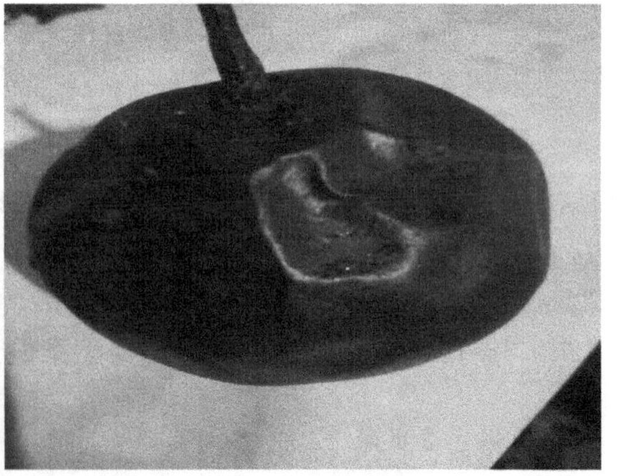

f.解冻后的香水果子

图 4-5　传统选育的香水梨

访谈 4-3：LZF，男，91 岁，海原县 f 村人，访谈时间：2019 年 7 月 27 日，访谈地点：LZF 家的果园。

当地把香水梨称作香水果子，意思就是梨水很香。把香水果子化成汁喝，这是老人们一辈一辈传下来的，村里人都爱喝。家里有 15 棵香水梨树，都是十几年的老品种。基本上村里人每家都会种 1 棵，自家吃。这个品种在海原非常适合栽种，山地、水地都能种，不过山地太旱的话，梨不好。水地稍微淌点水，就能长得很好。家里没有香水梨的，也会去街上买点吃。一般集市上会有，冻成冰疙瘩卖。家里的老人最喜欢吃，1 个香水果子卖 1 元。

这种梨在树上挂果的时间长。3 月开花后就结果了，要等 7 个多月的时间，农历八、九月有霜气了，天气冷了，果子长好了就能摘。香水果子比其他梨的味道都要好，能放住。从节气上看，香水梨要在白露与寒露之间摘，白露时摘下来皮厚放不住，不适合摘。寒露时摘下来皮薄合适。冻了的香水梨放在凉窑或者冰箱里，放 10 年都不坏，芯子会慢慢化掉，化成梨汁。

香水梨直接当水果吃，会有点酸。香水梨的独到之处，就是采摘后，把它一直放黑，喝梨里的黑水水（久放后形成的梨汁）。这种黑水水对于治咳嗽，效果特别好。b 村移民后，仍然种植香水梨的，有着浓浓的家乡情怀。

访谈 4-4：TFH，女，40 岁，红寺堡 b 村人，访谈时间：2019 年 7 月 24 日，访谈地点：TFH 家的庭院。

家里人一直喜欢喝香水梨汁，搬到红寺堡以后便继续种植。目前在家里种植的有 3 棵香水梨树，一般不出售，都是自家食用，尤其是老人特别稀罕，对治疗咳嗽很管用。平时也会喝，喝了香水梨汁后整个人很舒服、亮堂。

食用香水梨有几个经验：一是摘梨。摘香水梨时，不能直接用手摘，必须戴上手套摘，再用干净的卫生纸擦干净。不能碰水，一沾水梨就容易变坏。二是放梨。要将完整光滑的梨一个个地放在瓷缸里，这样才能存放住，不易腐烂。放满一缸后用盖子盖住。一般在农历八月梨成熟以后开始放，一直放到十月，放到梨变黑，开始出现梨水水，便可以喝了。三是喝梨水。放黑的梨，皮是脆的，好剥，里面都是梨水水。病人或者老人都喜欢喝，每天 1 碗，对身体很好，能够提高抵抗力。现在的年轻人不怎么喜欢，一般都吃新鲜的梨。

访谈 4-5：TZB，男，51 岁，红寺堡 b 村人，访谈时间：2019 年 7 月 24 日，访谈地点：TZB 家的庭院。

家里共种植了7棵树，全是从老家海原那边移植过来的树苗，目前已经12年了。一般是自己食用一部分，送亲戚朋友一部分，再有一部分卖掉。在村子里卖是3元/斤（个头大，品相好），家里7棵树可以卖3 000元。红寺堡这边地气比海原老家温热，采摘的时间一般会早15天左右。红寺堡9月开始采摘，10月就卖光了，而海原一般10月才开始摘。因为家里人特别喜欢香水梨，所以之后也会考虑扩大种植的范围。不过有一个问题，红寺堡种植的香水梨不能育苗，只有海原老家的树才可以育苗，所有新栽的树都需要从海原老家育新苗，带到红寺堡再栽种。

虽然f村和b村都仍在种植香水梨，但是海原属于黄土丘陵区域，红寺堡属于半干旱沙化区域，生态环境有所区别，梨的种植也有不同之处。一是成熟时间不同。海原的香水梨在红寺堡种植，会提早半个月成熟，口感上还是海原的好一些。二是搬迁后不能育苗。只有海原老家的树才可以育苗，红寺堡的树不能育苗，所有新栽的树都需要从海原老家育好新苗，带到红寺堡才能栽种。这也是搬迁后，气候变化、生态环境变化对传统选育林木资源的品质产生的影响。

4.1.3 传统选育饲用植物资源保留情况的比较

4.1.3.1 传统选育饲用植物数量的比较

鉴定出的224种植物，提及数量排序为c村（132种）＞d村（123种）＞e村（121种）＞f村（118种）＞b村（52种）＞a村（40种）（见附录6-6）。远距离搬迁的a村和b村，其传统饲用植物的种类为其迁出地e村、f村的33%、44%，明显减少。a村和b村搬迁后，生态环境和自然资源变化与迁出地有所区别，特别是a村，由森林区域搬迁至半干旱沙化区域，其传统饲用植物的利用种类表现出明显减少趋势，搬迁对其饲用植物多样性的影响很大。c村、d村、e村、f村列举出的饲用植物种类均达到100种以上，占饲用植物总数的比重50%左右。c村、d村为就近搬迁（迁出地与迁入地生态类型一致），移民所处的生态环境和自然资源变化小，传统利用的饲用植物保留程度高。

整体来看，6个村落均知晓丰富的饲用植物，搬迁后生态移民利用的传统饲用植物数量减少。近距离搬迁（迁出地与迁入地生态类型一致）所保留的传统饲用植物种类，较远距离搬迁（迁出地和迁入地生态类型差异大）的多。

4.1.3.2　传统选育饲用植物的相似性比较

从 JI 看（图 4-6），c 村和 d 村不仅饲用植物数量相似，饲用植物种类的相似性更是达到了 91.73，说明 c 村和 d 村历史地缘关系相近，生态环境和自然资源相似，饲用植物的利用具有极高的相似性。a 村与 b 村相似度 46.03，高于迁出地 e 村。b 村与 a 村、f 村相似性较高，分别为 46.03 和 40.50，说明 b 村搬迁后适应新环境过程中与迁入地产生了交流和融合的现象，又与其迁出地 f 村呈现出一定的同源性。从聚类情况看（图 4-7），第一个聚类里，c 村和 d 村饲用植物利用的相互关系最强。第二个聚类里，a 村、b 村相关关系最强，其次是与 f 村。e 村单独为一组。

由此可见，近距离搬迁的 c 村和 d 村饲用植物利用上相似性最高。远距离搬迁的 a 村和 b 村搬迁后，饲用植物利用的相似性高于迁出地。

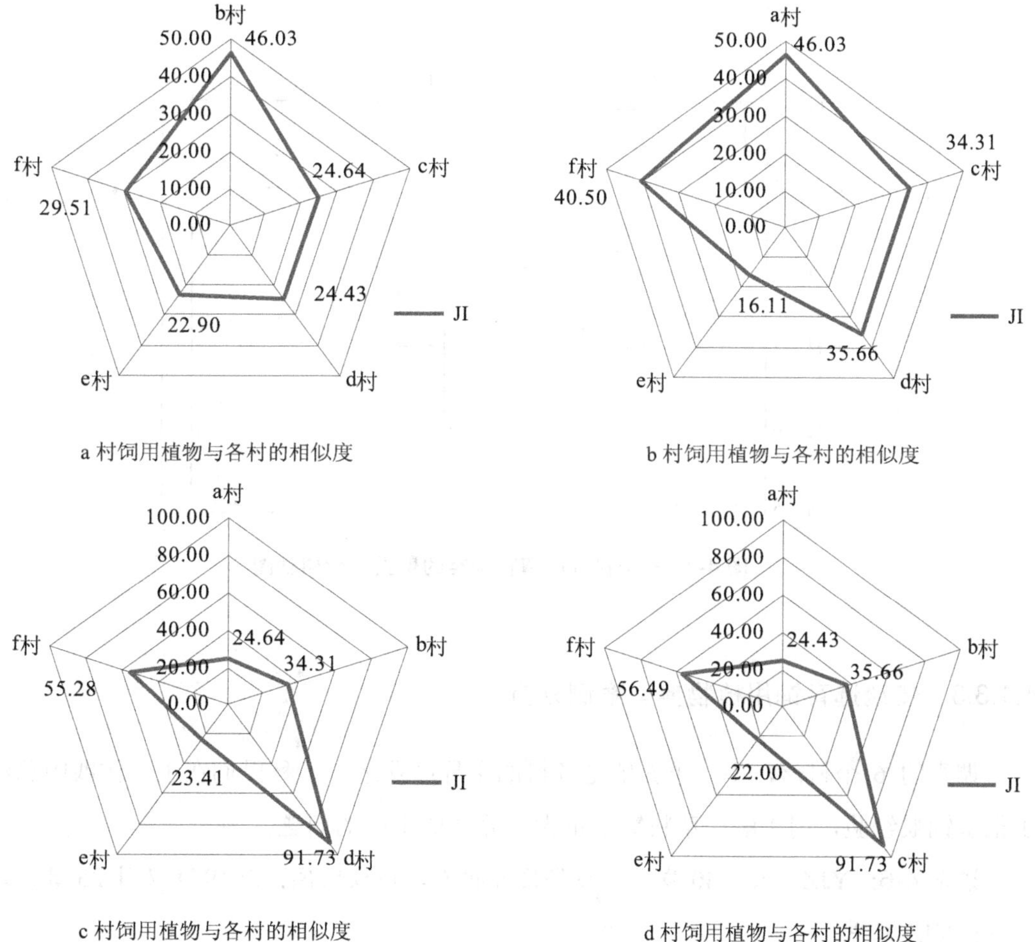

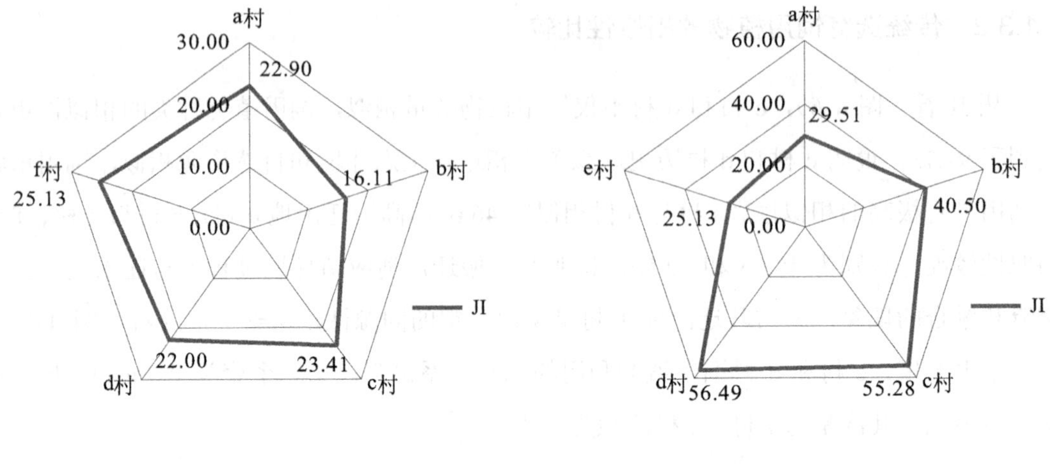

图 4-6　6 个村落之间传统饲用植物的相似度

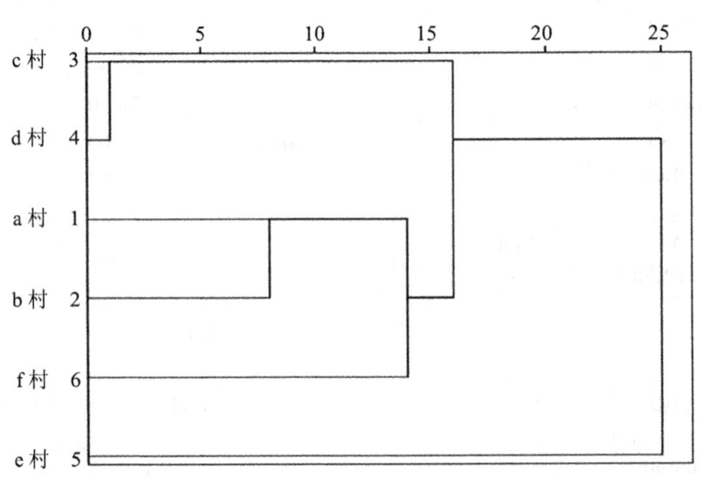

图 4-7　6 个村饲用植物种类的聚类分析树状图

4.1.3.3　传统选育饲用植物典型案例分析

调查的 6 个村落，牛、羊养殖是各村的主导产业之一。移民们在生产实践中总结出了很多饲喂经验，用于解决草料需求量大、养殖成本高的问题。

访谈 4-6：YJZ，女，40 岁，红寺堡区 a 村人，访谈时间：2019 年 7 月 25 日，访谈地点：YJZ 家中。

家里种了 4 亩苜蓿，12 亩玉米，主要用于喂养 7 头牛。紫花苜蓿是非常好的草，一年割 3 回，割下来以后，用铡草机铡了，然后晒干。一般只给牛娃子（牛犊子）吃，牛娃子吃上营养好。大牛不给吃，因为紫花苜蓿种得少，大牛吃根本不够。大牛主要喂玉米秆子。喂养时，苜蓿早上喂 1 顿，下午喂 1 顿，中午给点水喝。玉米 1 年割 1 回，搅领些（简单些），村里人都喜欢种玉米喂牛。

访谈 4-7：WXC，男，40 岁，红寺堡区 d 村人，访谈时间：2019 年 7 月 26 日，访谈地点：WXC 牛棚。

养牛最重要的就是饲料。家里种了 100 多亩田，70 亩青贮玉米，60 亩玉米，还需外购 50～60 亩青贮玉米。一般是早上 7—9 点，下午是 6—8 点喂牛，一天 2 次料，中午喂 1 次水。喂的饲料有油渣、麸子、豆渣，再把玉米秸秆打碎，拌好料给牛吃。90 头牛，每天需要 1 200 斤料。

访谈 4-8：WWL，男，53 岁，泾源县 e 村人，访谈时间：2019 年 7 月 31 日，访谈地点：WWL 家中。

养牛有很多经验可寻，牛的一些小病，家里就直接治好了。牛如果感冒了，流清鼻涕，就把柴胡熬成水给牛喝。柴胡的量根据牛的大小选择，在锅里熬一大盆，分成 2～3 顿喂牛喝。另外，给牛饲料里撒草木灰，可以防止牛群被感冒传染。偶尔会给牛吃些盐，大概 3～4 d 撒一把盐，这样可以提高牛对疾病的抵抗力。用蒲公英，熬水，喂牛喝，可以消炎。牛的眼角如果有眼屎的话，就说明是心火，给牛用苦参；肝火旺的时候，给牛用大黄。牛的毛如果干了或者卷了，就说明牛的状态不好，可能是生病了。相反地，牛的毛顺就说明一切正常。

访谈 4-9：WXY，男，49 岁，红寺堡区 d 村人，访谈时间：2019 年 7 月 25 日，访谈地点：WXY 羊圈旁。

夏天时，我们用大黄（掌叶大黄）给羊祛火。大黄在自家炉子上煮 1～2 h，用热水熬，煮软，到大黄能捏碎的程度就可以了。一个夏季，给羊喂 2 次大黄水。大黄自家种点也行，市场上买也行，价格大概是 8～10 元/斤。

综合访谈情况来看，村民们提及的饲用植物，多为食用植物的全株、某些部分或者食用某些作物剩余的副产品（如胡麻榨油后的油渣等）。从村民们提及的经常饲喂的主料和列举的饲用植物来看，大体分为四大类：第一类是人工种植的牧草。例如，苜蓿、大燕麦等。第二类是秸秆和树叶。农作物秸秆是冬春枯草期的重要饲草，有玉米、小麦、糜子、谷子等。树叶也是饲草的一类资源，榆树、槐树、桑树、山杏、山桃等。第三类是饲料类资源。在农作物中，有一些作为畜禽精料的植物，如蚕豆、豌豆、兵豆等，还有胡麻和芸芥等油料类作物的油渣，均可作为精饲料使用。第四类是天然饲用植物。这一类饲用植物是当地野生植物资源，不同的生态类型区域分布不同。北部干旱、风沙干旱地带超强旱生的植物，如刺叶柄棘豆、鹰爪刺、牛枝子、冷蒿等；沙生旱生植物有白沙蒿、沙蓬、白沙蒿、甘草、苦豆子等；阴湿、半阴湿山地的植物有地榆、白花枝子花等[①]（图 4-8）。

a.割青草打捆

b.机器斩草

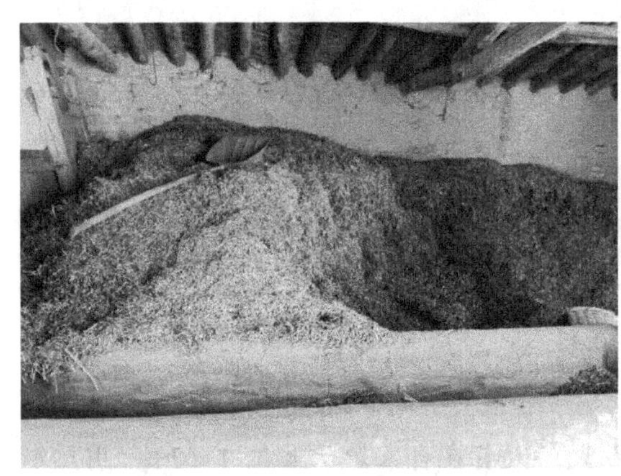

c.斩好的草，拌油渣、玉米、小麦等制成草料

d.喂牛

图 4-8 传统饲用植物制成草料

① 摘自李克昌、郭思加主编：《宁夏主要饲用及有毒有害植物》，黄河出版传媒集团、黄河出版社，2012 年，第 1 页。

4.2　传统医药相关资源保留情况的比较研究

4.2.1　传统药用植物资源保留情况的比较

4.2.1.1　传统药用植物数量的比较

鉴定出的 178 种药用植物，按所提及的数量排序为 e 村（152 种）＞c 村（41 种）＞f 村（38 种）＞d 村（29 种）＞a 村（28 种）＞b 村（16 种）（见附录 6-7）。e 村传统药用植物数量最多，因其六盘山地区生物资源种类丰富，村民们普遍知晓一些治疗常见病的药材，如治疗感冒、风寒、风湿等的药材。a 村搬迁后能够利用的药用植物种数明显减少，仅为迁出地 e 村的 18%。f 村传统药用植物资源匮乏。搬迁后的 b 村可利用数量更少，仅为迁出地 f 村的 42%。c 村、d 村提及的药用植物数量居中，与其村民为近距离移民、且搬迁前后生态类型相同、均为半干旱沙化区域有关。

整体来看，e 村是药用植物最丰富的村落。搬迁后生态移民所利用的传统药用植物数量减少，远距离搬迁较近距离搬迁减少的趋势更加明显。

4.2.1.2　传统药用植物的相似性比较

从 JI 看（图 4-9），a 村与 b 村的相似性 46.67，高于其他村，说明搬迁后两个村落利用的药用植物种类趋于相似。c 村与 d 村的相似性 52.17，高于其他村，说明两个村的高度同源性。e 村与各村的相似度均较低，整体低于 20%，说明 e 村与其他各村在药用植物的使用上差别很大。从聚类情况来看，第一个聚类里 a 村与 b 村相关关系最强；第二个聚类，c 村、d 村相关关系最强；其他各村各为单独一组。e 村与其他村距离函数较远（图 4-10）。

综上所述，迁入地各村体现出较高的相似性。a 村与迁入地药用植物利用的相似性高于迁出地，充分体现了新环境的融合性和适应性。

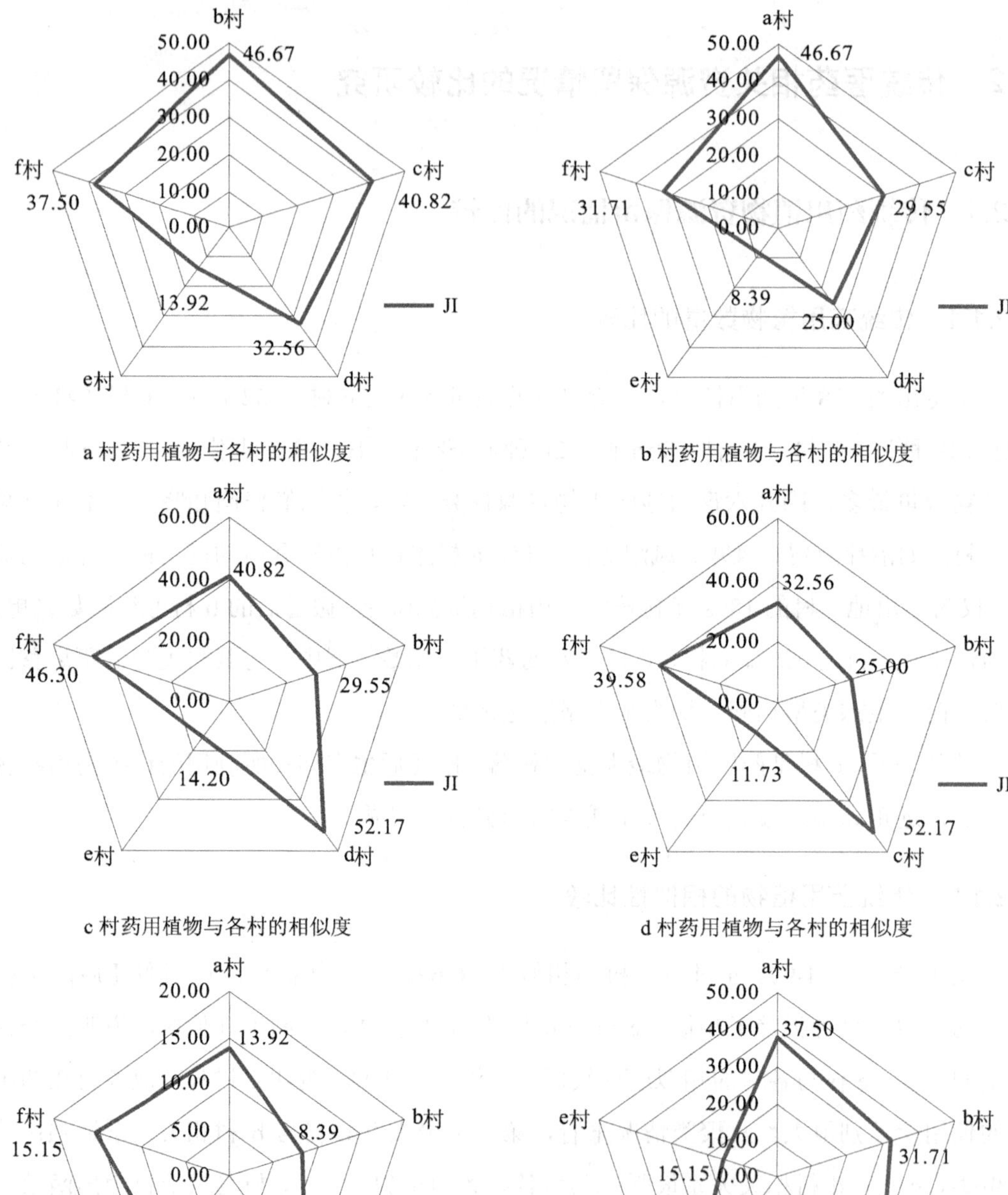

图 4-9 6 个村落之间传统药用植物的相似度

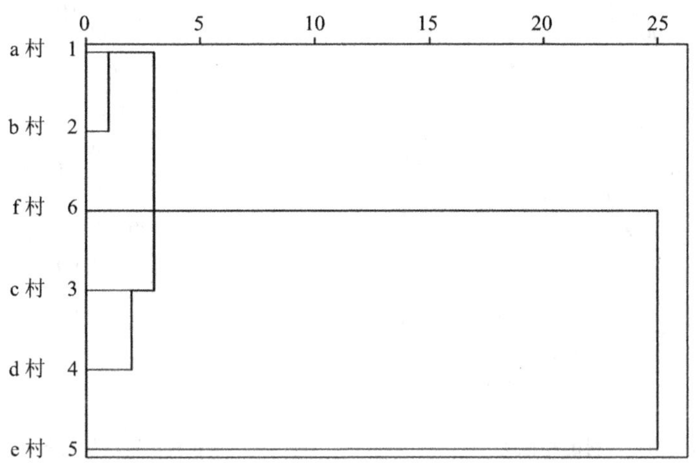

图 4-10　6 个村传统药用植物的聚类分析树状图

4.2.2　传统药用动物资源保留情况的比较

4.2.2.1　传统药用动物数量的比较

鉴定出的 14 种传统药用动物，按所提及的数量排序为 e 村（11 种）>c 村（5 种）>d 村（4 种）>a 村（3 种）>f 村（1 种）>b 村（0 种）（见附录 6-8）。e 村药用动物数量最多。a 村较其迁出地 e 村明显减少，仅为 e 村的 27%。f 村和 b 村均来源于黄土丘陵地区，村民们对药用动物使用不多，仅提到了潮虫，b 村搬迁后已不再使用，近十几年社会发展快，医疗配套设施齐备，传统药用动物的使用在减少。c 村和 d 村药用动物仅提到三四种，但相对于远距离搬迁的 a 村和 b 村多一些。

整体来看，搬迁后生态移民利用的传统药用动物数量减少，远距离搬迁较近距离搬迁减少的趋势更加明显。

4.2.2.2　传统药用动物的相似性比较

从 JI 看（图 4-11），c 村和 d 村相似度高达 80，表现出一定的同源性，蜣螂为两个村共同提及的药用动物，其他村未见提及。e 村、a 村的相似度达到 27.27，高于 e 村与其他村的相似度，说明 e 村与 a 村具有一定的同源性。从聚类情况看（图 4-12），第一个聚类里，b 村与 f 村相关关系最强。第二个聚类，c 村、d 村相关关系最强，其次是与 a 村。e 村为单独一组。

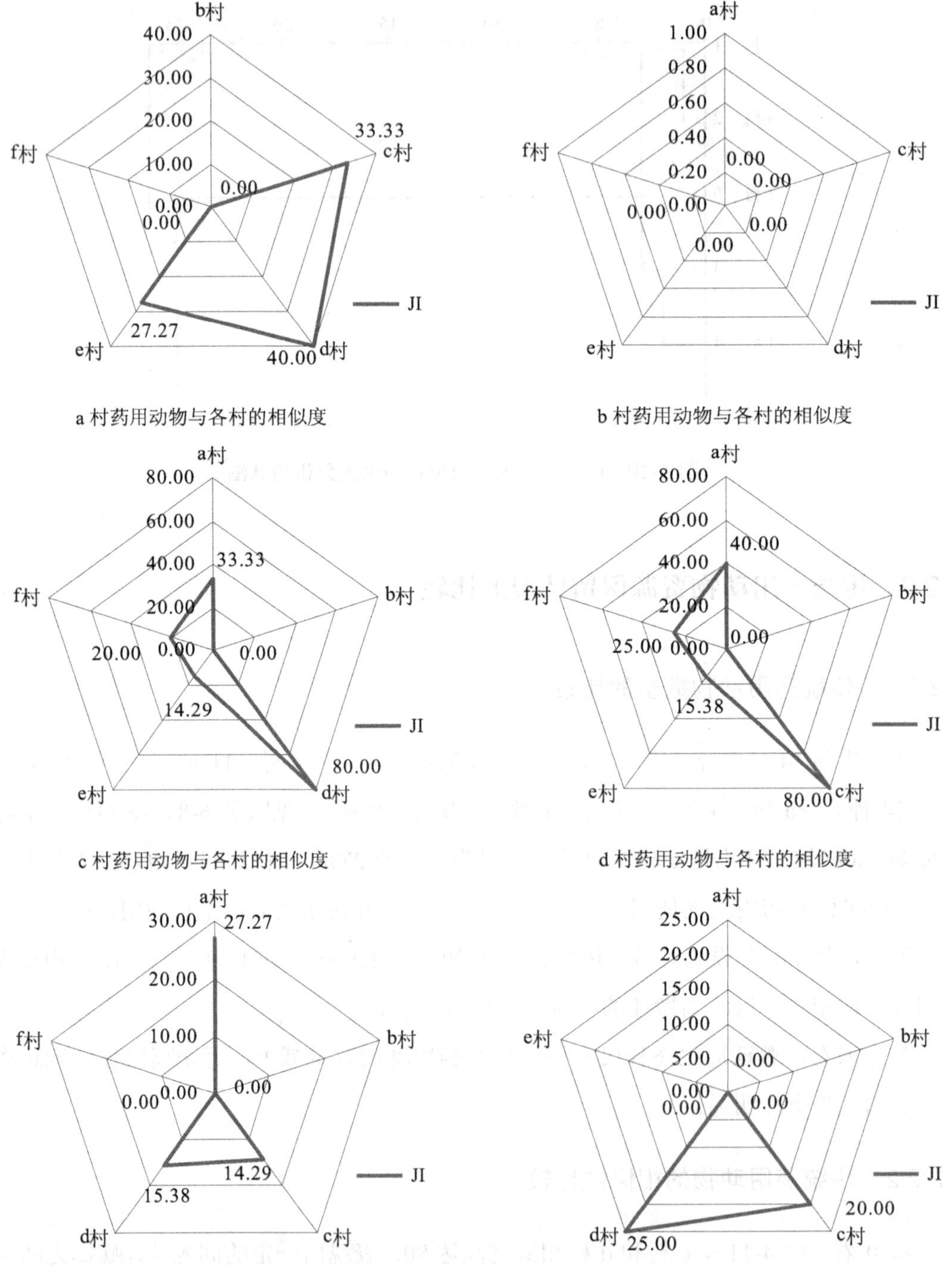

图 4-11　6 个村落之间传统药用动物的相似度

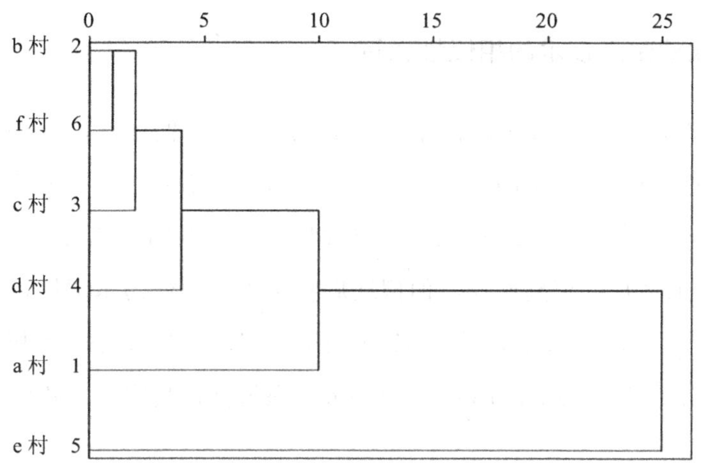

图 4-12　6 个村传统药用动物的聚类分析树状图

综上所述，近距离搬迁的 c 村与 d 村相似度最高。远距离搬迁的 a 村与迁入地药用动物的相似性更高。

4.3　传统技术及传统生产生活方式保留情况的比较研究

4.3.1　传统农业生产技术保留情况的比较

4.3.1.1　传统农业生产技术数量的比较

研究区域列举的 3 种传统农业生产技术，提及数量排序为 f 村（3 种）= e 村（3 种）> c 村（2 种）=d 村（2 种）>a 村（1 种）=b 村（1 种）（见附录 6-9）。f 村和 e 村的 3 种传统农业生产技术均有保留，其迁入地 a 村和 b 村均为 1 种，呈现减少趋势，歇地和旱作技术不再使用。这一现象的产生是由于搬迁后土地集约化发展，歇地不再符合经济发展需求，迁入地灌溉条件良好，成为水浇地后就不再使用旱作技术种植。c 村和 d 村历史上也是五墒四旱三多的旱作技术，常用歇地，近距离搬迁至离灌区近的新村落后，这两种农业生产技术已经很少使用，仅一两户人家提及仍在使用，其他均不再使用。

整体来看，搬迁后生态移民利用的传统农业生产技术减少，远距离搬迁较近距离搬迁的减少趋势明显。

4.3.1.2 传统农业生产技术的相似性比较

从 JI 看（图 4-13），a 村和 b 村相似性 100，高于其他村落，仅施用农家肥 1 种。e 村和 f 村相似性高达 100，高于其他村落，2 个村 3 种农业生产技术均有涉及，与祖辈历史上保留的生产技术有关。c 村、d 村的相似度仅为 33.33，与其他村相比，相似性较低。因为两个村虽然是近距离搬迁，但搬迁后农田由旱地变为水浇地，传统农业技术的使用发生了改变。从聚类情况看（图 4-14），第一个聚类里，e 村、f 村相关关系最强，其次是与 c 村。第二个聚类里，a 村、b 村相关关系最强，其次是与 d 村。该结论与 JI 互为印证。

由此可见，a 村、b 村与其迁入地相似性更高，说明搬迁后的农业生产方式与迁入地趋于一致。

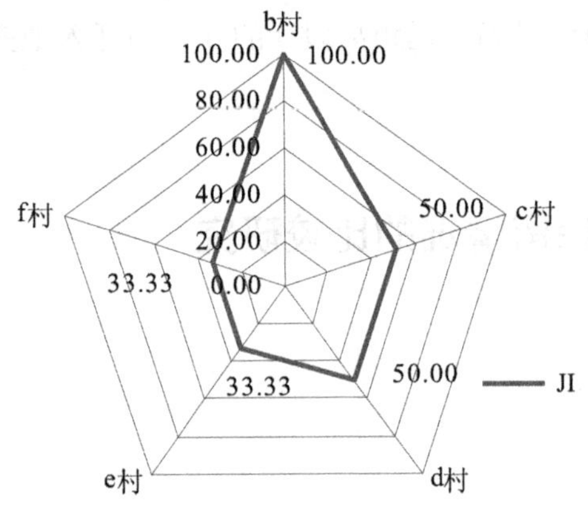

a 村传统农业生产技术与各村的相似度

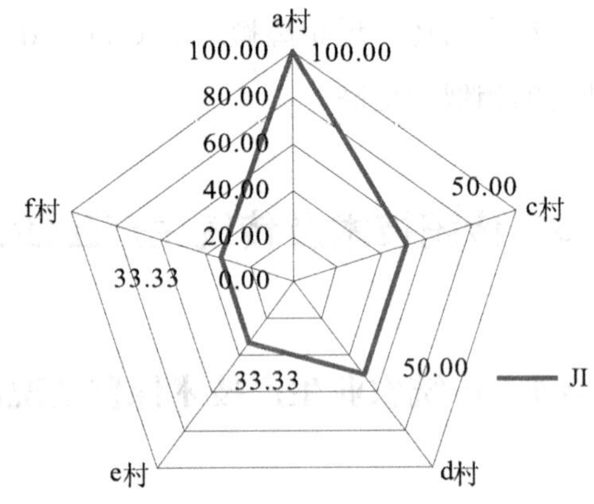

b 村传统农业生产技术与各村的相似度

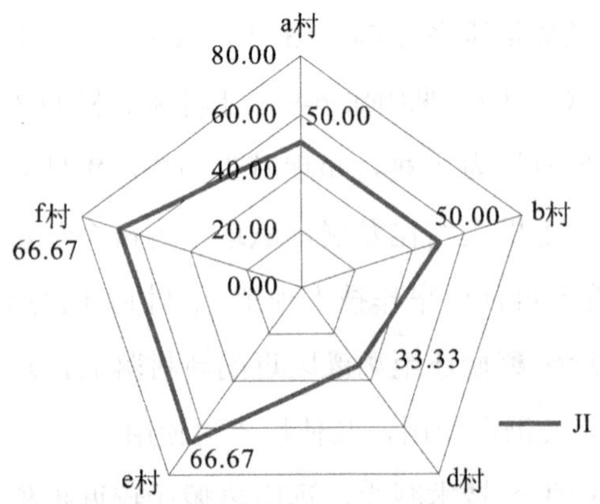

c 村传统农业生产技术与各村的相似度

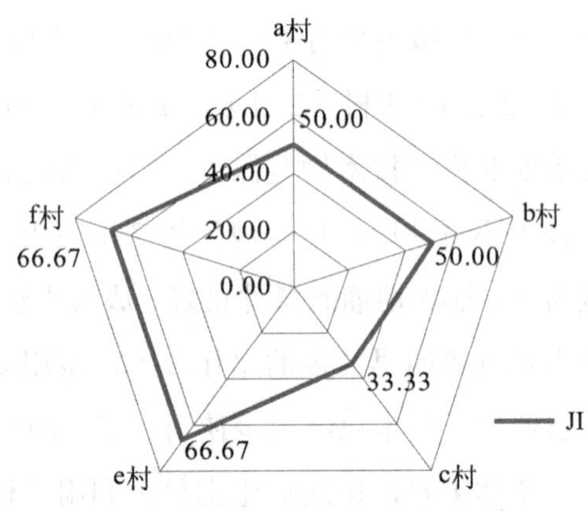

d 村传统农业生产技术与各村的相似度

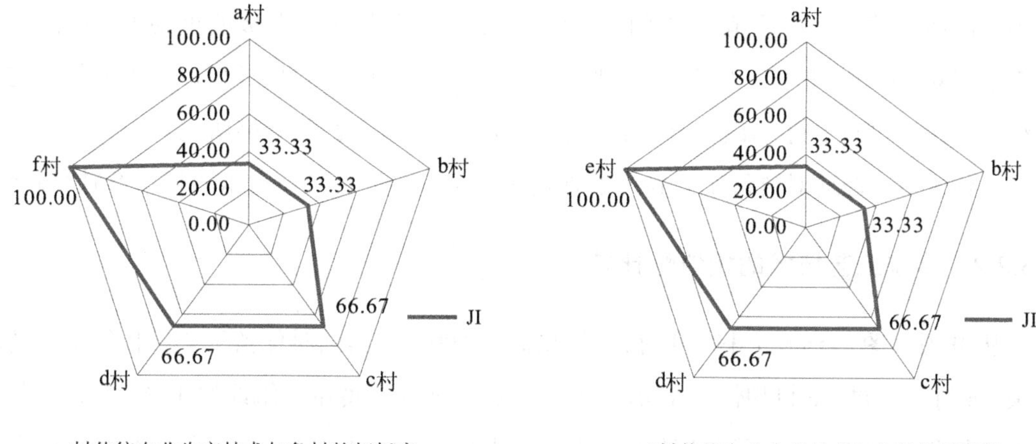

e 村传统农业生产技术与各村的相似度　　f 村传统农业生产技术与各村的相似度

图 4-13　6 个村落之间传统农业生产技术的相似度

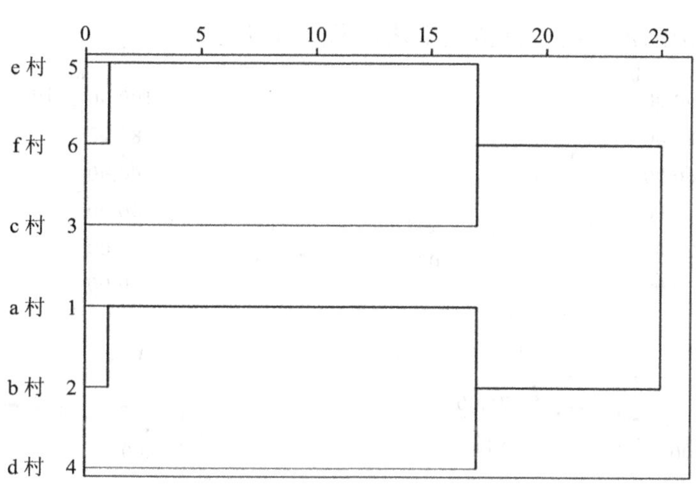

图 4-14　6 个村传统农业生产技术的聚类分析树状图

4.3.2　传统工艺技术保留情况的比较

4.3.2.1　传统工艺技术数量的比较

研究区域列举的 4 种传统工艺技术，提及数量排序为 c 村（4 种）=d 村（4 种）=f 村（4 种）＞a 村（3 种）=b 村（3 种）=e 村（3 种）（见附录 6-9）。6 个村均提及的传统工艺技术有 3 种：刺绣（扎花/绣花）、剪纸、编织技艺。这 3 种工艺为村民们普遍使用的传统工艺技术，生态环境和自然资源的差异对其影响不大，无论是否搬迁，村民们仍在使用。而擀毡技术（羊毛毡）与羊的养殖密切相关，是用羊毛制成的重要生活用品，在调查中得知，c 村、d 村、f 村仍有毡匠，会这门工艺，而 b 村搬迁后，已无人传承这一传统技术。这也是 c 村、d 村、f 村比其他村多一种传统工艺的原因所在。

整体来看，搬迁对传统工艺技术的保留影响不大，但是擀毡技术的传承有减少趋势。

4.3.2.2 传统工艺技术的相似性比较

从 JI 看（图 4-15），c 村、d 村、f 村相似度 100，与其同时保留了 4 种传统工艺技术有关。a 村与 b 村、e 村相似度 100，3 个村均提及刺绣、剪纸、编织等工艺。b 村与其迁出地 f 村相似度 75，少了擀毡技术。从聚类情况看（图 4-16），第一个聚类里，d 村、f 村和 c 村的相关关系较其他村强。第二个聚类，b 村、e 村和 a 村相关关系较其他村强。

由此可见，各村传统工艺技术的相似性，与其保留的传统工艺种类关系密切。擀毡技术属于搬迁后渐渐消失的一种传统工艺技术，值得关注。

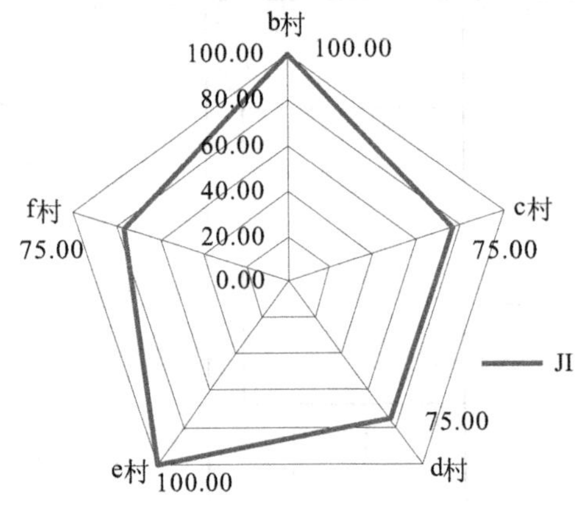

a 村传统工艺技术与各村的相似度

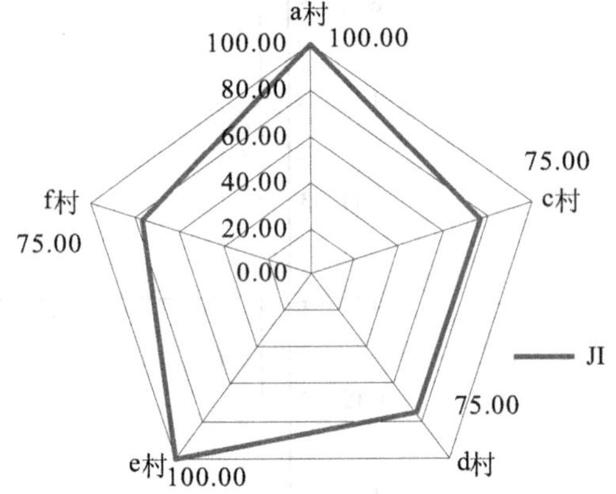

b 村传统工艺技术与各村的相似度

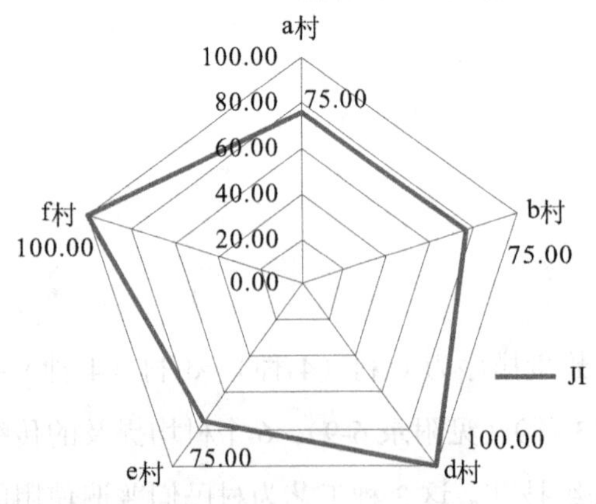

c 村传统工艺技术与各村的相似度

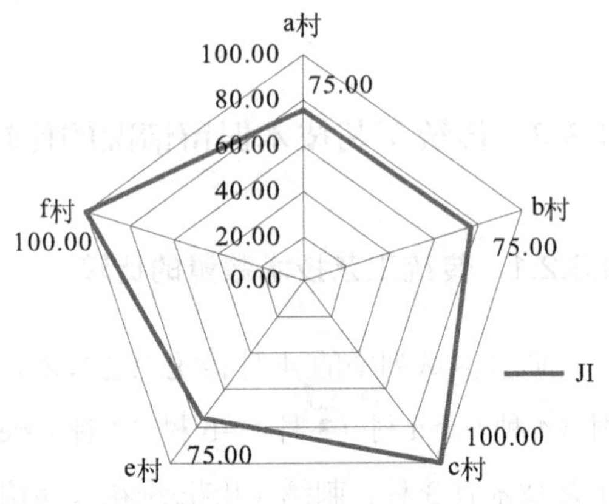

d 村传统工艺技术与各村的相似度

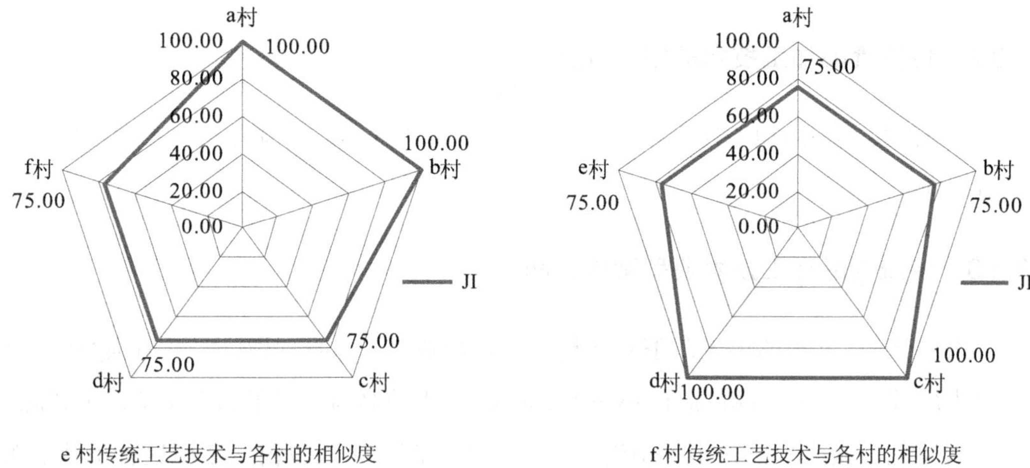

e 村传统工艺技术与各村的相似度　　f 村传统工艺技术与各村的相似度

图 4-15　6 个村落之间传统工艺技术的相似度

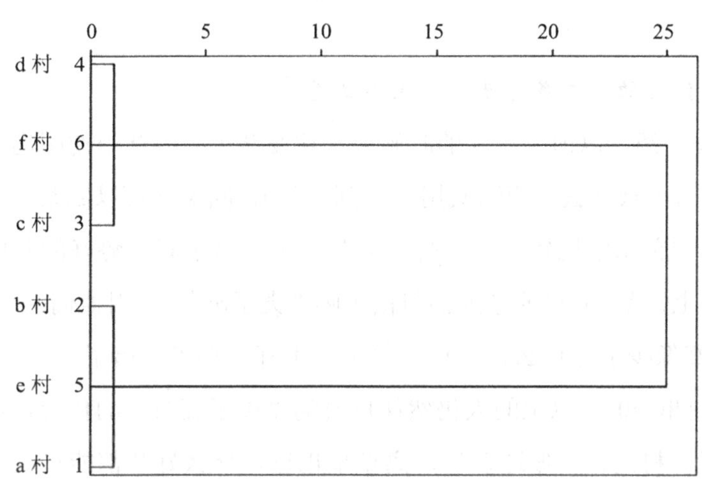

图 4-16　6 个村传统工艺技术的聚类分析树状图

4.3.3　传统食品加工技术保留情况的比较

4.3.3.1　传统食品加工技术数量的比较

研究区域列举的 7 种传统食品加工技术，6 个村均提及 7 种，数量一样多（占 100%）。说明传统食品加工技术在 6 个村落中传承和保留较好，无论哪一类生态类型区域，是否搬迁，移民们的传统饮食结构变化不大，7 个类型均有涉及。由此可见，搬迁对传统食品加工技术的保留影响不大。

4.3.3.2 传统食品加工技术的相似性比较

6个村的传统食品加工技术相似度均为100，说明搬迁后传统食品加工技术的保留没有受到影响。

4.3.3.3 传统食品加工技术典型案例分析

熬茶技艺中，c村的夷子蒿茶和d村的“藏蜜花酱”一直保留，且具有典型性。c村用无毛牛尾蒿（*Artemisia dubia* L. ex B.D.Jacks.），当地名为“夷子蒿”制茶，主要源于c村移民从耍艺山搬来，耍艺山的山沟生长无毛牛尾蒿，老人祖祖辈辈用这种植物制茶，得以流传（图 4-17）。这一技艺此前未见报道。d 村移民传统种植玫瑰花（*Rosa rugosa* Thunb.），喜欢制作玫瑰花酱，俗称：“藏蜜花酱”。“藏蜜花酱”也是当地八宝茶中的重要一宝。

案例一：传统茶饮“夷子蒿茶”的制茶工艺

据 c 村村民介绍，以前未搬迁的时候，家住耍艺山。耍艺山的阴沟里有野生的夷子蒿，采摘时要顺着山坡下去，阴沟底用刀去刮（割），回家就可以制茶了。现在搬迁到红寺堡，离原来的耍艺山就比较远了，每年五月端午，夷子蒿长势好的时候，一些人还是会回到老家的山上采茶。c村的老人们习惯了喝“夷子蒿茶”，用他们的话说：“每天不喝‘夷子蒿茶’就好像少了点什么，一日三餐都离不开。喝了‘夷子蒿茶’，嗓子不会干，解渴又养胃。”村里 40 岁以上的人仍然保持着喝“夷子蒿茶”的传统，但是年轻人喝这种茶的比较少了。村民说，搬迁以后，离城里也近，什么好茶都能买到。再有，耍艺山离村落也远了，年轻人经常不上山，也不熟悉夷子蒿生长的地方了，所以喝的人少了。经过访谈得知，村里有几家夷子蒿茶炒得特别香，我们慕名而去。

访谈 4-10：DXX，女，52 岁，红寺堡区 c 村人，访谈时间：2019 年 6 月 4 日和 7 月 23 日，访谈地点：DXX 家中。

制作夷子蒿茶要掌握好几个步骤。首先是将端午节山沟里采的夷子蒿，放在屋子里阴干（阴干需要 7 ~ 8 d）。然后，把阴干的夷子蒿茎和叶用剪刀剪成 2 ~ 3 cm 长的小节后，再用清水洗净。最后，加热铁锅或铝锅，等锅热之后直接放入洗过的夷子蒿。用锅铲翻炒，或者用手翻炒。在炒制的过程中，用泡好的一杯板子茶（就是砖茶，或者茉莉花茶等其他茶品）盘正在炒制的夷子蒿茶（盘：在炒制的过程中倒一点板子茶水，然后继续翻炒，如此过程重复几次，直至板子茶水用完）。整个炒制的过程大约需要 30 min。炒制完成后，茶香也充满了整个屋子。

访谈 4-11：DYM，女，54 岁，红寺堡区 c 村人，访谈时间：2019 年 6 月 5 日和 7 月 23 日，访谈地点：DYM 家中。

制茶的夷子蒿一定要端午节采摘的最好，或者端午附近的 20 d 采摘也行。要在早上 4:00 左右，日头上来前（太阳出来前）采摘，才是上等的茶叶。“夷子蒿茶”阴干 3 ~ 4 d 后，先用锅蒸 30 min 左右再炒制，这样夷子蒿茶不会有麻味。炒制时可以倒点砖茶、茉莉花茶、毛尖茶、橘子皮水一起炒，味道都很好。

访谈中得知，夷子蒿茶炒制过程简单，但要把握好火候、时间、叶量等因素，炒不好会有苦味或者麻味，就不好喝了。现在炒制夷子蒿茶的技术已经很少有人会了，除了在要艺山居住过的老一辈人会制作，年轻人很多已经不会了。如何将“夷子蒿茶”的炒制技艺传承下去是目前亟须解决的实际问题。

a.采摘的无毛牛尾蒿

b.放在室内阴干

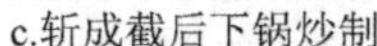

c.斩成截后下锅炒制

d.盘茶

e.出锅

f.泡茶

图 4-17 传统夷子蒿茶制作过程

案例二：藏蜜花酱

因为玫瑰花特别香甜，花里藏着蜜，很甜，所以当地俗称藏蜜花。用藏蜜花做成的酱，叫藏蜜花酱。调查中，d 村家家喜欢种植玫瑰花，基本家家会做藏蜜花酱（玫瑰花酱）（图 4-18）。

a.摘玫瑰花花瓣，装入罐头瓶内

b.装一点花瓣，洒一点白糖和红糖

c.装满一罐后放太阳底下晒

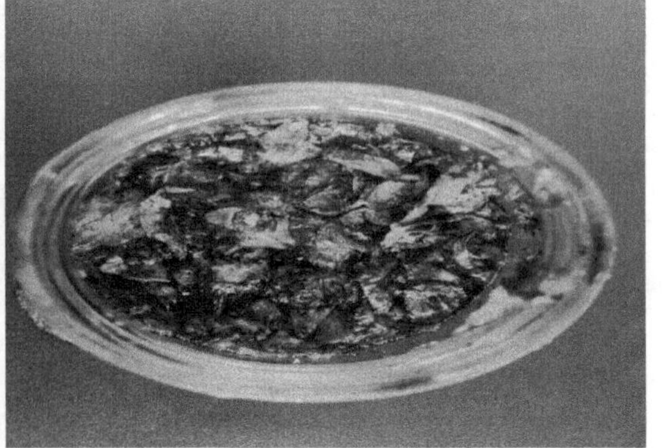
d.制好的藏蜜花酱

图 4-18 传统藏蜜花酱制作过程

访谈 4-12：WGH，女，59 岁，红寺堡 d 村人，访谈时间：2019 年 7 月 25 日，访谈地点：WGH 家中。

藏蜜花酱的腌制过程：①准备 3 个玻璃罐子（常用 500 g 左右的罐头瓶子），红糖 2 斤，白糖 2 斤。②采摘一斤半新鲜的玫瑰花（最好是带露水的玫瑰花）。不要沾水清洗，否则容易放坏。③手工去除玫瑰花的茎、叶，只留花瓣、花蕊。④罐子底放 1 ~ 2 cm 厚的白糖和红糖，然后放 1/3 罐子的花瓣。⑤放一层白糖，一层红糖，然后一层花瓣。边放糖边放玫瑰花，尽量压实。这个过程重复直至罐子盛满。⑥把藏蜜花腌好后，盖上盖子，整瓶放到太阳底下晒。⑦3 ~ 4 h 之后，花瓣和糖会融为一体，罐子里明显会有空余，然后继续重复步骤④和步骤⑤。第二天就会由玫粉色变成紫色。⑧腌制好就可以食用了，一般是作为泡茶时的辅料。挖一小勺藏蜜花酱，配上任何茶，都会有一股淡淡的花香。

4.4　生物多样性相关传统文化保留情况的比较研究

4.4.1　传统民族节庆保留情况的比较

4.4.1.1　传统民族节庆数量的比较

研究区域列举的 4 种传统民族节庆，6 个村落均有提及，数量一样。这与村民们历史以来的传统文化和生活习俗密切相关，无论是否搬迁，生态环境是否异同，均保留和传承了下来。由此可见，搬迁对传统民族节庆的影响不大。

4.4.1.2　传统民族节庆的相似性比较

6 个村传统民族节庆种类的相似度均为 100，说明传统民族节庆趋于一致，也说明搬迁对传统民族节庆没有产生影响。

4.4.2　传统文学艺术保留情况的比较

4.4.2.1　传统文学艺术数量的比较

研究区域列举的 4 种传统文学艺术中，提及数量排序为：c 村（4 种）=e 村（4 种）=

f村（4种）>a村（2种）=b村（2种）=d村（2种）（见附录6-10）。a村、b村传统文学艺术较其迁出地e村、f村少了2种，这2种为农事谚语和竹子口弦。农事谚语与旱作技术密切相关，移民搬迁后，种上了水浇地，旱作技术慢慢不再使用，与此关联的农事谚语也渐渐淡忘。竹子口弦为迁出地的传统乐器，尤其受妇女喜爱，搬迁后未见a村和e村的移民们提及和使用。

整体来看，搬迁后生态移民的传统文学艺术提及数量呈下降趋势。农事谚语和竹子口弦有逐渐淡忘的趋势。

4.4.2.2 传统文学艺术的相似性比较

从JI看（图4-19），c村、e村和f村的传统文学艺术相似度100，且4种文学艺术均有提及。a村和b村相似度100，说明迁入地的两个远距离搬迁村落的传统文学艺术类型表现出趋同性，共同的2种传统文学艺术为杏核哨和泥洼呜，相似性均高于其迁出地。从聚类情况看（图4-20），第一个聚类里，e村、f村与c村相关关系最强，其次与d村相关关系强；第二个聚类，a村、b村相关关系最强。

由此可见，a村、b村两个远距离搬迁的村落体现出较强的相关性，与其他各村差异较大。

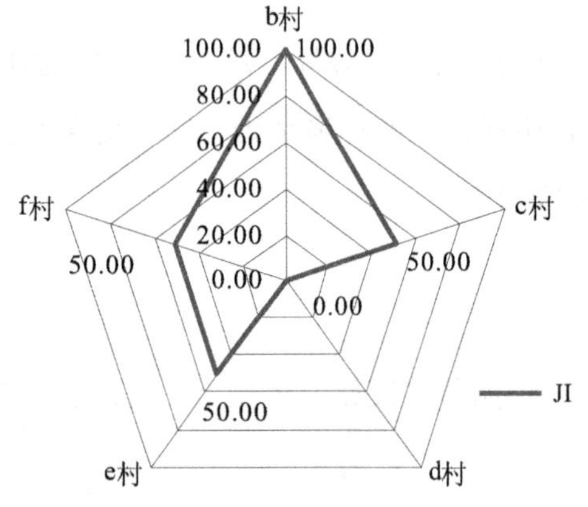

a村传统文学艺术与各村的相似度

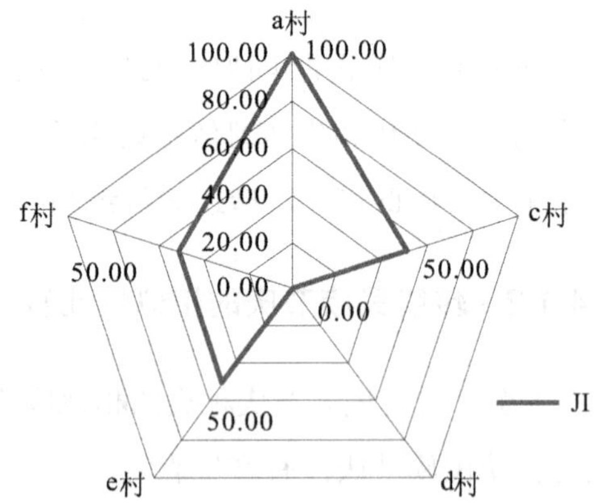

b村传统文学艺术与各村的相似度

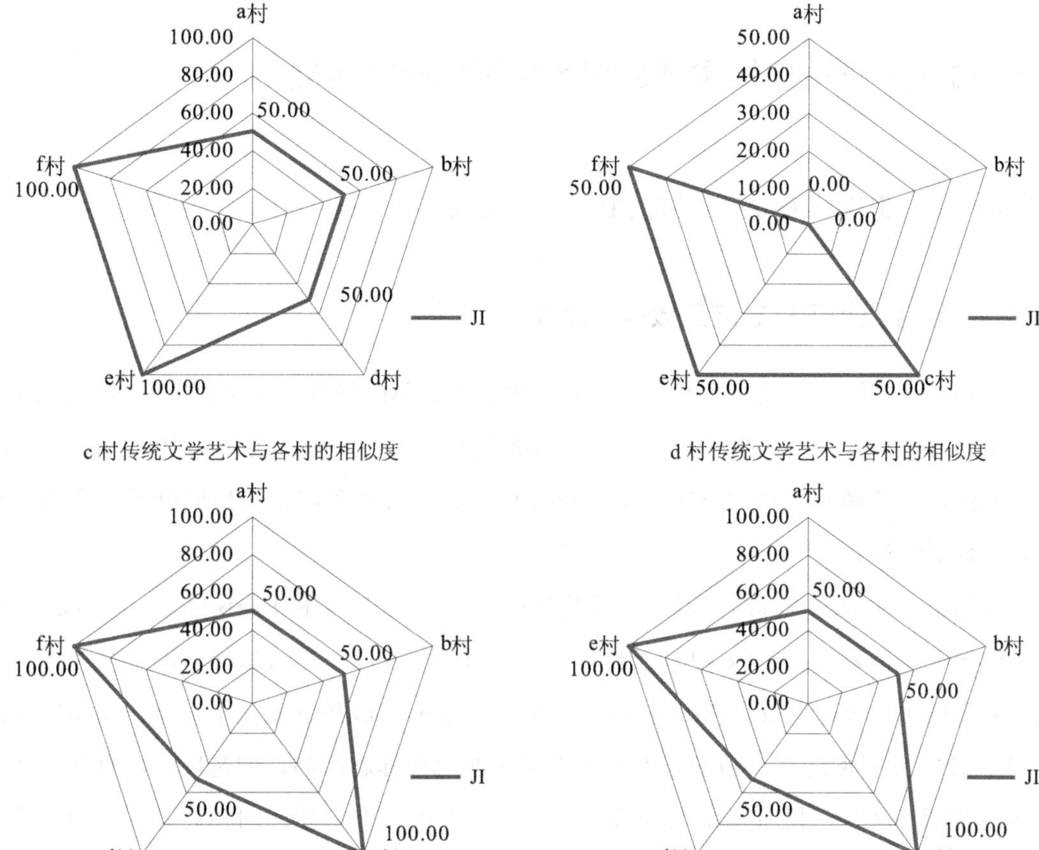

图 4-19　6 个村落之间传统文学艺术的相似度

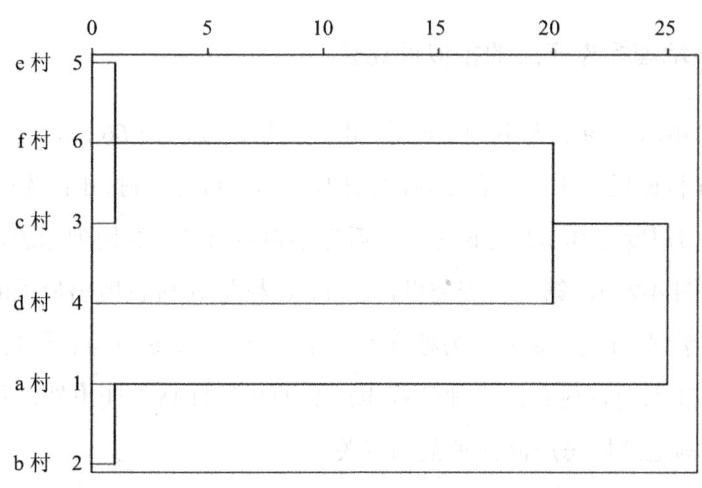

图 4-20　6 个村传统文学艺术的聚类分析树状图

4.5 传统生物地理标志产品保留情况的比较研究

4.5.1 食品类地理标志产品保留情况的比较

4.5.1.1 食品类地理标志产品数量的比较

食品类地理标志产品种类数，按照其保护范围具体区域进行了筛查，以截至2019年年底国家、自治区官方认定的为主。由此对各村实有9种（同心圆枣、固原马铃薯、固原胡麻油、固原黄牛、泾源蜂蜜、吴忠亚麻籽油、同心滩羊肉、海原硒砂瓜、海原马铃薯）进行了统计。

筛选出的9种地理标志产品中，提及数量排序为e村（4种）＞b村（3种）=c村（3种）=d村（3种）＞a村（2种）=f村（2种）（见附录6-11）。e村、f村的食品类地理标志产品为历史传统，而a村和b村搬迁后不在原来的市域和县域，不再符合迁出地保护范围。a村、b村搬迁后，适用迁入地红寺堡区的地理标志产品，但是现今没有红寺堡冠名的地理标志产品，仅所属市及周边市县，如吴忠市、中宁县、同心县等区域的地理标志产品保护范围涵盖红寺堡区时，迁入地移民可享有该产品的地理标志产品使用权利，例如同心圆枣、吴忠亚麻籽油等。

整体来看，搬迁后生态移民利用的迁出地传统地理标志产品减少，但可享用迁入地的地理标志产品，其利用数量由保护范围确定。

4.5.1.2 食品类地理标志产品的相似性比较

从JI看（图4-21），a村与b村、c村、d村的相似度均为66.67，与迁出地e村的相似度为0，表明a村搬迁后不再符合e村的保护范围。b村与c村、d村的相似度高达100，与迁出地f村的相似度为0，表明b村搬迁后也不再符合f村的地理标志产品保护范围。从聚类情况看（图4-22），第一个聚类里，c村、d村与b村表现出最强的相关关系，其次与a村相关关系强。f村、e村各为独立的一组，且f村、e村与其他村距离函数较远。

由此可见，迁入地各村食品类地理标志产品的相似性高于迁出地，与其迁出地差别明显。这一结论与地理标志产品保护范围有关。

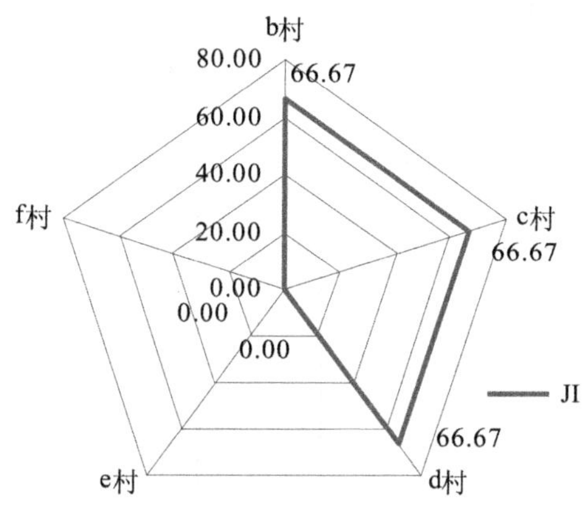

a 村食品类地理标志产品与各村的相似度

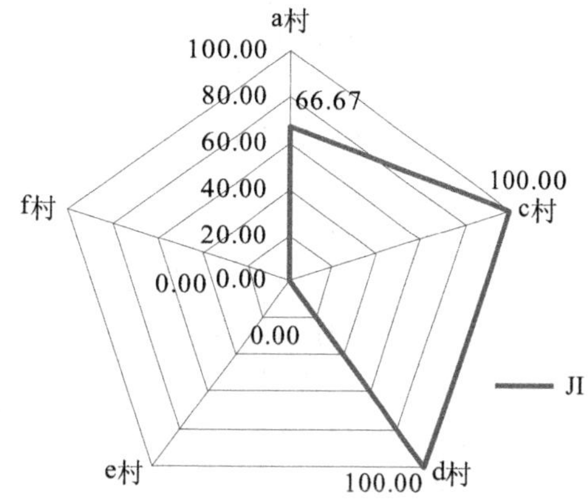

b 村食品类地理标志产品与各村的相似度

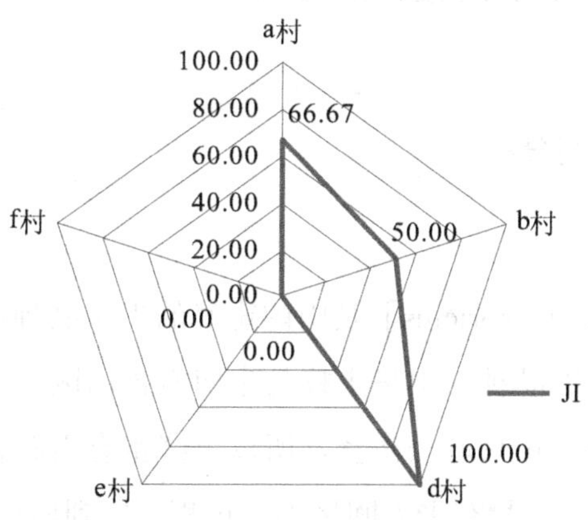

c 村食品类地理标志产品与各村的相似度

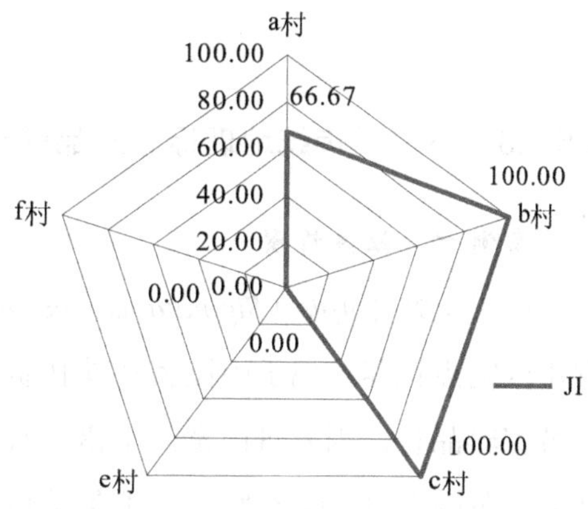

d 村食品类地理标志产品与各村的相似度

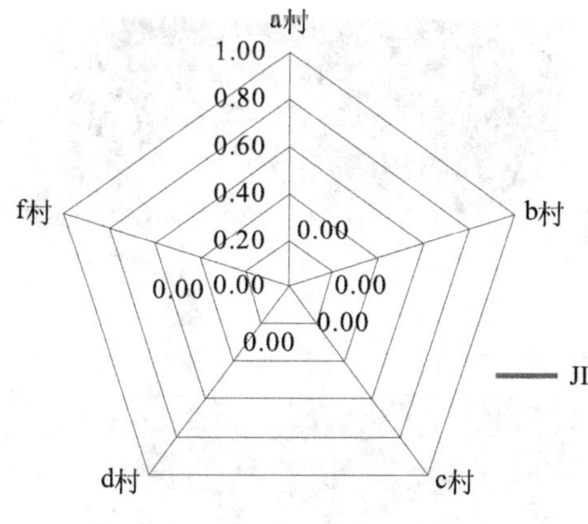

e 村食品类地理标志产品与各村的相似度

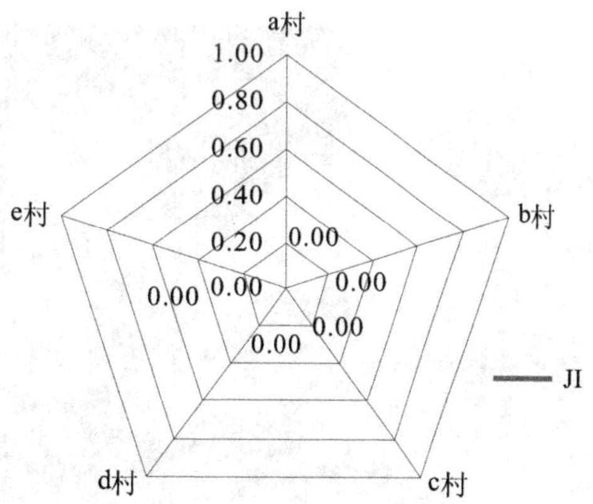

f 村食品类地理标志产品与各村的相似度

图 4-21　6 个村落之间食品类地理标志产品的相似度

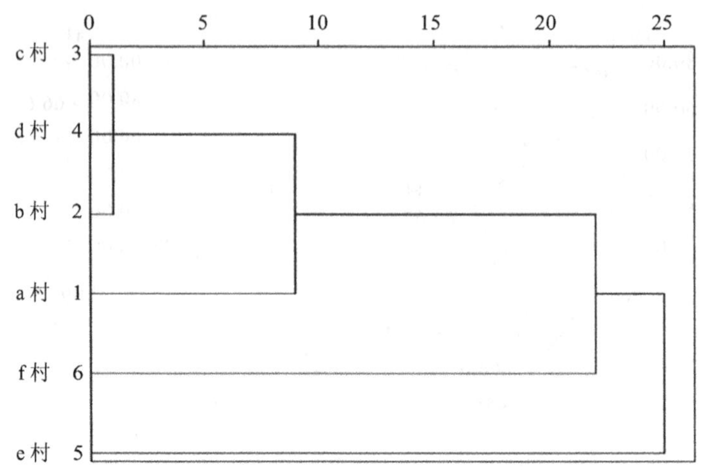

图 4-22 6 个村食品类地理标志产品的聚类分析树状图

4.5.1.3 食品类传统地理标志产品的典型案例分析

案例一：泾源蜂蜜

中华土蜂［*Apis*（*Sigmatapis*）*cerana cerana* Fabricius］是中国蜜蜂的当家品种，适宜山区定点饲养，属于中国畜禽遗传资源的保护品种。中华土蜂是宁南六盘山区的一个传统家养品种，因六盘山蜜源丰富，且一窝蜂一年只取一次蜜，所以土蜂蜜有百花蜜的药效。在调查中，仅泾源县 e 村养殖（图 4-23）。a 村有老人回忆养蜂过程，提到搬迁后，没有足够的蜜源，不适宜养殖，而舍弃了这一资源。

a.蜂窝

b.分装土蜂蜜

c.10 年的土蜂蜜

d.蜂片

图 4-23　传统中华土蜂蜜

访谈 4-13：YGZ，男，67 岁，泾源县 e 村人，访谈时间：2019 年 8 月 6 日，访谈地点：YGZ 家中。

YGZ 家里有十几窝中华土蜂，养了 40 多年从未团（断）过。养蜂最少的时候差不多 8 ~ 9 窝。土蜂不撵花期，可以定点养，但是土蜂必须保证有足够的蜜过冬，如果蜜不够，翻年（下一年）就死很多，蜂就少了，没办法发展。家里每年采 2 ~ 3 窝糖（蜂蜜），至少留上 4 ~ 5 窝蜂，翻年发展用。一般情况下，一窝蜂能采 10 ~ 40 斤的蜜。一年取 2 ~ 3 窝糖（蜂蜜）的话，就是 80 ~ 100 斤糖（蜂蜜），其他的都留给土蜂过冬用。1 斤土蜂蜜能卖 120 ~ 150 元。

这种取蜜方式，虽然没有产生很大的经济效益，但是确保了土蜂 40 多年来顺利的繁衍生息。村里老人的古言："二月二龙抬头，各样虫虫都抬头。"土蜂也是二月二这一天开窝口，放蜂出窝。一窝蜂里，有三种蜂：一种是蜂王，母的，一个窝里 1～2 个。第二种是公蜂（雄峰，未受精的卵发育而来），黑色的，在窝里光吃不采蜜。第三种是蜜蜂（雌蜂，受精卵发育而来），专门采糖（蜜）的。蜂王最少，然后是公蜂，采糖的蜜蜂数量最多。

YGZ 描述，每年二月二日开窝口后，再到春季四至六月，蜜源很丰富，蜜蜂来回采花蜜，就像水流着一样，一直不断流。风调雨顺、花好蜜多的话，蜂王排卵也早，蜂分家也早，一窝土蜂能分到 3 ~ 4 窝蜂，已经是繁殖量最多的了。不好的话，分上 2 ~ 3 窝。雨水太多不好。雨水多，蜂出不去，就采不上蜜。天干了也不行，采不上蜜。所以，气候影响养蜂。蜂王到三月开始分家，分到四月，往后几个月就少了，往后老蜂就不分了，新蜂会分家出去，离开老蜂窝。蜂王在的话，蜂都围着蜂王，不会走。如果蜂王不在，蜂就会跑到别人家去了。家里一年少的话能养3窝蜂，多了能养7窝。

据泾源张台村村民介绍，每年的农历八月十五日取糖（取蜂蜜），一年就取这么一次。

YGZ描述，一般一年会取2窝蜂的糖（蜂蜜），土蜂蜜放上3~5年是不会坏的。蜂在蜂房里灌糖（产蜜）。蜂的寿命最长是5年左右，一窝蜂养上3~5年，蜂片（蜂房）就不好了。年轻的蜂片是黄色的，3~5年的老蜂片黑了、红了，也变形了。所以每年取蜂蜜会选择3~5年的蜂窝。把蜂片用纱布子一裹，蜜就会挤压出来，用塑料桶或者腌菜缸之类的容器把蜜储存起来。喝的时候取就可以。

中华土蜂，每年二月二开蜂窝，经过三月、四月、五月、六月、七月、八月一共7个多月的时间，啥花都采，所以采的是百花蜜。每年等到农历八月十五那一天，日子最合适取蜜。采于百花中，是传统的上等蜂蜜。a村移民搬迁至红寺堡后，不再养殖传统土蜂，因为红寺堡区属半干旱区域，没有丰富的蜜源，蜜蜂很难存活。所以经过多年的环境适应，移民们舍弃了养殖土蜂的传统。中华土蜂品种如何在移民迁出地得到很好的保护，成为下一步探讨的问题。

案例二：同心圆枣

调查的6个村中，c村和d村村民迁出地隶属同心县，就近搬迁后，行政区划调整到红寺堡区，所以同心圆枣的种植仍然属于传统品种，且在保护范围。但是调查中发现，种植同心圆枣老品种的农户已经不多了，这一传统也在慢慢丢失。

访谈4-14：MDD，男，55岁，红寺堡区c村人，访谈时间：2019年7月24日，访谈地点：MDD家的庭院。

家里的枣树挂到了墙外边，又大又俊。院子里有2棵老枣树，父辈的时候就开始种植了。一直种枣树也是家里传下来的习惯。

家里这两棵枣树已经有15~16年的历史了，是从老家移植过来的，施点羊粪就行。9月（节气为：白露子）枣开始红，10月（节气为：寒露子）开始收。家里人喜欢吃活枣（新鲜的枣），可以泡茶喝，可以养生、补肾、补血等。枣树仅自家种植食用，市场上卖价一般，目前鲜枣只能卖到2元/斤，干枣稍微贵一些。圆枣纯天然，不打药，但是枣子容易生虫，没什么好技术。每年仅70%~80%的枣可以食用，整体效益不好，现在也没有整片种植。在老家耍艺山时种得多，搬迁后仅种了2棵，留着自家食用。

移民搬迁后，没有以红寺堡冠名的地理标志产品，就近搬迁的c村虽然仍种植同心圆枣，但是比起搬迁前，现在种得非常少了。搬迁后，同心圆枣的种植有明显减少的趋势，也缺乏很好的防虫技术，且效益一般，这是移民后未能大面积种植圆枣的一个重要原因。

4.5.2　药材类地理标志产品保留情况的比较

4.5.2.1　药材类地理标志产品数量的比较

统计出的 5 种药材类地理标志产品，提及数量排序为 e 村（3 种）＞a 村（2 种）= b 村（2 种）=c 村（2 种）=d 村（2 种）=f 村（2 种）（见附录 6-11）。迁出地 e 村能够使用的地理标志产品数量最多，其他 5 个村均为 2 种地理标志产品。由此可见，搬迁对移民利用的药材类地理标志产品的影响由其保护范围决定，迁出地较迁入地的药材类地理标志产品多。

4.5.2.2　药材类地理标志产品的相似性比较

从 JI 看（图 4-24），迁入地 a 村、b 村、c 村、d 村之间的相似度均为 100.00，迁出地 e 村与各村的相似度为 25.00。f 村与各村的相似度为 33.33。宁夏枸杞为迁出地和迁入地 6 个村共有的 1 种地理标志产品。从聚类情况看（图 4-25），第一个聚类里，a 村、b 村、c 村、d 村表现出最强的相关关系，f 村、e 村各为独立的一组，且 f 村、e 村与其他村距离函数较远。

由此可见，迁入地各村地理标志产品的相似性高于迁出地，与其迁出地差别明显。这一结论与地理标志产品保护范围有关。

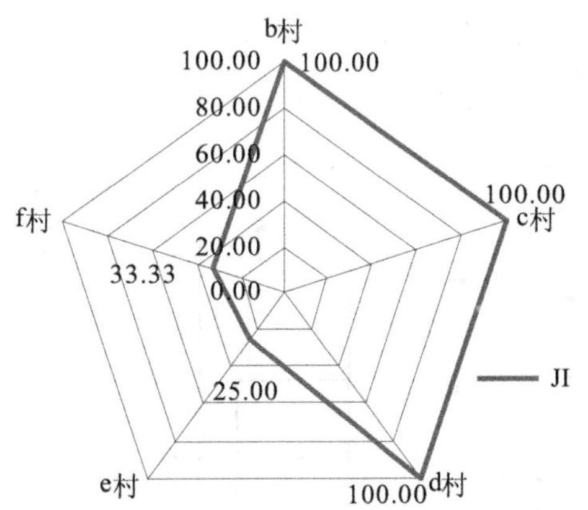

a 村药品类地理标志产品与各村的相似度

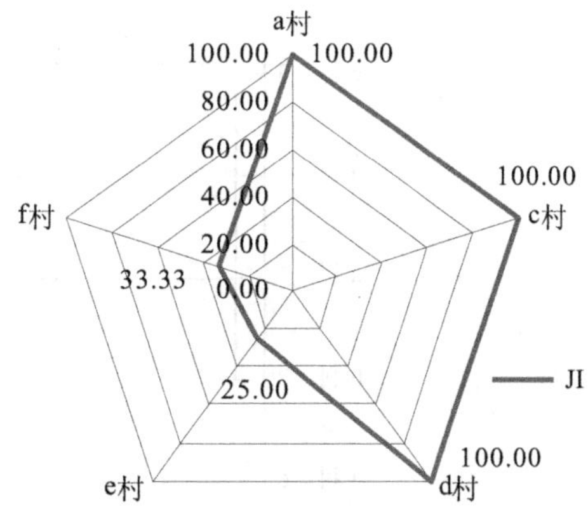

b 村药品类地理标志产品与各村的相似度

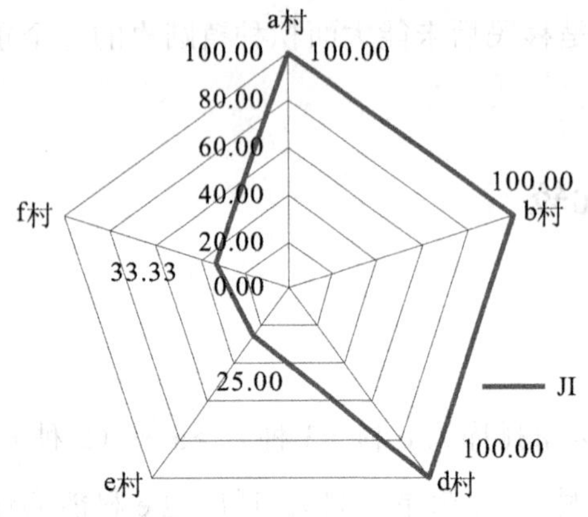

c 村药品类地理标志产品与各村的相似度

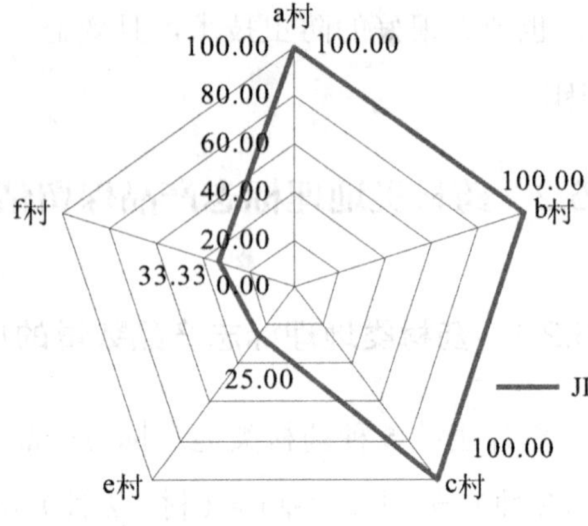

d 村药品类地理标志产品与各村的相似度

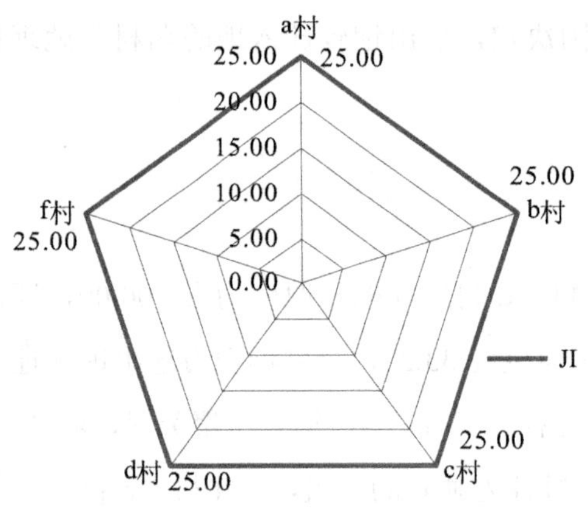

e 村药品类地理标志产品与各村的相似度

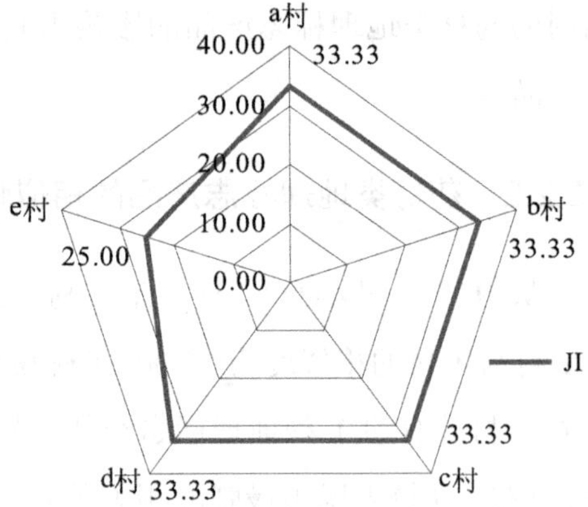

f 村药品类地理标志产品与各村的相似度

图 4-24　6 个村落之间药材类地理标志产品的相似度

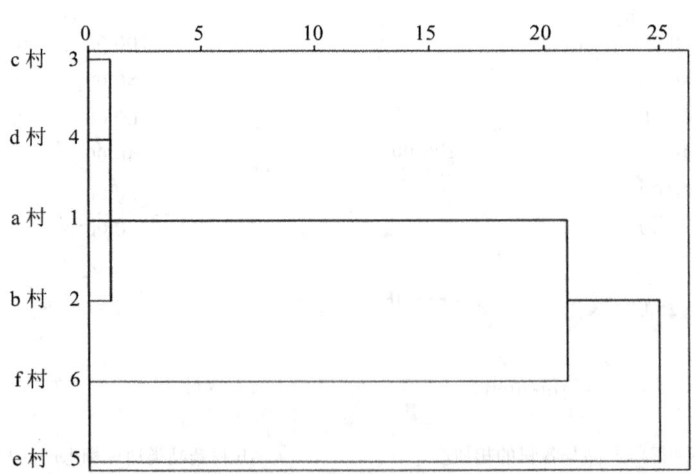

图 4-25　6 个村落药材类地理标志产品的聚类分析树状图

4.5.2.3　药材类地理标志产品典型案例分析

案例一：宁夏枸杞

枸杞是宁夏著名的地理标志产品。枸杞的种植需水量少，具有保持水土的作用，收益可观，调查中迁出地和迁入地移民们均有种植（图 4-26）。

a.枸杞树

b.晾晒枸杞

图 4-26　宁夏枸杞

访谈 4-15：DSB，男，56 岁，红寺堡区 b 村人，访谈时间：2019 年 7 月 26 日，访谈地点：DSB 家大田。

十几年前在海原老家时就种枸杞，但是面积不大。搬迁到红寺堡以后，慢慢尝试作为经济作物种植枸杞。因为红寺堡紧挨着中宁县，中宁枸杞那么有名，产道地的枸杞没得说。种枸杞，肯定是长远之策。枸杞种苗购买的是中宁枸杞苗，算是驰名商标，效益好。一根苗子 5 元，买上 2 500 根苗子，苗子钱一共要花 1.25 万元。

家里现有 8 亩枸杞，种植也有一定的规律。春节一过开始修剪树枝，有 1 个月的时间修剪树枝，施肥，锄草，4 月开始淌水，施肥，4 月中旬到 6 月修剪枝条，6 月 20 日开始就挂红果子了。这时摘枸杞，能收两茬子。7 月大果子就下来了，7—8 月底差不多 60 d 的时间，日头大的话（天气热的话）1 星期能收一茬子，日头小（天气凉的话）10 d 收一茬，或者半个月收一茬。10 月开始结秋果子，能收 1 ~ 3 茬。一年下来，收 8 茬子没问题。

枸杞收入还算可观。施肥、浇水、打农药的成本要 1 万元。摘果子要雇人，摘上 1 斤付 1 元，这些都是成本。5 斤鲜果子能晒 1 斤干果子，用碱水拌（做馒头用的碱，差不多 2～3 斤碱掺和 100 斤水溶化成碱水），然后晒干了卖。截至目前，卖了 200 斤果子，20 元/斤。不出现灾害天气的话，一年种枸杞能净挣 3 万元。

种枸杞要配烘干房。2017 年的时候，7 月枸杞卖了 3 万元。但是秋天下了一场雪，秋果子一点没收上，没有了收入。2018 年果子成熟得好，但是 7 月、8 月雨水太多，把果子打坏了。所以自然灾害对枸杞收益的影响太大了。天要是有雨就用烘干机烘干，枸杞就不会变黑，不会影响品相。再有，要给枸杞子买保险，防止遇到自然灾害没有收入。

访谈 4-16：MXS，女，40 岁，红寺堡区 c 村人，访谈时间：2019 年 7 月 24 日，访谈地点：MXS 家中。

红寺堡区大河乡距离中宁县不到 20 km，是红寺堡离中宁最近的一个乡。家里种植 8 亩枸杞，是中宁枸杞品种。

枸杞品相影响价格。8 月是枸杞的采摘季节，从树上采摘下来以后，放在自家的院子里晒。天气好的话，晒 3～4 d 即可，天气不好，遇到雨天，就会影响枸杞的质量，在晾晒的过程中会变黑，卖相不好。收购时，不经过品相筛选的话 14 元/斤，品相好的话在市场上可以卖到 20 元/斤，如果雨水多，枸杞晒不干容易发黑，价钱就上不去。当然，晾晒并不是唯一的办法，也可以通过烘干机来解决这一问题，来提高枸杞的品质。这部分需要用烘干桶，烘干费用是 2 元/斤。以目前的产量来算，一亩地产 100 斤，8 亩地便是 800 斤，大约 1 年可以收 4 茬，大约 3 000 多斤，光采摘的费用是 1 200 元，烘干是 600 元左右，再加上浇水施肥等成本，市场价好的话效益还是不错的，如果雨水较多，市场价又低，基本上一年收成是不太理想的。

访谈 4-17：YWH，男，52 岁，海原县 f 村人，访谈时间：2019 年 7 月 29 日，访谈地点：YWH 田里。

家里共种了 7 亩枸杞，每年卖 5 万～8 万元。每年价格有所浮动，2018 年干果子 10 元/斤，2019 年 26～27 元/斤，综合来看，差不多 1 亩枸杞能挣 1 万元。一年可以摘 7～8 茬枸杞，也就是 8 月前的 3～4 茬价格高点，8 月后的 4 茬价格低点。

由于枸杞的特性，成熟以后一天必须采摘完毕，超过一天以后，果子受热了就会破掉。而且在采摘期间，要时刻地关注天气预报，下雨就烂，一旦泡在雨里就啥也没有了。如果采摘的时候正好碰雨天，必须提前摘。一斤干果的投入，包括采摘费、电费、人力、大概总成本是 6～7 元/斤。

枸杞采摘完以后，很关键的一步是晒干或烘干。目前，村子里有大棚，正常自然晒干需要 3～4 d 的时间，但是大棚的话只需要 2～3 d 的时间。最高温度能达到 80℃，相当于咱们家里做饭用的蒸锅，气从两头散发出去。当然有烘干房是最好的。

枸杞是宁夏的一张名片，所以无论是当地人还是外地人都特别认可宁夏枸杞，尤其是中宁枸杞，是全国枸杞正宗的代表。从目前的发展来看，枸杞在宁夏当地形成了产业链。在研究区域调查得知，村民们普遍希望有烘干机，这样可以确保晾晒期间不受雨水的影响，确保枸杞品质。村民们反映，如果买到假的枸杞苗子，一开始看不出来，种到第 2 年挂果子的时候才知道，要是开花不结果，那就没收成了，能把老百姓坑坏。所以传统的枸杞品种非常宝贵，必须保护好，如果杂七杂八的假苗子都能进入市场，管理混乱，就坏了枸杞名声。

案例二：海原小茴香

小茴香在海原县有悠久的种植历史，是当地优势特色产业。在 f 村调查中得知，小茴香是非常好的调味料，适宜水地种植，在海原南部种植较多，调查中海原县 f 村位于北部，多为山地，虽然大部分农户都有种植，但是量不大，自给自足而已。f 村队长联系了海原县西安镇园河村的亲戚 XGL 接受访谈，因为那边种植较多。小茴香产量高，经济效益好，耐旱、耐瘠薄又耐盐碱，性状非常好（图 4-27）。作为一种美味的调味品，现在已经有了一定的知名度，远销各地。

图 4-27　海原小茴香

访谈 4-18：XGL，男，54 岁，海原县西安镇园河村人，f 村 JBC 家亲戚，访谈时间：2019 年 8 月 1 日，访谈地点：JBC 家中。

家里种植小茴香 40 多年了，现在有 10 亩。每年 5 月 1 日前后种植，10 月 1 日左右收获。小茴香 1 年浇 1 次水，如果当年雨水多的话可以不浇水。一年最少除 2～3 次草，只能人工除草，打药会损伤幼苗。种的时候行距一般在 10 cm 左右，株距在 15 cm 左右，这样才能保证小茴香长得茂盛，产量高。行距、株距过窄就不太好管理，只长草不开花。小茴香成熟以后可以用脱粒机进行分离，然后筛子筛成一颗一颗的，就能卖。过去没有这些条件，收成没有这么好。2018 年小茴香的价格在 3.8 元/斤，最好的时候 5.2 元/斤。2019 年降了一番，2 元/斤左右。有经验的农户家，可以卖到 1 000 元/亩左右。

访谈 4-19：LYL，女，41 岁，红寺堡区 b 村人，访谈时间：2019 年 7 月 24 日，访谈地点：LYL 家中。

茴香，是老家常用的一种调料，用来煮肉、做茴香饼子，更重要的是属于中药材。茴香从 3—4 月开始种，农历 7—8 月收，1 年收 1 次。在老家的时候，家里种 1 亩多，就能收 6 ~ 7 袋子，产量很好，味道也好。茴香在旱地里种最好，只要雨水多，不浇水、不施肥、不打药都能成活。但是搬迁后，红寺堡种不成。因为水土有变化，特别肯起虫（病虫害多）。如果坚持种，必须打农药。搬迁后没人种了，市场上调料铺子买点，家里就够用了。

在海原的访谈中得知，海原的小茴香产业也有减产的问题。三个原因：一是产业结构调整的需要。土地流转后，种植蔬菜、瓜果、枸杞等，小茴香种植面积压减。二是病虫害日趋严重。小茴香容易生虫子，主要是蚜虫。以前病虫害少，现在越来越严重，就减少了种植面积。三是销售措施不得当。小茴香市场供大于求，导致价格普遍偏低。农户为了保证产量不得不打农药，导致小茴香的农药残留较多，出口时海关质检不合格。在红寺堡 b 村的访谈中得知，老家海原那边一直有种茴香的传统，但是搬迁到红寺堡后种不成了，受土壤、水分等条件的影响，病虫害特别严重，基本没收成，现在已经不再种植。

总体来看，虽然小茴香是当地非常重要的传统老品种，但是近些年种质有退化现象，开始减产。据 XGL 介绍，以前产量 200kg/亩，现在只有 100kg/亩。近年来，村里也尝试引进新品种，主要引进甘肃民勤县的小茴香新品种，但是新品种比老品种的生长周期长半个月，10 月中旬才能收。这样的话，小茴香受到海原霜冻灾害而影响产量，不适应本地气候。新品种的味道不如老品种的好，当地村民更愿意种老品种，解决老品种种质退化和病虫害问题是当务之急。

4.6　本章小结

本章通过比较 6 个典型村落生态移民传统知识使用情况，分析和比较不同来源地（宁夏半干旱沙化区域、黄土丘陵区和森林区域）生态移民传统知识的相似性和差异性，阐述了迁出地与迁入地村民载有传统知识的生物资源及做法的保留、舍弃、变化情况。

（1）红寺堡区不同来源地生态移民传统选育农业遗传资源

①传统粮食作物被提及的数量排序为 f 村＞d 村＞c 村＞e 村＞a 村=b 村。移民搬迁后，传统农作物种和农家品种减少，近距离搬迁的 c 村和 d 村在传统农作物种和农家品种的保留上具有高度的相似性。②传统选育林木资源被提及的数量排序为 e 村＞d 村＞c 村＞a 村=f 村＞b 村。搬迁后生态移民的传统林木数量减少。迁出地和迁入地的生态区域差异越大，植被变化越大，减少趋势越明显。b 村和 f 村共有的传统品种香水梨，存在种质丧失问题。③传统选育饲用植物被提及的数量排序为 c 村＞d 村＞e 村＞f 村＞b 村＞a 村。搬迁后生态移民利用的传统饲用植物数量减少。近距离搬迁的 c 村和 d 村饲用植物利用上相似性最高。远距离搬迁的 a 村和 b 村搬迁后，饲用植物利用的相似性高于迁出地。

（2）红寺堡区不同来源地生态移民传统医药

①传统药用植物被提及的数量排序为 e 村＞c 村＞f 村＞d 村＞a 村＞b 村。搬迁后生态移民所利用的传统药用植物数量减少，远距离搬迁较近距离搬迁减少的趋势更加明显。迁入地体现出较高的相似性。a 村与迁入地药用植物利用的相似性高于迁出地，充分体现了新环境的融合性和适应性。②传统药用动物被提及的数量排序为 e 村＞c 村＞d 村＞a 村＞f 村＞b 村。搬迁后生态移民利用的传统药用动物数量减少，远距离搬迁较近距离搬迁减少的趋势更加明显。近距离搬迁的 c 村与 d 村相似度最高。远距离搬迁的 a 村与迁入地药用动物的相似性更高。

（3）红寺堡区不同来源地生态移民传统技术及传统生产生活方式

①传统农业生产技术种类被提及的数量排序为 f 村=e 村＞c 村=d 村＞a 村=b 村。搬迁后，歇地、旱作等农业技术不再使用。②传统工艺技术种类被提及的数量排序为 c 村=d 村=f 村＞a 村=b 村=e 村。擀毡技术已很少有人会了，毡匠很少了。③传统食品加工技术种类：6 个村均提及 7 种（占 100%）。熬茶技艺各村均有，例如八宝茶等，c 村夷子蒿制茶技术、d 村藏蜜花酱制作工艺均为本村特有。

（4）红寺堡区不同来源地生态移民生物多样性相关传统文化

①传统民族节庆各村均沿用。丧葬习俗中洒红花水的习俗，在不同生态类型区域红花驱虫作用的时间长短有所区别。②传统文学艺术被提及的数量排序为 c 村=e 村=f 村＞a 村=b 村=d 村。搬迁后生态移民的传统文学艺术提及数量呈下降趋势。农事谚语和竹子口弦有逐渐淡忘的趋势。

（5）红寺堡区不同来源地生态移民传统生物地理标志产品

①食品类标志产品被提及的数量排序为 e 村＞b 村=c 村=d 村＞a 村=f 村。搬迁后生态移民利用的迁出地传统地理标志产品减少，但可享用迁入地的地理标志产品，其利用数量由保护范围决定。现今没有红寺堡冠名的地理标志产品，仅所属市及周边市县，如吴忠市、中宁县、同心县等区域的地理标志产品保护范围涵盖红寺堡区时，迁入地移民可享有该产品的地理标志产品使用权利。迁入地各村食品类地理标志产品的相似性高于迁出地，与其迁出地差别明显。②药材类地理标志产品被提及的数量排序为 e 村＞a 村=b 村=c 村=d 村=f 村。迁出地 e 村能够使用的地理标志产品数量最多，其他 5 个村均为 2 种地理标志产品。搬迁对移民利用的药材类地理标志产品的影响由其保护范围决定，迁出地较迁入地的药材类地理标志产品多。迁入地各村地理标志产品的相似性高于迁出地，与其迁出地差别明显。

综上所述，因迁移影响，不同来源地村民所保存的传统知识具有明显的差异。迁出地较迁入地保留的传统知识数量多，远距离搬迁村落传统知识减少程度明显，就近搬迁村落传统知识保留相对较好。搬迁前，红寺堡是一片荒滩，无人定居，搬迁对移民来说是重新开始生产生活的过程。例如，传统农作物，基本是从迁出地带入迁入地。移民搬迁后，在迁入地试种迁出地的传统品种，一些传统品种能够适应新的环境得以保留，一些传统品种不适宜新的环境从而舍弃。通过 JI 比较，可明确村与村之间传统知识相似性程度。研究表明，迁出地较迁入地保留的传统知识较多，说明移民村落的生物资源及相关传统知识的确有被舍弃和丢失的情况；远距离搬迁的村落，传统知识的减少程度较为明显，而就近搬迁的村落传统知识保留相对较好，说明地域距离对相关知识的保留产生影响，搬迁距离越远丢失越多。

第5章　宁夏红寺堡区不同来源地生态移民对传统知识变迁的感知

本章主要研究宁夏典型村落生态移民的性别、年龄、受教育程度等特征对传统知识的影响。通过对研究区域6个村落共计315户村民进行半结构化访谈及问卷调查，对每户1名主要受访人的基本信息进行统计，运用SPSS软件统计了不同人口特征的村民对五大类型传统知识变迁的影响，采用多因素方差分析的方法，分析其相关性及显著性水平（p值），探讨村民不同人口特征对传统知识变迁的影响，分析生态移民相关村落传统知识利用趋势、影响因素，以及生态移民对传统知识的保护意愿。

5.1　不同受访者社会特征对传统知识认知的影响

5.1.1　受访者性别特征分析

不同受访者的性别、年龄、教育程度等基本信息不同，所列举的传统知识类型、内容有所不同。从性别特征来看，315个受访者中，男性165人（占52.4%），女性150人（占47.6%）。从表5-1可见，男性较女性多，且传统蔬菜类作物知识、传统饲用植物知识、传统民族节庆与性别（$p<0.05$）显著相关。

统计得知，传统蔬菜作物种和农家品种提及数量方面，男性均值6.225，女性均值4.677；传统饲用植物提及数量方面，男性均值45.153，女性均值37.612，且成对比较p值为0.005（表5-4）；传统民族节庆提及数量方面，男性均值5.257，女性均值4.940，这三类传统知识中，男性提及载有传统知识的生物遗传资源类型和数量均比女性多。男性比女性掌握着更多的传统民族节庆类的传统知识，特别是传统的牛羊宰牲工序、丧葬习俗等内容，所以男性对传统民族节庆知识的了解更多，传统知识更丰富。

表 5-1 不同受访者性别特征对传统知识提及情况影响均值表

类型	子类型	平均提及种类数（协变量：性别）		χ^2	p 值
		男	女		
传统选育农业遗传资源	粮食作物	3.851	3.054	41.096，df=1	0.072
	蔬菜作物	6.225	4.677	154.596，df=1	0.003
	野生食用植物	10.362	9.600	37.551，df=1	0.180
	家养动物	1.264	1.066	2.521，df=1	0.114
	林木资源	5.229	4.684	19.203，df=1	0.240
	饲用植物	45.153	37.612	4 844.385，df=1	0.000
传统医药知识	传统药用植物	14.502	12.708	207.702，df=1	0.159
	传统药用动物	0.900	0.781	0.913，df=1	0.453
传统技术及生产生活方式	传统农业技术	1.121	1.027	0.564，df=1	0.251
	传统工艺技术	0.065	0.085	0.028，df=1	0.364
	传统食品加工技术	6.042	5.772	4.735，df=1	0.081
生物多样性相关传统文化	民族节庆	5.257	4.940	6.465，df=1	0.042
	传统文学艺术	0.388	0.311	0.384，df=1	0.342
生物地理标志产品	食品类地理标志产品	1.250	1.203	0.140，df=1	0.668
	药材类地理标志产品	0.921	0.978	0.206，df=1	0.527

5.1.2 受访者年龄特征分析

从受访者年龄特征来看，315 个受访者中，小于 19 岁的 28 人（占 8.9%）；20～39 岁的 85 人（占 27.0%）；40～59 岁的 127 人（占 40.3%）；大于 60 岁的 75 人（占 23.8%）。从表 5-2 可见，传统饲用植物知识、传统医药知识提及类型和数量，与性别（$p<0.05$）显著相关。这两类传统知识中，年龄越大掌握的传统知识越多。

四个年龄段中传统饲用植物的提及均值："19 岁以下"（均值 15.196）＜"20～39 岁"（均值 42.472）＜"40～59 岁"（均值 49.826）＜"60 岁以上"（均值 51.352）。40 岁以上的人群（"40～59 岁"与"60 岁以上"两组的均值成对比较 p 值为 0.660）所掌握的传统饲用植物均较多。其次为 20～39 岁的人群，19 岁以下人群提及的种类数量最少，均值最小（表 5-2）。

四个年龄段中传统药用植物知识的提及均值："60 岁以上"（均值 17.671）＞"40～59 岁"（均值 12.780）＞"20～39 岁"（均值 12.558）＞"19 岁以下"（均值 11.410）。60 岁以上（与其他年龄段的成对比较 p 值＜0.05，有显著性差异）所掌握的传统药用知识最丰富。19 岁以下人群所掌握的传统药用知识最少，说明年轻人接受新鲜事物的能力强，对传统知识重视程度不如年长者，随着时间推移传统知识面临消失的风险。

表 5-2　不同受访者年龄特征对传统知识提及情况影响的均值表

类型	子类型	平均提及种类数（协变量：年龄）				χ^2	p 值
		≤19	20～39	40～59	≥60		
传统选育农业遗传资源	粮食作物	2.289	4.042	3.690	3.789	27.010，df=3	0.543
	蔬菜作物	5.622	6.085	5.094	5.002	49.092，df=3	0.416
	野生食用植物	9.005	9.557	10.378	10.984	69.605，df=3	0.343
	家养动物	1.101	1.229	1.087	1.224	1.556，df=3	0.672
	林木资源	4.834	5.081	4.630	5.281	21.467，df=3	0.671
	饲用植物	15.196	42.472	49.826	51.352	10 789.559，df=3	0.000
传统医药知识	传统药用植物	11.410	12.558	12.780	17.671	1 205.590，df=3	0.010
	传统药用动物	0.826	0.999	0.818	0.719	2.637，df=3	0.653
传统技术及生产生活方式	传统农业技术	1.105	1.118	1.037	1.036	0.309，df=3	0.867
	传统工艺技术	0.079	0.076	0.054	0.091	0.063，df=3	0.601
	传统食品加工技术	5.635	5.945	5.959	6.089	1.719，df=3	0.778
生物多样性相关传统文化	民族节庆	4.572	5.423	5.116	5.284	8.933，df=3	0.127
	传统文学艺术	0.395	0.360	0.321	0.321	0.089，df=3	0.976
生物地理标志产品	食品类地理标志产品	0.993	1.382	1.201	1.330	2.569，df=3	0.340
	药材类地理标志产品	0.718	1.066	0.896	1.118	3.388，df=3	0.088

5.1.3　受访者教育程度特征分析

从受访者教育程度特征来看，315 个受访者中，文盲水平的 128 人（占 40.6%）；小学水平的 119 人（占 37.8%）；初中水平的 49 人（占 15.6%）；高中水平的 19 人（占 6%）。从表 5-3 可见，传统饲用植物知识提及情况与教育程度（$p<0.05$）显著相关，且受教育程度越低，所掌握的传统饲用植物知识越多。从表 5-4 可见，没有受过教育的人群（文盲）提及的传统饲用植物种类和其相关知识最为丰富（均值 52.440，与小学、初中、高中或中专技校以上学历人群的均值成对比较 $p\leqslant0.05$）。综上可见，受访者提及传统饲用植物及相关知识情况，与教育程度显著相关，受教育程度不高的群体，所掌握的传统饲用植物知识较多。教育程度应当有助于掌握和传承传统知识。所以，这一结论的产生，与年龄、教育程度两个变量成反比，年龄越大，教育程度越低，出现了“掌握传统知识越多”的结果。这一结论更加侧重和支持了年龄和传统知识的联系。

表 5-3　不同受访者教育程度特征对传统知识提及情况影响的均值表

类型	子类型	平均提及种类数（协变量：教育程度）				χ^2	p 值
		文盲	小学	初中	高中		
传统选育农业遗传资源	粮食作物	3.479	3.435	3.731	3.165	4.621，df=3	0.947
	蔬菜作物	5.601	5.217	6.161	4.824	36.101，df=3	0.553
	野生食用植物	10.533	10.253	11.230	7.908	127.722，df=3	0.108
	家养动物	1.289	1.198	1.227	0.948	1.327，df=3	0.725
	林木资源	4.699	4.932	5.243	4.952	7.697，df=3	0.906
	饲用植物	52.440	39.951	42.831	22.529	1 758.473，df=3	0.002
传统医药知识	传统药用植物	14.882	15.205	12.826	11.506	273.246，df=3	0.454
	传统药用动物	1.005	0.891	1.063	0.404	5.312，df=3	0.352
传统技术及生产生活方式	传统农业技术	1.103	1.087	1.062	1.046	0.057，df=3	0.953
	传统工艺技术	0.104	0.068	0.092	0.036	0.086，df=3	0.466
	传统食品加工技术	5.779	6.026	6.209	5.614	8.096，df=3	0.163
生物多样性相关传统文化	民族节庆	5.177	4.963	5.052	5.202	2.598，df=3	0.644
	传统文学艺术	0.447	0.505	0.347	0.098	2.308，df=3	0.145
生物地理标志产品	食品类地理标志产品	1.295	1.291	1.196	1.125	0.531，df=3	0.874
	药材类地理标志产品	0.793	0.977	0.945	1.083	1.839，df=3	0.311

表 5-4　饲用植物均值成对比较表

协变量	均值差	标准误	p 值
性别（$i-j$）			
“男性”-“女性”	7.541	2.647	0.005
年龄（$i-j$）			
“≥60”-“≤19”	36.156	4.580	0.000
“≥60”-“20～39”	8.880	3.559	0.014
“≥60”-“40～59”	1.526	3.463	0.660
教育程度（$i-j$）			
“文盲”-“小学”	12.490	3.032	0.000
“文盲”-“初中”	9.609	3.673	0.010
“文盲”-“高中”	29.911	4.981	0.000

5.2　典型村落生态移民对传统知识变迁趋势的感知

基于问卷调查数据，统计分析了受访者对生态移民传统选育农业遗传资源、传统医药资源利用、传统技术及生产生活方式利用、生物多样性相关传统文化、传统生物地理标志产品利用变迁趋势的认知，归纳出受访者认为呈减少或消失趋势、保持不变和增加趋势的典型传统知识及其感知情况。

5.2.1　对减少或消失趋势传统知识的感知

（1）传统农作物的种植

调查得知，传统农作物的种植主要呈减少或消失趋势。由图 5-1 可见，43.81%的受访者表示传统农作物的种植有减少的趋势（种得越来越少），46.67%的受访者表示呈消失的趋势（不再种植）。从各村情况来看，a 村、b 村、c 村、d 村的村民普遍认为呈消失趋势，e 村、f 村认为呈减少趋势。综上，传统农作物的种植趋势呈减少或消失趋势，迁出地（e 村、f 村）认为主要呈减少趋势，而迁入地（a 村、b 村、c 村、d 村）认为主要呈消失趋势。

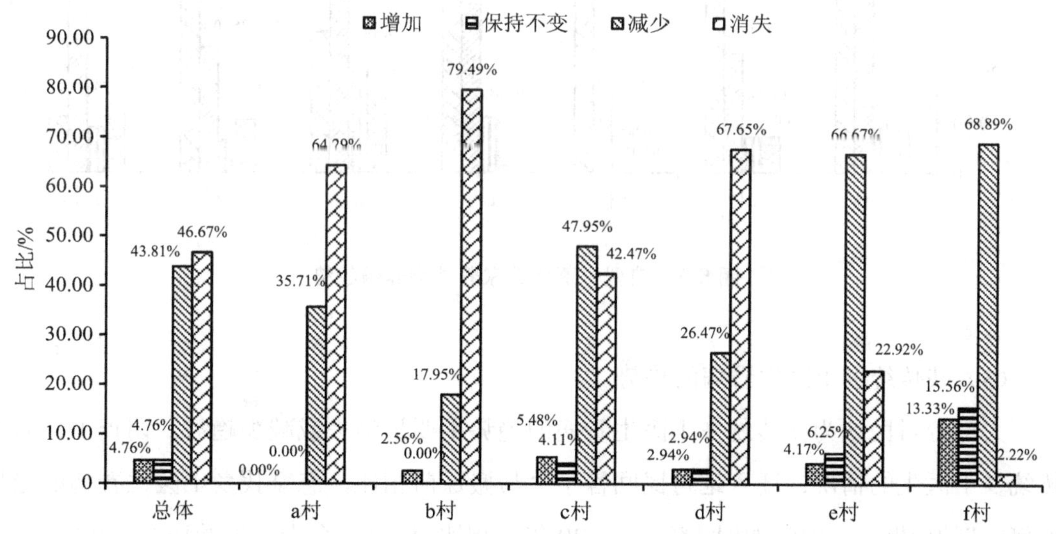

图 5-1　典型村落传统农作物种植趋势

（2）传统家养动物的养殖

调查得知，传统家养动物的养殖主要呈减少或消失趋势。由图 5-2 可见，36.51%的受访者表示养殖趋势为减少，44.76%的受访者表示养殖趋势为消失。从各村情况来看，选择集中在减少或消失趋势，这一趋势与传统黄牛的养殖有关，村民认为传统黄牛产肉少，更多地引进了西门塔尔、安格斯等新品种牛。也与当地山羊、滩羊的养殖有关，村民认为当地羊效益不如新品种高产羊，大部分选择引进新品种或者选择杂交品种，所以传统家养动物的养殖越来越少。这一选择，也与很多村民认为老品种与新品种杂交后的品种，不属于传统的老品种有关。与老品种杂交的品种，其父本或母本基因源于老品种，是否属于传统养殖品种需进一步探讨。

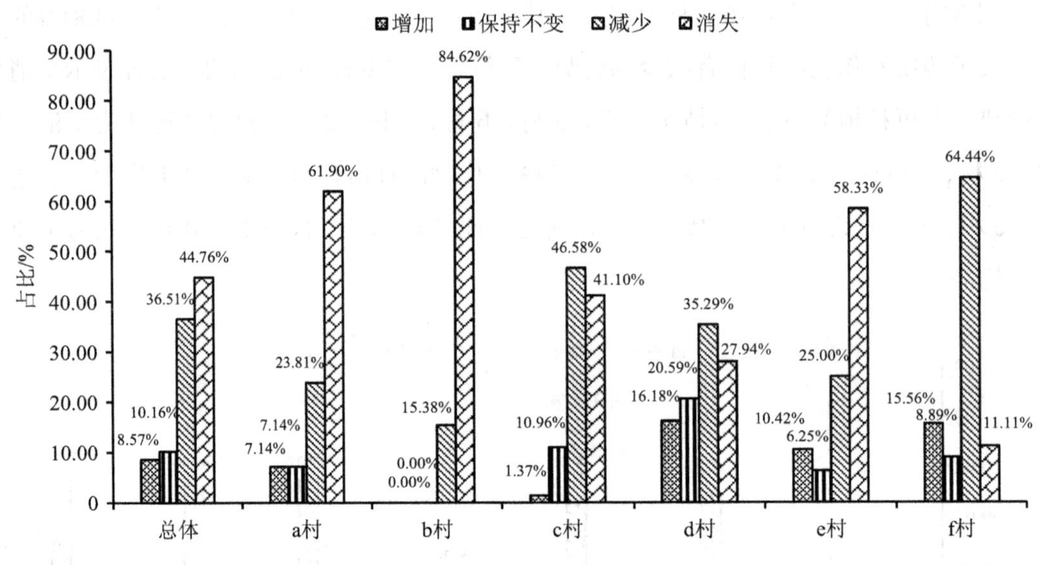

图 5-2 典型村落传统家养动物养殖趋势

（3）找传统乡土医生看病的趋势

大部分村民认为找传统乡土医生看病的趋势主要呈消失或减少趋势。调查中询问了传统乡土医生的情况：迁入地村民回答了“与搬迁前相比，您家找乡土医生看病的趋势如何？”的问题，迁出地村民回答了“与 20 年前相比，您家找乡土医生看病的趋势如何？”的问题。调查得知，32.06%村民认为找乡土医生看病呈减少趋势，46.03%村民认为找乡土医生看病呈消失趋势，主要与现今传统乡土医生很少，村民更多地选择了现代化医疗方式有关。从各村情况来看（图 5-3），a 村、b 村、c 村、d 村认为找乡土医生看病成消失趋势的占大多数，这与搬迁后很多村落没有传统乡土医生有关。e 村、f 村认为找乡土医生看病呈减少趋势，这与当地看病就医越来越方便，到卫生室、医院等现代化医疗卫生机构就医更为普遍有关。

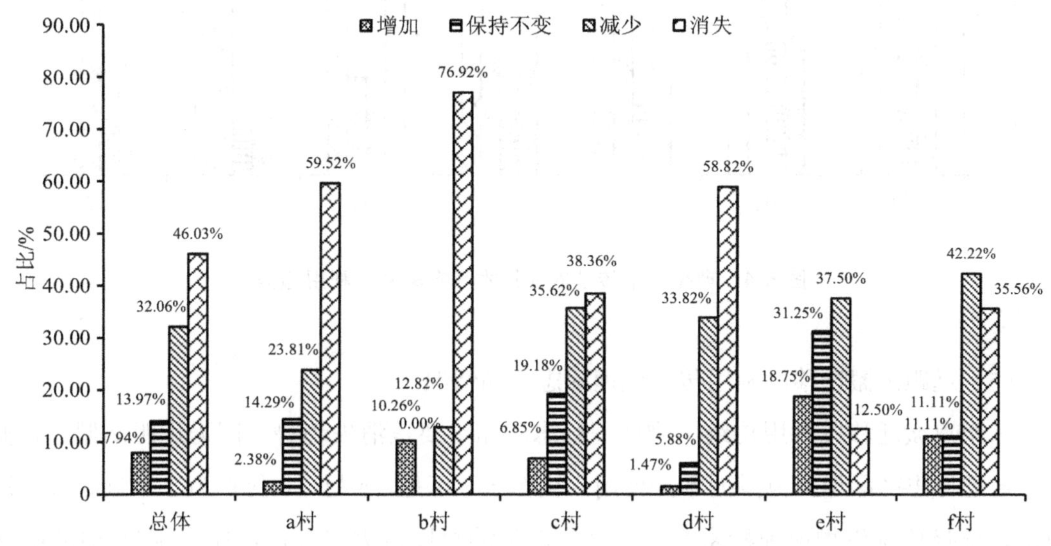

图 5-3　典型村落找乡土医生看病的趋势

（4）迁出地传统施用农家肥情况

调查得知，迁出地传统农业技术中施用农家肥呈减少趋势，主要与耕地在山上，运输农家肥不方便有关。由图 5-4 可见，29.52%村民认为施用农家肥呈增加趋势，13.33%认为保持不变，32.38%认为呈减少趋势，24.76%认为呈消失趋势。施用农家肥呈减少趋势的村民认为，化肥效果更好，农家肥运输不方便。呈消失趋势的村民认为，一些村民外出务工不种地了，不需要施肥，或者不养殖牛羊，农家肥来源有限等。从各村情况来看，e 村、f 村认为施用农家肥呈减少趋势的比例最高，因为耕地多在山上，运输农家肥交通不便，且 e 村退耕还林后耕地减少，有限地耕地易受野猪危害，效益无法保障，慢慢不种地了，所以农家肥施用量也减少。

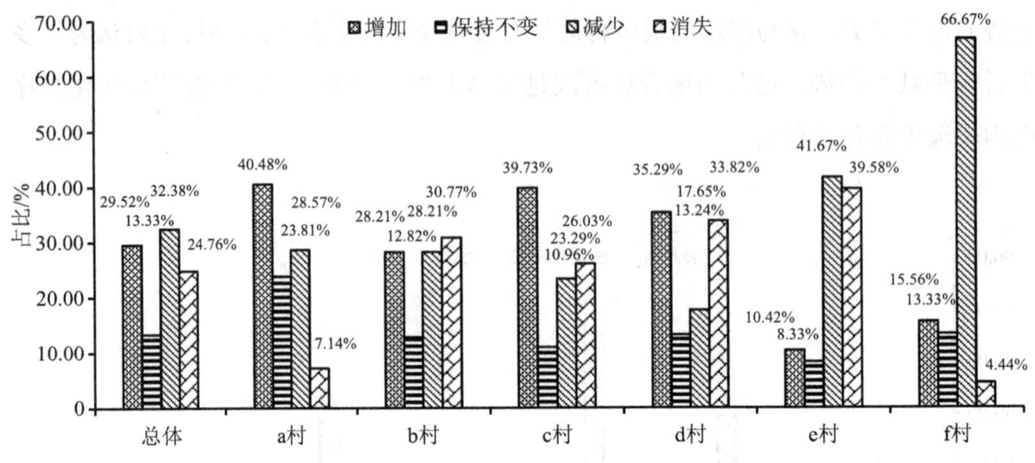

图 5-4 典型村落传统农业技术（农家肥）利用趋势

（5）远距离搬迁移民利用传统地理标志产品情况

远距离搬迁移民利用传统生物地理标志产品主要呈消失趋势，因为远距离搬迁，搬出了地理标志产品保护范围而不能使用。由图 5-5 可见，a 村、b 村作为 2 个远距离搬迁村落，选择传统生物地理标志产品呈消失趋势的村民占大多数，占比分别为 61.90%和 53.85%。a 村由六盘山水源涵养林区搬迁至红寺堡，老家的传统地理标志产品在红寺堡区不易种植或养殖，比方说搬迁后没有了丰富的蜜源，泾源蜜蜂（中华土蜂）不易养殖，且超出了地理标志产品的保护范围，呈消失状态；b 村由黄土丘陵区域搬迁至红寺堡，老家的传统地理标志产品如海原小茴香，在迁入地种植时病虫害特别严重，无法继续种植，呈消失趋势。

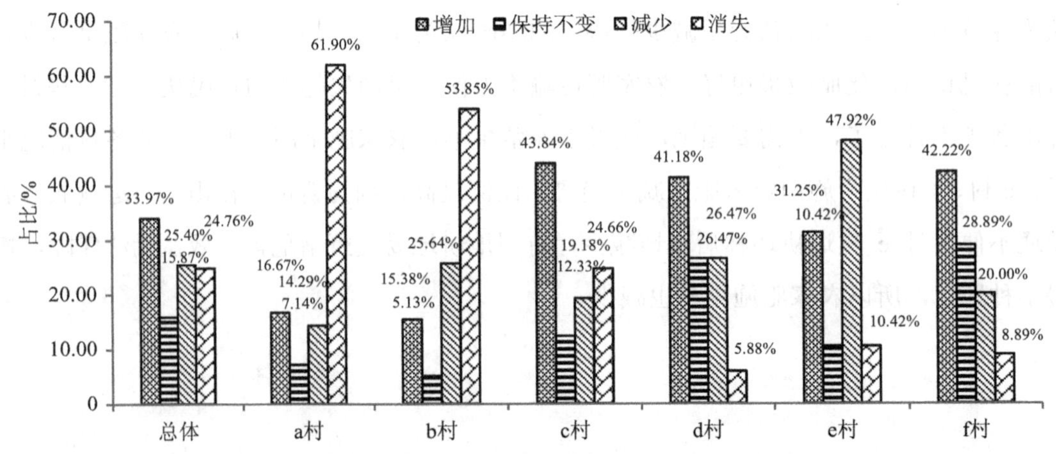

图 5-5 典型村落传统地理标志产品利用趋势

5.2.2　对保持不变传统知识的感知

（1）传统食品加工技术的利用

传统食品加工技术基本保持不变。由图 5-6 可见，22.22%村民认为传统食品加工技术的利用呈增加趋势，55.24%认为保持不变，20.95%认为呈减少趋势，1.59%认为呈消失趋势。认为传统食品加工技术保持不变的村民占半数以上，无论是否搬迁，还是时间变迁，主要的油香、馓子及其油炸食品，焜馍、干粮馍及其烙蒸煎食，牛羊肉食品加工技术等均持续利用。从各村情况来看，a 村、b 村、c 村、d 村均认为主要趋势为保持不变，说明搬迁并未对传统食品加工技术产生较大影响。e 村认为增加、保持不变和减少的受访者各占 1/3，与各户的饮食喜好有关。f 村主要认为呈增加趋势，与生活水平提高，饮食条件变好有关。

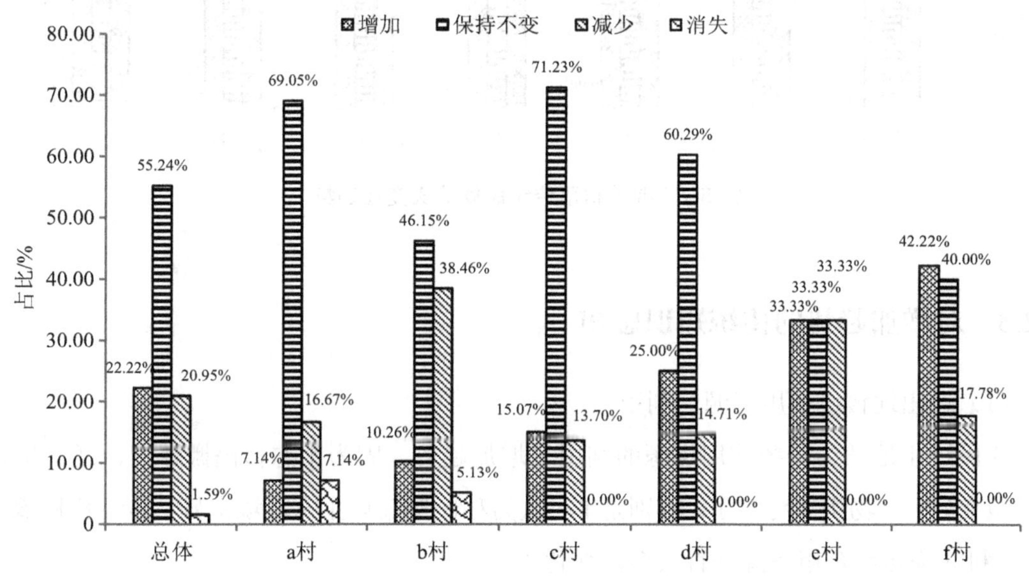

图 5-6　典型村落传统食品加工技术利用趋势

（2）传统民族节庆的保留

传统民族节庆仍保持不变。这一趋势与传统文化习俗关系密切，也与生活水平提高，节庆所需的食材等更为丰富有关。由图 5-7 可见，21.59%村民表示传统民族节庆氛围更隆重了，51.75%村民表示保持不变，25.40%村民表示没有原先那么隆重了，1.27%村民表示不过节了。认为传统民族节庆保持不变的村民占半数以上，主要因为村民们一直沿用着传统的民族文化习俗。从各村情况来看，a 村、b 村、c 村、d 村、e 村认为传统民族节庆一直保持不变的占比最高，f 村认为传统民族节庆更隆重了的占比最高。f 村的选择多与生活水平提高后，村民表示以前生活水平低，温饱都是问题，节日过得少。这些年条件好了，过节需要的牛、羊、鸡和食材都很丰富，节日氛围更隆重了。

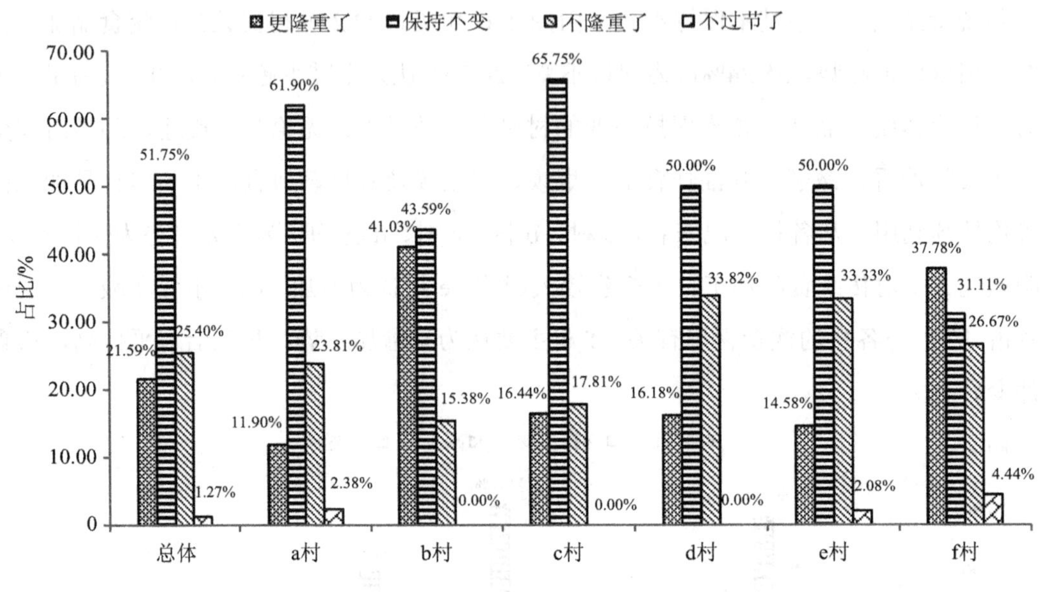

图 5-7 典型村落传统民族节庆变迁趋势

5.2.3 对增加趋势的传统知识感知

（1）迁出地传统药用资源的利用

移民迁出地认为传统药用资源的利用呈增加趋势，因为生态移民搬迁后，迁出地自然环境变好，生物资源更多了。特别是 f 村认为移民搬迁后生态环境变好、传统药材增多了，e 村认为传统药用资源一直很多，变化不大。

调查中，a 村、b 村、c 村、d 村共 4 个生态移民村落的村民回答了“老家的乡土药材和这里的有区别吗？”的问题，e 村和 f 村 2 个迁出地的村民回答了“20 年前的乡土药材和现在有区别吗？”的问题。由图 5-8 可见，40.32%认为没有区别，仍然在使用；38.41%认为有区别，部分药材不能再继续使用；21.27%不了解传统药用植物。f 村认为 b 村等生态移民村落搬迁后，生态环境变好了，传统药用生物资源变多了而认为有区别。e 村认为没有区别的占大多数，因为六盘山地区的药用生物资源一直很多，20 多年来没有变化，保持着丰富的生物多样性，可利用的药用生物资源与 a 村搬迁前没有区别。

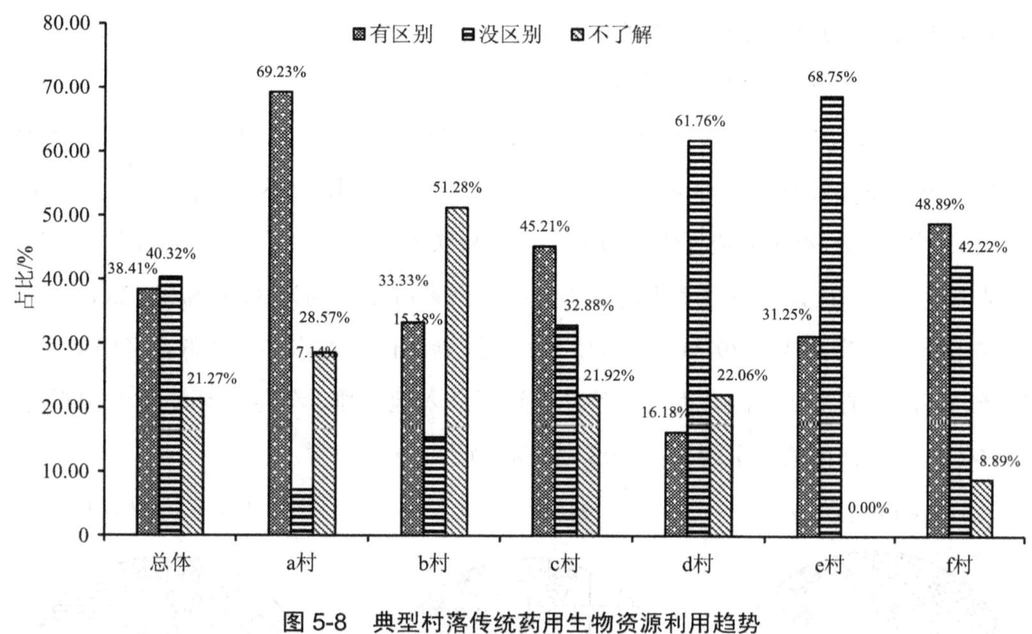

图 5-8　典型村落传统药用生物资源利用趋势

（2）迁入地传统施用农家肥情况

调查得知，迁入地认为施用农家肥的趋势主要为增加趋势，与迁出地减少趋势相反。这一现象与迁入地畜禽养殖量增加，又以圈养为主，易于收集和利用，交通便利易于拉运有关。由图 5-4 可见，29.52%村民认为施用农家肥呈增加趋势。呈增加趋势的村民认为，农家肥是庄稼最好的肥料，庄稼长得好，也能肥地。种植养殖协同发展，封山禁牧后均为圈养，牛养得多，牛粪也多，所以施用趋势为增加趋势。从各村情况来看，a 村、c 村、d 村认为施用农家肥呈上升趋势的比例最高，与牲畜圈养，易于收集农家肥有关。b 村选择消失趋势的比例最高，部分村民外出务工，或者发展其他产业，土地已经流转给别人，不再施用农家肥。

5.3　典型村落生态移民传统知识变迁的主要影响因素

影响生态移民传统知识变化的因素包括政治、经济、社会、文化各个方面，传统知识的变迁趋势不同，主导因素不同。

5.3.1　减少或消失趋势的主要影响因素

重点从传统农作物的种植、传统家养动物的养殖、找传统乡土医生看病的趋势方面，探究传统知识呈减少或消失趋势的影响因素。

（1）传统农作物种植的主要影响因素

经济因素、环境因素是传统农作物种植趋势呈减少或消失趋势的主要因素，与传统作物产量低、经济效益差，部分作物不适宜迁入地生态环境而不再种植有关。由图 5-9 可见，315 户村民的 406 个选择中，30.79%的选择认为经济因素是主要影响因素，27.83%认为是环境因素。认为减少或消失趋势中，经济因素占比分别为 31.11%和 32.60%，环境因素占比分别为 27.22%、29.28%，均高于其他因素。传统农作物产量低，经济效益不好是选择经济因素的主要原因。而且，移民搬迁后迁入地土壤、气候等环境方面因素受限，传统农作物不适宜种植，呈现了减少或消失的趋势。

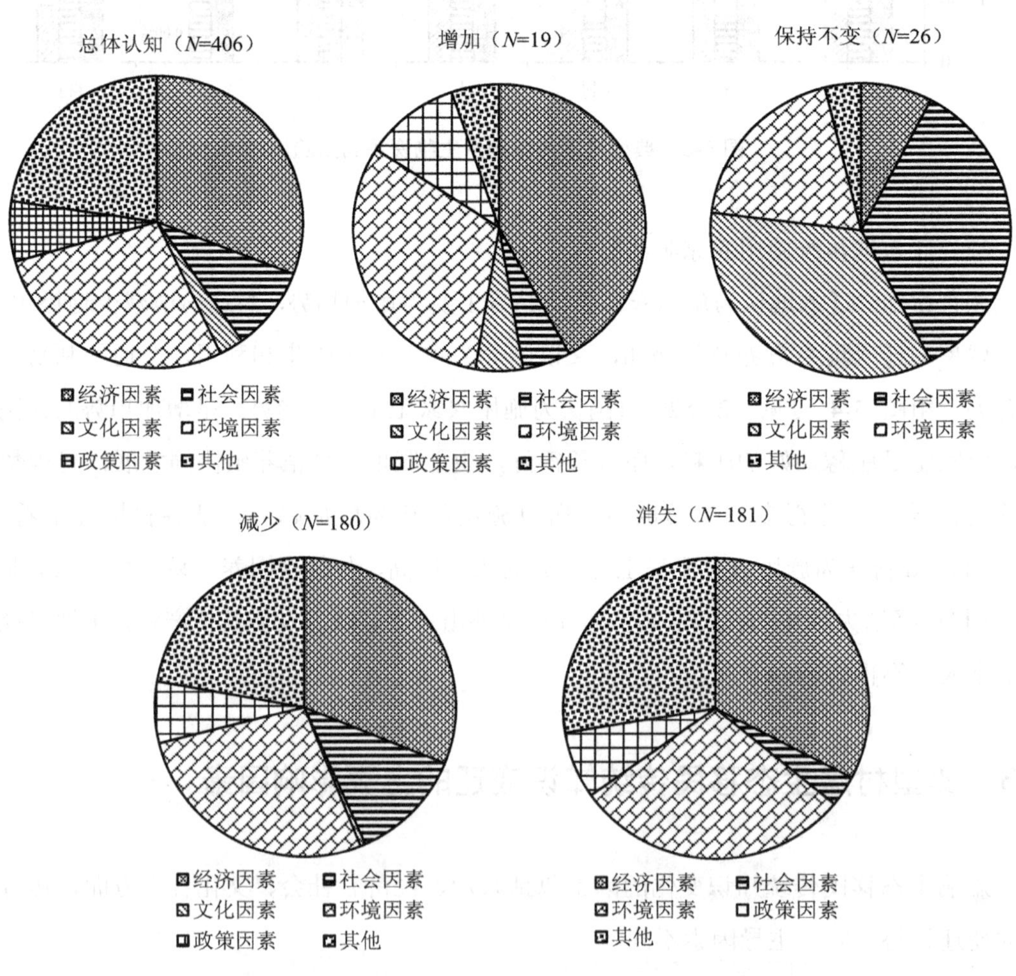

图 5-9 典型村落传统农作物种植趋势的影响因素

（2）传统家养动物养殖的主要影响因素

社会因素、经济因素以及其他因素是传统家养动物养殖呈减少或消失趋势的主要影响因素。由图 5-10 可见，315 户村民的 406 个选择中，148 个选择认为传统家养动物养殖呈减少趋势，168 个选择认为呈消失趋势。养殖趋势呈减少或消失趋势的选择中，社会因素占比 25.00%、25.60%；经济因素占比 21.62%，25.00%；其他因素占比 24.32%，33.33%。养殖趋势减少或者消失，主要是因为考虑了家养动物的用途、功能、品种、口感等社会因素。例如曾经养牛主要用途是役用耕地，现今主要用途是食肉，其养殖用途发生了变化，老黄牛不长肉，因而选择了肉多、肉质丰富的新品种牛。还与传统老品种的经济效益、产量不如新品种，而被舍弃有关。还有一些原因，例如养殖的劳动力少、外出务工多，年龄大了没力气养殖，搬迁时路远、很多老品种的家禽没有带到迁入地等。

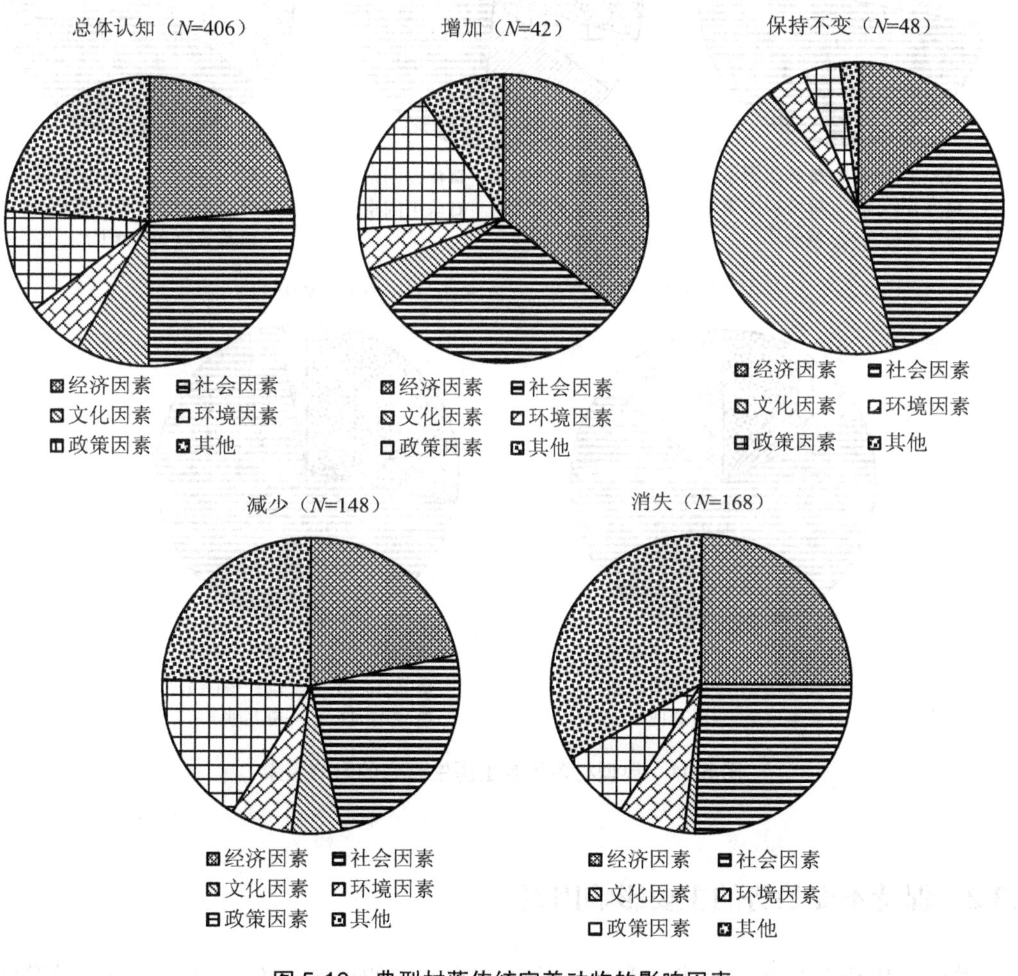

图 5-10　典型村落传统家养动物的影响因素

（3）找传统乡土医生看病的主要影响因素

社会因素是找乡土医生看病呈减少或消失状态的主要影响因素，这与生活水平和医疗技术水平提高了，村民更多地选择了卫生室、医院等就医途径有关。由图 5-11 可见，315 户村民的 374 个选择中，62.30%认为是社会因素。找乡土医生看病呈减少或消失趋势的选择中，社会因素分别占 67.97%、68.79%，远高于其他因素。这个选择是因为现今多采用现代化医疗方式看病，且多选择西医，所以主要呈现了下降或消失的趋势。

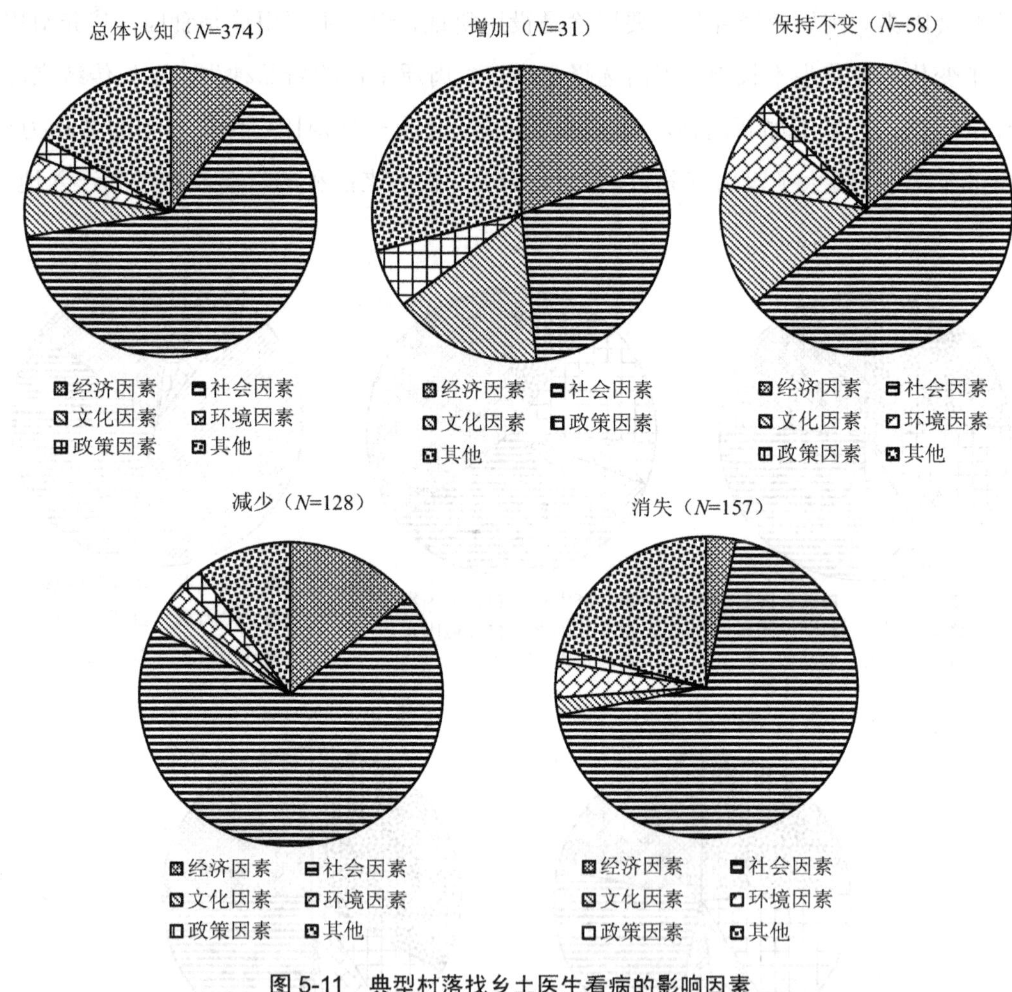

图 5-11 典型村落找乡土医生看病的影响因素

5.3.2 保持不变趋势的主要影响因素

重点从传统食品加工技术的利用、传统民族节庆的保留方面，探究传统知识保持不变的影响因素。

（1）传统食品加工技术利用的主要影响因素

文化因素是传统食品加工技术利用趋势保持不变的主要影响因素。由图 5-12 可见，315 户村民的 434 个选择中，40.78%认为文化因素是主要影响因素。认为保持不变的选择中，文化因素占比 68.16%，远高于其他因素。这与传统手艺、传统口感和传统饮食结构是维系传统食品加工技术的主要原因有关。

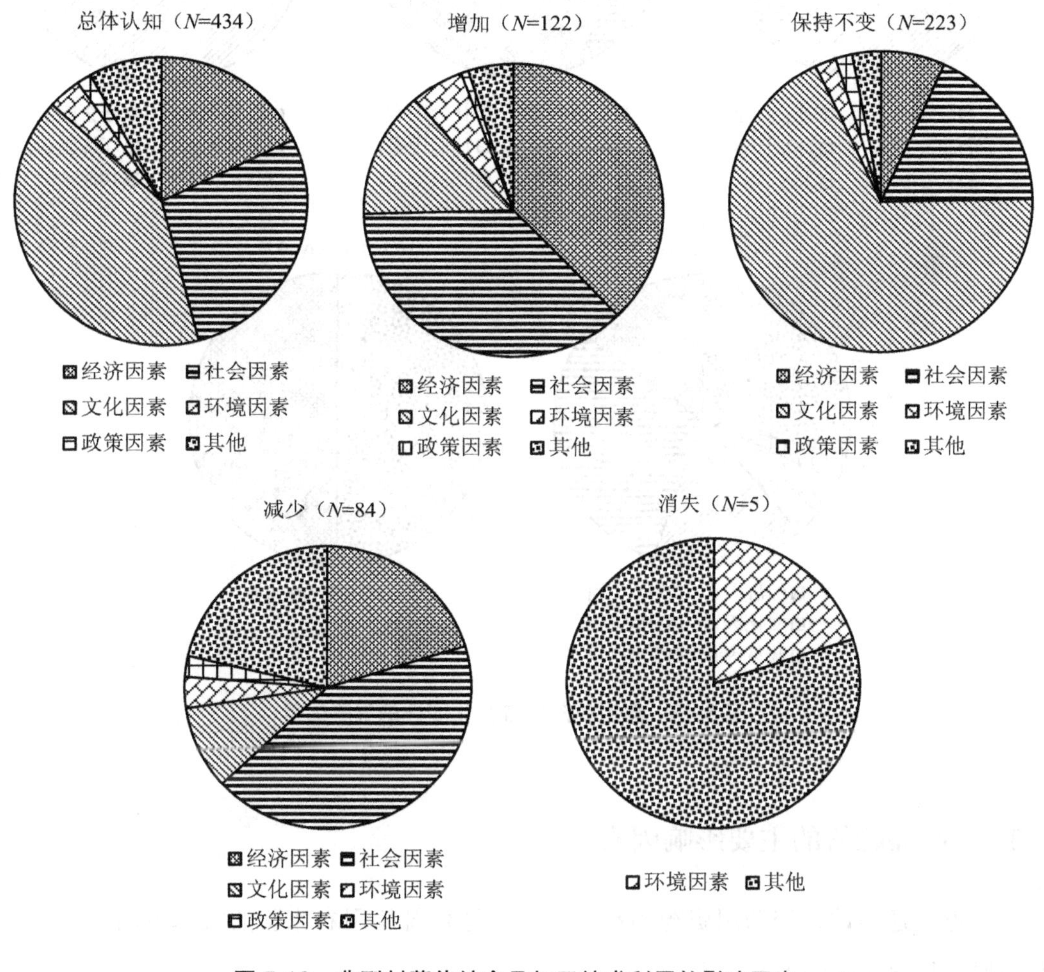

图 5-12　典型村落传统食品加工技术利用的影响因素

（2）传统民族节庆保留的主要影响因素

文化因素是传统节庆保持不变的最主要因素。由图 5-13 可见，315 户村民的 382 个选择中，47.64%认为文化因素是主要因素，占比最高。认为保持不变的选择中，文化因素的占到了 84.27%，远高于其他因素。传统民族节庆是文化的良好载体，传承了文化习俗、文化认同感等。

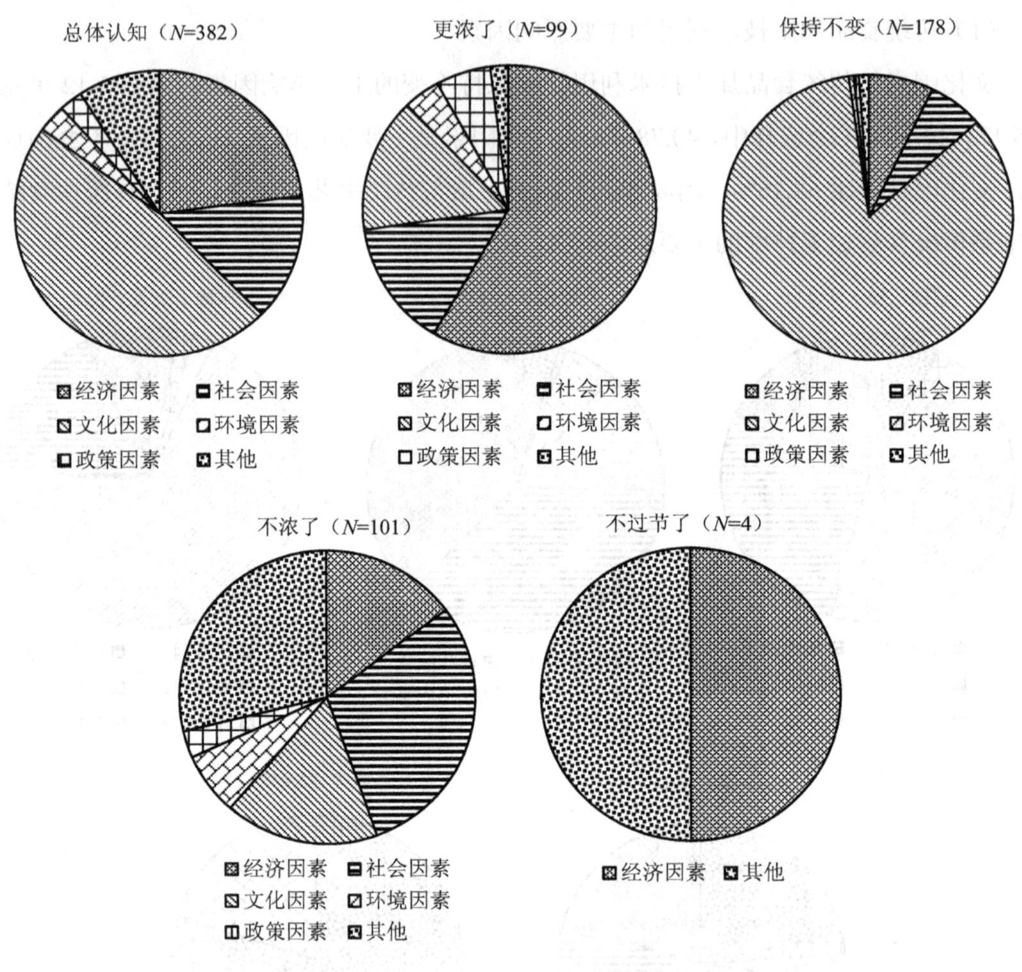

图 5-13 典型村落传统文化变迁的影响因素

5.3.3 增加趋势的主要影响因素

重点从迁出地传统药用资源的利用、迁入地传统施用农家肥的技术方面，探究传统知识增加趋势的影响因素。

（1）迁出地传统药用资源利用的主要影响因素

环境因素是迁出地传统药用资源增加的最主要因素。迁出地传统药用资源利用方面，主要采用了访谈的方式进行了调查。这一问题的回答中，迁出地 e 村普遍认为是环境因素，六盘山地区的生物资源一直很丰富，传统药用资源持续利用。迁出地 f 村也普遍认为是环境因素，移民搬迁后，迁出地自然环境改善，人为破坏减少，生态恢复卓有成效，所以生物资源增多，传统药用资源比生态移民工程实施前增多了。

（2）迁入地传统施用农家肥技术的主要影响因素

环境因素是迁入地传统施用农家肥技术利用呈增加趋势的主要因素。对迁入地 a 村、b 村、c 村、d 村的问卷统计得出（图 5-14），222 户村民的 335 个选择中，142 个（42.4%）选择认为传统使用农家肥呈增加趋势。呈增加趋势的选择中，34.51%的选择是环境因素，26.06%的选择是社会因素，23.94%的选择是经济因素。村民普遍认为农家肥的施肥效果最好，可以保护土地，提高土壤肥力，符合有机环保的环境保护理念。特别是迁入地，属于半干旱沙化地，水土保持能力弱，施用农家肥可以壮地，肥庄稼，所以迁入地传统施用农家肥技术得以保留的重要因素是环境因素。

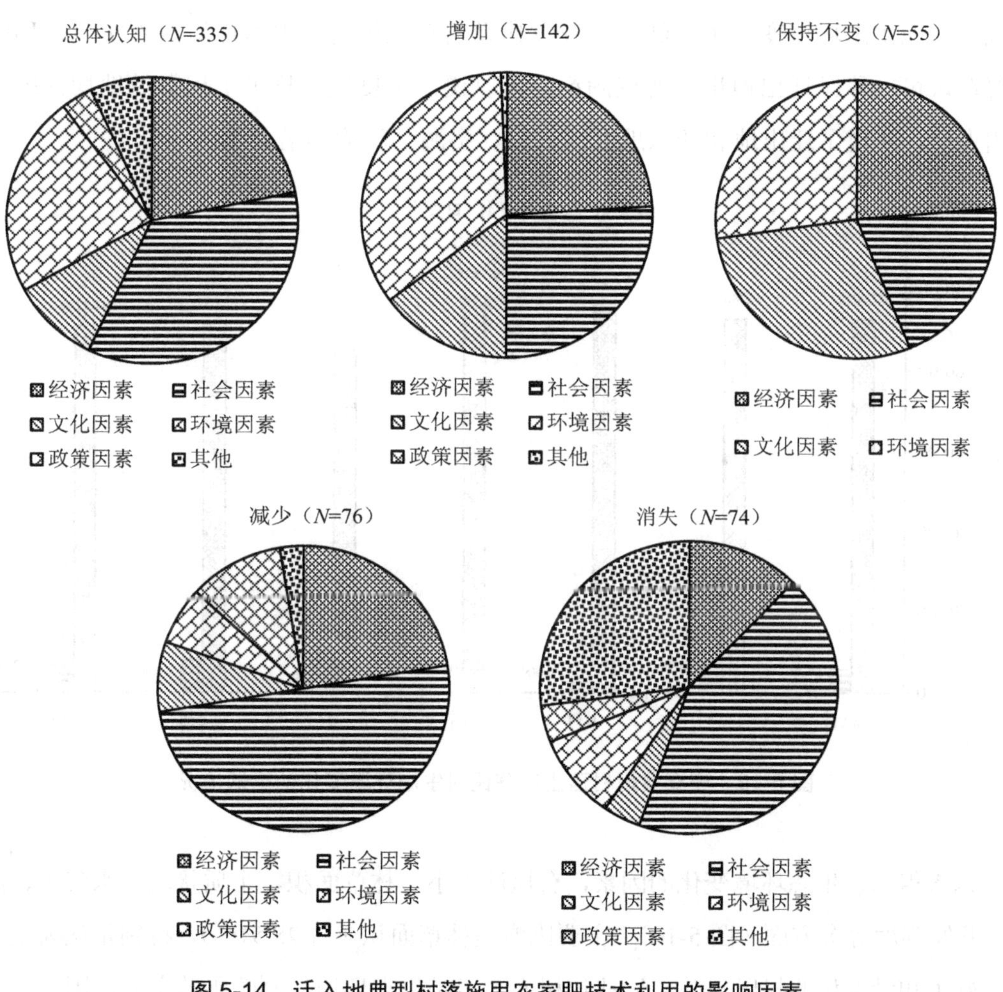

图 5-14　迁入地典型村落施用农家肥技术利用的影响因素

5.4 典型村落生态移民对传统知识的保护意愿研究

5.4.1 典型村落生态移民对生态环境变化的感知

通过问卷调查和半结构化访谈，询问了村民对居住地生态环境变化的感知。调查得知，大部分村民认为现居住地的生态环境变好了。由图 5-15 可见，92.70%的村民认为现居住地的生态环境变好了，5.71%认为现居住地的生态环境一直以来没有变化，1.59%认为现居住地生态环境变差了。红寺堡开发建设的十几年间，生态环境改善明显，移民群众普遍认可。移民迁出地也是普遍满意。可以说，宁夏生态移民工程有效地均衡统筹了山川人口，实现了迁出地和迁入地两地人口、资源、环境和谐共生。

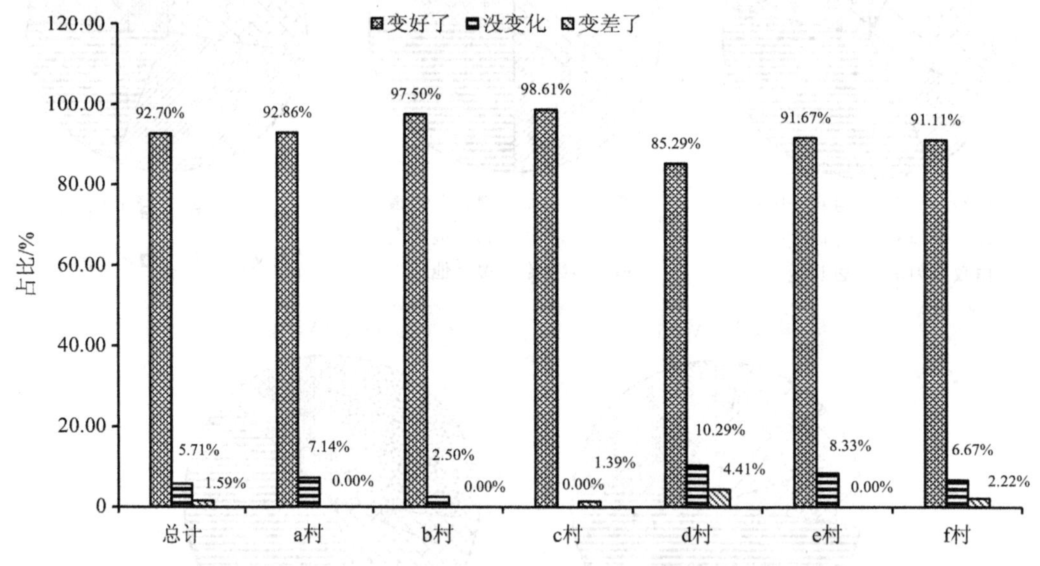

图 5-15 宁夏典型村落生态移民对生态环境变化的感知情况

调查得知，生态环境变化的因素，有风沙大小、林草面积、土质状况、水资源、污染源、开发强度等多方面（图 5-16）。主要因素是林草面积（占 28.51%），特别是认为生态环境变好了和没变化的村民反映，近些年树木多了是生态环境得到改善的主要原因。其次为风沙大小（23.25%），特别是认为生态环境变好了的村民反映，刚搬迁至红寺堡区，可以称得上是“沙窝”，沙子特别多。十几年过去了，人进沙退，变化非常喜人，现今的红寺堡是干净、整洁的风水宝地。开发强度（16.34%）也是村民评价生态环境变化的因素之一，特别是认为变好了或者没变化的村民认为，这些年的发展得益于国家政策和区域的适度发展。最后是土质状况（12.06%）和水资源状况（11.84%），扬黄灌溉工程造福一方，红寺堡区土质得到了改善，水资源有了保障，这些都是发展生产的关键因素。

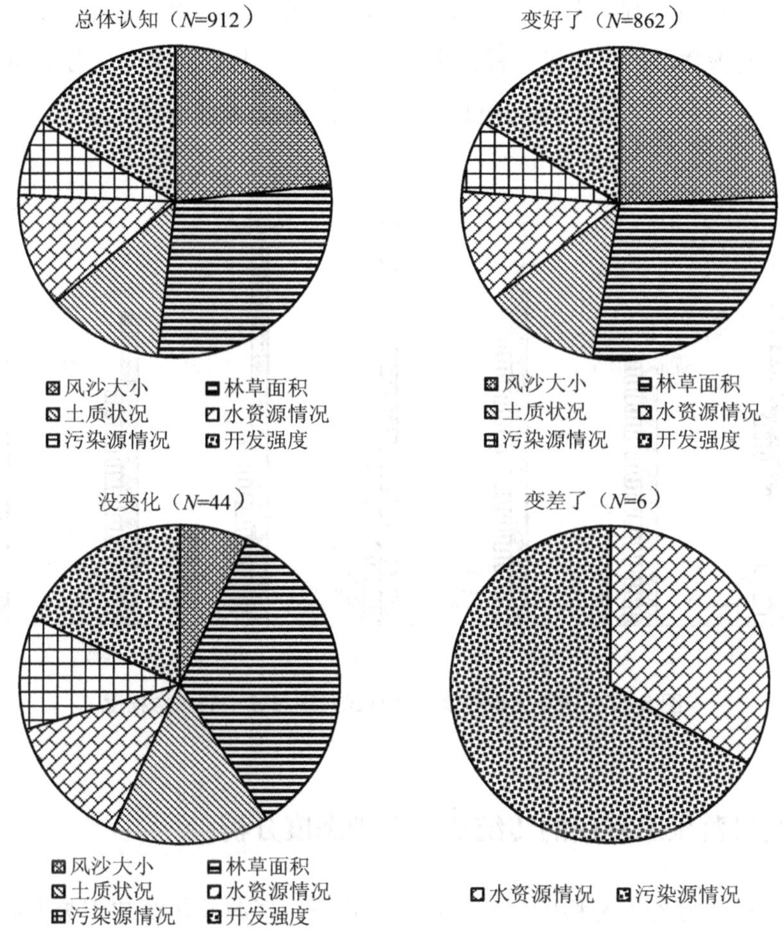

图 5-16　宁夏典型村落生态环境变化的影响因素分析

不过有个数据值得关注，仅有的 6 个选择认为环境变差了，其中 66.67%认为与环境受到一定程度的污染有关，包括牲畜养殖量变大后，生活环境粪味较大、农田种植中化肥、农药的使用等。33.33%认为是水资源因素造成的，反映水质不好，几级扬黄后，村民用的水价较高等问题。

综上所述，林草面积增多、风沙变小是村民认为生态环境变好的主要原因。认为生态环境变差的村民反映扬黄灌溉水价较高、牲畜养殖量变大导致生活环境粪味较大等问题，值得关注，如何确保扬黄工程的水资源合理利用以及规划人畜分离事宜有待研究。

调查从生态移民的切身感受出发，在询问对生态环境变化的感知后，又进一步询问了对现居住地的满意程度问题，大部分村民对现居住表示满意。如图 5-17 所示，54.60%的村民认为很满意，33.97%认为比较满意，7.62%认为一般，3.49%认为不太满意，0.32%认为很不满意。总体来看，很满意和比较满意的村民占大多数。从这个意义上看，村民对现居住地普遍满意，生态移民工程在宁夏的具体实践上非常典型、有效和成功。

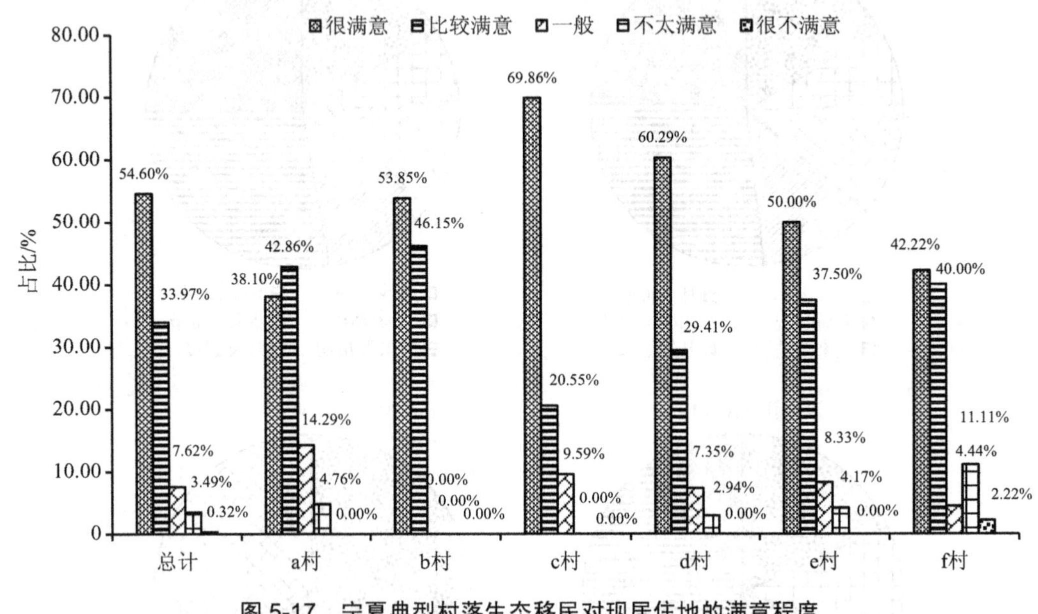

图 5-17　宁夏典型村落生态移民对现居住地的满意程度

5.4.2　典型村落生态移民的传统知识保护态度分析

综合宁夏典型村落生态移民列举的传统生物遗传资源及传统知识类型和内容，调查中询问了村民们对传统知识的保护态度问题，大部分村民认为传统知识需要保护。由图 5-18 可见，79.37%的村民认为需要保护，20.63%认为不需要保护。从各村的情况看，a 村（73.81%）、b 村（76.92%）、c 村（73.97%）、d 村（77.94%）、e 村（81.25%）、f 村（95.56%）认为传统知识需要保护，比例远远高于认为不需要保护的村民。特别是认为需要保护的比例中，e 村、f 村的保护意愿比 a 村、b 村、c 村、d 村高，也就是迁出地的村民，比搬迁后迁入地的生态移民的保护意愿高。综上所述，认为传统知识需要保护的村民占大部分，迁出地村民的传统知识保护意愿比迁入地更高。

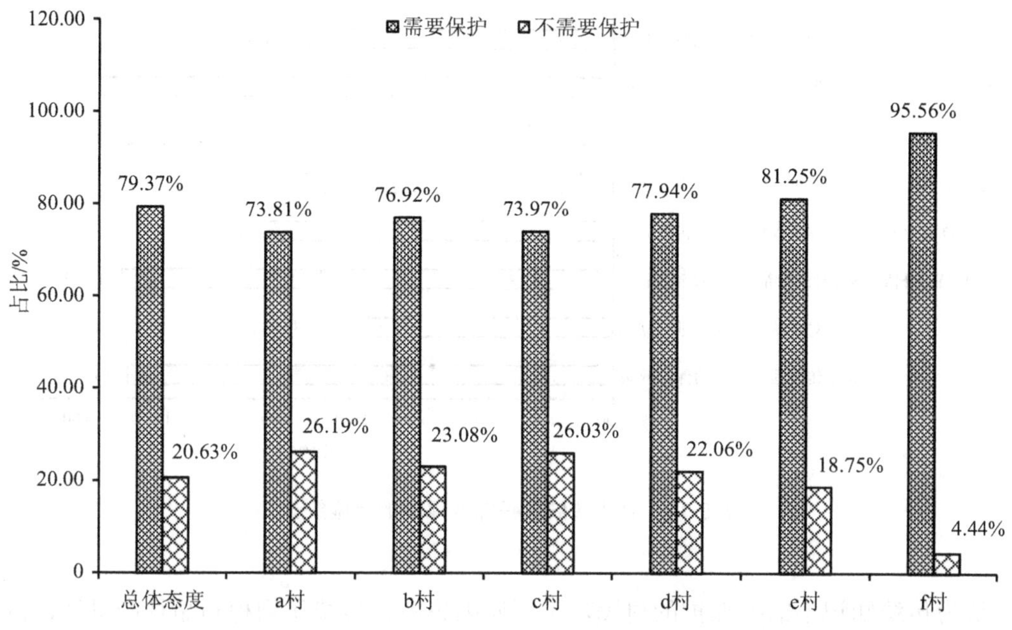

图 5-18　典型村落生态移民的传统知识保护态度

5.4.3　典型村落生态移民传统知识保护措施的探讨分析

认为传统知识需要保护的村民，对多措并举进行宣传教育、文化保护、资金补偿和制定遗传资源保护政策等途径表示认可。

由图 5-19 可见，16.48%的选择认为，应当加强宣传教育，提高保护优秀传统资源的意识，有保护意识是基础和前提。15.8%的选择认为，应当对传统知识相关的生活习俗和文化进行保护。14.85%的选择认为，应当政策上扶持、补偿传统种和品种的种养殖、促进传统资源管理。一些产量不高，经济效益低的传统生物资源，应当在资金政策上进行保种扶持。14.66%的选择认为，应当制定传统遗传资源的保护政策，对于遗传资源研究、生产、销售等各个环节均有重要指导价值。10.63%的选择认为，应当建立种质资源库，收集和保存传统种和品种，特别是基础库的建立意义重大。9.48%的选择认为，应当科研育种，提高传统品种的品质、产量和附加值。9.20%的选择认为，让有条件的人自愿种植或养殖。8.91%的选择认为，应当对传统知识保护进行立法，在法律层面保障传统知识拥有者的权益。

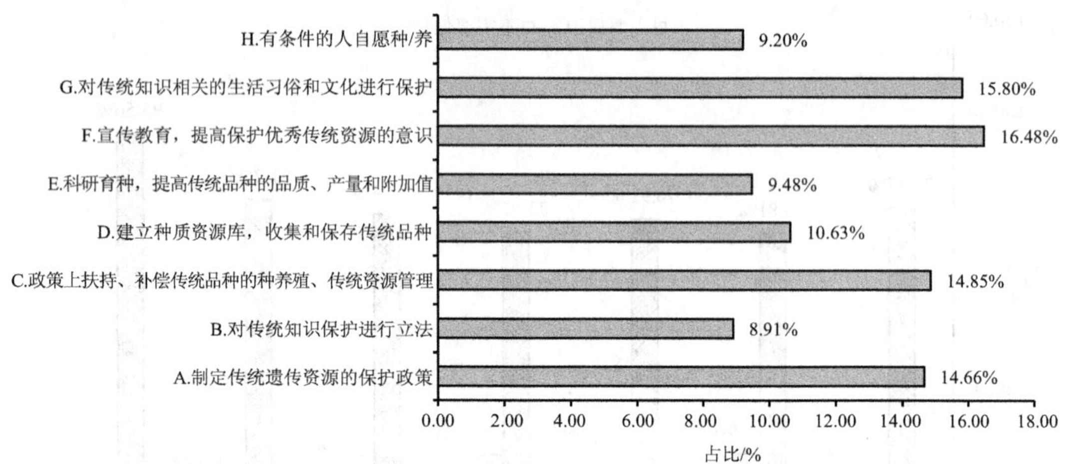

图 5-19　认为传统知识需要保护的措施统计

认为传统知识不需要保护的村民，主要原因集中在传统作物种和品种产量低，没经济效益，没有保护条件和措施。这一现实问题需要深刻审视、认真解决。

由图 5-20 可见，36.19%的选择认为，传统作物种和品种产量低，没经济效益，这是一个不可回避的共性问题。在人们脱贫致富过上好日子的过程中，会舍弃老品种，选择高产、经济效益高的新品种。30.48%的选择认为，适应社会发展，想保护但是没条件保护。村民们认为老祖辈们留下的传统知识有保护的价值，但是对于个人来说没有保护的条件，比如说搬迁后老品种不能适应新环境等原因。13.33%的选择认为，传统知识面临失传。搬迁了十几年，出生在迁入地的一代人对于父辈们的迁出地没有深刻认知。很多与生物资源利用相关的传统做法，如果在迁入地没有用处，或者父辈们没有提及，年轻一代人逐渐不用，就面临失传。12.38%的选择认为，传统知识要不要保护是国家的事情，老百姓管不了这么多。

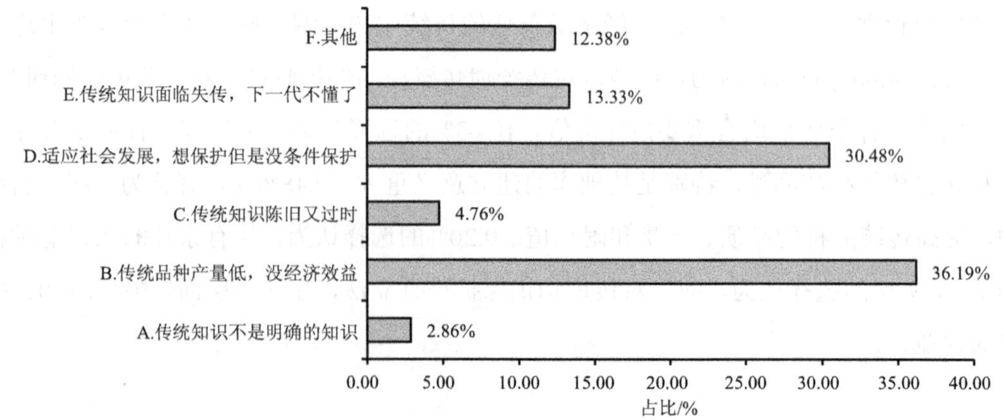

图 5-20　认为传统知识不需要保护的原因统计

5.5　本章小结

本章通过研究不同社会特征的受访者与传统知识认知的相关性，分析 6 个典型村落 315 户村民主要受访人不同的性别、年龄、教育程度，对传统知识的认知差异，通过对主要受访人的半结构访谈和问卷调查中对传统知识利用趋势和影响因素的感知分析，探讨生态移民相关传统知识的保护意愿。

（1）不同社会特征对传统知识的影响

①从性别特征来看，传统蔬菜类作物知识、传统饲用植物知识、传统民族节庆与性别（$p<0.05$）显著相关。这三类传统知识中男性掌握知识较女性多。②从年龄特征来看，传统饲用植物知识、传统医药知识与性别（$p<0.05$）显著相关。这两类传统知识中，年龄越大（40 岁以上）掌握的传统知识越多。③从教育程度来看，传统饲用植物知识与教育程度（$p<0.05$）显著相关。受教育程度不高的群体，所掌握的传统饲用植物知识较多。教育程度应当有助于掌握和传承传统知识。所以，这一结论的产生，与年龄、教育程度两个变量成反比，年龄越大，教育程度越低，出现了“掌握传统知识越多”的结果。这一结论更加侧重和支持了年龄和传统知识的联系。

（2）生态移民对传统知识变迁趋势的感知

①受访者认为传统农作物的种植、传统家养动物的养殖、找传统乡土医生看病的趋势、迁出地传统施用农家肥技术，远距离搬迁移民的传统地理标志产品的利用呈减少或消失趋势。②传统食品加工技术的利用、传统民族节庆的保留呈保持不变趋势。③迁出地传统药用资源的利用、迁入地传统施用农家肥的技术利用呈增加趋势。

（3）生态移民传统知识变迁的影响因素

包括政治、经济、社会、文化各个方面，传统知识的变迁趋势不同，主导因素不同。经济因素、社会因素、环境因素是导致传统知识减少或消失的主要因素；文化因素是传统知识保持不变的影响因素；环境因素也是传统知识增加的影响因素，迁出地的生态修复和迁入地的人工修复，均对传统知识起到了积极的影响。

（4）生态移民的传统知识保护意愿

无论迁出地还是迁入地，均认为生态移民工程有效改善了生态环境，村民们普遍认可和满意。从保护意愿上来看，认为传统知识需要保护的村民占绝大多数，且迁出地村民的传统知识保护意愿比迁入地高。村民们认为保护生物多样性相关传统知识应当多措并举，宣传教育、文化保护、资金补偿政策和遗传资源保护政策都是重要的保护途径。

整体来看，村民的性别、年龄、教育程度对其传统知识认知有显著影响，男性、40 岁以上且受教育程度不高的村民是掌握传统知识较多的群体。伴随着搬迁，生态移民原来拥有的传统知识发生动态变化，部分传统知识呈现减少或消失的趋势，部分传统知识无显著变化或因文化融合和环境改善等因素而更加丰富。影响生态移民传统知识变化的因素包括政治、经济、社会、文化等各个方面，经济和社会因素是导致传统知识减少或消失的主要因素，文化因素是确保传统知识传承不变乃至内容更加丰富的主要因素。从保护认知看，大部分村民认为传统知识需要保护，且迁出地村民的保护意愿比迁入地高。

第 6 章　宁夏生态移民的生物多样性相关传统知识保护策略

生态移民积累了丰富的传统知识，生态移民搬迁后部分载有传统知识的生物资源被保留，但是部分被舍弃和丢失，传统的地方生物资源及其相关知识的保护面临着挑战和威胁。因此，本章在前面几章的基础上，进一步探讨生态移民传统知识的保护途径和策略，为生态移民工程的长久性、稳定性和生物多样性相关传统知识的传承性、可持续性做出更大努力。

6.1　生态移民传统知识保护面临的挑战

生物资源的利用、传统技术的保留、传统文化的传承、地理标志产品的保护，蕴含了丰富的传统知识。综合研究区域实际，生态移民传统知识保护面临着诸多挑战。

6.1.1　生态移民传统农业种质资源丧失速度加快

搬迁后，移民曾经拥有的部分传统农业种质资源面临舍弃、丧失的风险。移民迁出地不再有人居住或者居住人口减少，一些种质退化、产量不高、经济效益差的传统地方品种被舍弃和淘汰，迁入地更是不再种植。本研究中，宁南黄土丘陵地区历史上靠天吃饭、广种薄收，虽然土壤贫瘠，但是当地村民经过多年的生产生活实践，选育出一些产量稳定、抗旱、抗寒、耐瘠薄的传统农家作物。这些旱作物中的优良性状，富含了当地人适应干旱少雨等恶劣自然环境，解决温饱的传统选育知识，也保留了宝贵的地方品种。如果因为搬迁的缘故，而使得这些地方品种在还未被广泛重视、未被收集和深入研究就消失了，这将是一个令人惋惜的结局。研究中迁入地的黄土丘陵区域移民，搬迁以后尝试过在新的土地上种植传统作物，但是受到水土不适、经济效益不高等原因，逐渐舍弃了传统农家品种的种植。而迁出地的邻村，虽然保留的传统粮食作物较为丰富，但是也体现出了种植减少的趋势，移民搬迁更是加速了这一减少趋势。

6.1.2 移民迁入地与迁出地自然环境的差异

生物遗传资源的保留，取决于生物赖以生存的自然环境，取决于光、温度、土壤、水分等生态因子。移民迁出地和迁入地的自然环境是否有差异、差异的大小，决定了移民搬迁后传统生物资源的保留与舍弃情况。本研究的搬迁区域红寺堡区吸纳了来自宁夏黄土丘陵区域、森林区域和半干旱沙化区域等不同生态区域的移民。宁夏中南部黄土丘陵区域属于山区农业模式，旱作物品种资源丰富，移民搬迁后传统保留的旱作物种类锐减。宁夏六盘山地区水源涵养林区生物资源种类多样，搬迁后的移民利用的野生食用植物和药用植物种类数量锐减。就近搬迁的半干旱沙化区域移民，传统粮食作物、野生食用植物利用类型及相关知识的保留较为完整，但对生物资源的利用率下降。由此可见，不同区域生物资源具有特定的地域性、依存性和适应性。搬迁后自然环境的差异与变化，是一个客观问题，需要因地制宜地解决。

6.1.3 传统文化起到的积极作用重视不够

生物资源与传统文化关系密切。但是在移民生活和发展的实践中，人们对移民迁入地的扶贫成效、搬迁意愿以及移民迁出地的生态修复更为关注，对移民传统利用的生物资源情况、传统文化与生物资源的关联方面关注不够。传统文化是生物资源保护的一个关键因素，文化能否传承是传统知识能否保护的一个重要因素。移民的传统食用植物知识能否保留，取决于传统食用植物的生态环境适应性、传统饮食文化的保留程度等。在地方作物、老品种的保留和传承方面，传统饮食文化发挥了关键性的作用。如何发挥文化在生物多样性保护方面的作用需要深入挖掘。

6.2 生态移民传统知识保护需求

基于 6 个典型村落的实地研究，部分传统知识在一定程度上存在减少甚至丧失的问题。为了保护与可持续地利用生态移民的传统知识，现对保护需求分析如下。

6.2.1 国际层面

传统知识话题是国际关注的热点，涉及了政治、经济、生态、文化、社会等各个领域，国际上有关此方面的多边协定、公约谈判、焦点争论一直在进行中。联合国 2030 年可持续发展目标，目标 1 是消除贫困，生态移民作为政策主导型的扶贫工程，为消除贫困提供了有益的探索。目标 15 遏制生物多样性的丧失，在保护生物多样性方面提出了殷切希望。所以生态移民的传统知识研究是消除贫困和保护生物多样性的一个契合点和切入点。本研究中的传统知识，指与生物多样性和生物资源相关联的知识，很多国际协定涉及此类事项（Zhang Y，2019；张渊媛，2019；薛达元，2013；薛达元，2012；薛达元，2009；），这些国际协定在探讨政府主导型政策移民的传统知识保护方面有着重要指导意义（表 6-1）。

表 6-1　与传统知识有关的国际协定

<table>
<tr><th>国际协定</th><th>相关联内容</th></tr>
<tr><td>《生物多样性公约》（CBD）</td><td>明确提及土著和地方社区传统的遗传资源、传统生活方式，与生物资源的可持续利用存在密切联系，要保护此类知识、创新和实践，并促进其广泛应用</td></tr>
<tr><td>《名古屋议定书》</td><td>CBD 框架下的子协议，更加明确了各缔约方在生物遗传资源相关传统知识保护、获取和惠益分享上的措施</td></tr>
<tr><td>《粮食和农业植物遗传资源国际条约》</td><td>旨在保护粮食与农业植物遗传资源及相关的传统知识、实践和做法</td></tr>
<tr><td>世界知识产权组织（WIPO）</td><td>该组织下成立了知识产权和传统知识、遗传资源相关委员会，明确了与遗传资源相关联的传统知识范畴</td></tr>
<tr><td>世界贸易组织（WTO）的《与贸易有关的知识产权协议》（TRIPs）</td><td>一直反对将与生物资源相关的传统知识纳入知识产权体系中，此部分内容仍处于谈判和商榷的过程中</td></tr>
<tr><td>政府间生物多样性和生态系统服务平台（IPBES）</td><td>作为政府间实体平台，以 CBD、政府间气候变化专门委员会（IPCC）、国际生物多样性科学知识机制（IMOSEB）和千年生态系统评估（MA）为基础，进一步发挥土著和地方社区知识在生物多样性保护和管理中的作用，在多尺度评估中将地方知识与全球科学联系起来</td></tr>
<tr><td>《保护非物质文化遗产公约》</td><td rowspan="2">在文化多样性和生物多样性保护，以及与生物多样性相关的传统知识保护上发挥着积极作用</td></tr>
<tr><td>《保护和促进文化表现形式多样性公约》</td></tr>
</table>

6.2.2　国家层面

从国家层面看，与生物多样性相关的国家法规有《野生植物保护条例》《野生动物保护法》《非物质文化遗产保护法》《自然保护区条例》《畜牧法》《种子法》《中医药法》等。《全国生物物种资源保护与利用规划纲要（2006—2020 年）》《中国生物多样性保护战略与行动计划（2011—2030 年）》《国家知识产权战略纲要》等规划、计划和发展战略，明确提出了传统知识保护方面的内容。这些都是国家层面对生物多样性相关传统知识保护的顶层设计。在具体涉及生态移民的传统知识的策略中，需要从落实生态文明建设、脱贫攻坚战略部署的高度，完善制度体系，为生态移民的传统知识保护提供制度保障。

一是生态文明制度体系。具体来看，规范生态移民的传统知识保护体系，要站在服务生态文明制度建设的高度来实施，加强传统知识的调查、编目等内容；要进一步严格国土绿化制度，按照山水林田湖草系统治理的要求，在移民迁出区实施重大生态工程，修复和稳定生态系统；要在生态文明建设体系内完善传统知识保护内容，制定生态移民区域标准、技术指南和实施规范等，以促进传统知识的保护与传承；迁出地和迁入地的生物多样性保护更是生态文明不可或缺的重要环节。

二是传统知识保护制度体系。除了生态文明制度体系相关政策外，传统知识保护更需要农业资源政策、文化保护政策、知识产权保护政策等多策并举。农业资源政策方面，要更好地落实国家种质资源保护办法，进一步完善《种子法》《畜牧法》《中医药法》等法律法规，加快查清农业种质资源家底，多策并举地推进生态移民相关的种质资源保护工作。文化保护政策方面，要更好地执行《非物质文化遗产保护法》，结合非遗保护工作，加快传统知识的研究、认定、保存和传播，保护生态移民珍贵而重要的文化资源，弘扬和传承优秀的传统文化。知识产权保护政策方面，在《国家知识产权战略纲要》《商标法》《专利法》等政策法规的基础上，结合传统知识的调查编目情况，促进传统知识挖掘与应用，完善惠益分享制度（薛达元，2013；薛达元，2012；薛达元，2009）。

三是脱贫攻坚后续保障。生态移民工程是政策主导型的移民工程，与扶贫开发相伴而生，是脱贫攻坚战略的一项重要举措。从 1983 年，“三西”农业建设，到八七扶贫攻坚计划，2001 年在西部地区实施易地安置，2008 年的千村扶贫整村推进，2011—2015 年的百万贫困人口扶贫攻坚战略，再到 2015—2020 年打赢脱贫攻坚战的时代号角，生态移民工程成为统筹区域一盘棋，助力脱贫攻坚的一种有效方式。生态移民政策的稳定性、长期性和持久性，对于迁出地和迁入地生物多样性的保护，移民传统知识的传承均具有重要意义。所以，生态移民的后续发展，以及如何实现移民变居民的长治久安，是脱贫攻坚战略最关键的环节，也是 2020 年之后要为之努力的重要民生事项，更是生态移民相关传统知识保护的基础保障。

6.2.3 地方政府层面

从宁夏实际看，大力实施生态立区战略，推进山水田林湖草综合治理，持续开展国土绿化行动，生态移民、易地扶贫、迁出地生态修复等各项政策方针扎实有效开展。本研究结果表明，与生物资源保护利用有关的制度体系、运行机制仍有完善的空间。

一是支持农业种质资源保护工作。农业农村、自然资源、林草、生态环境等部门应当形成合力，抓好落实，明确农业种质资源保护单位和主体，开展保护工作[①]。对于生态移民来说，其溯源地的传统种质资源，搬迁后继续驯化、培育、使用的过程中，如果不能适应新的水土和气候，极易被舍弃。宁夏南北资源差异较大，资源分布不均，加上迁移的作用，传统种质的可持续传承形势不容乐观。种质资源的保护单靠移民群体，显然力量薄弱，收效甚微。调研得知，宁夏仅借助国家有关项目收集过部分传统种质资源，且不在本地保存。宁夏确需建立地方种质资源库，保存地方种质资源，作为研发新品种的物质基础。

二是重视传统生物遗传资源研发工作。在宁夏区域范围内，以优势科研院所、高等院校为依托，如宁夏农科院、宁夏林业研究所、宁夏大学等，加强资源鉴定评价等研究。现今有关生物多样性和遗传资源的研究，更多地集中在生物多样性典型地区和生物资源丰富的地区，经济欠发达地区和生物资源匮乏地区的此类研究较为有限。但是这两类地区拥有很多特别的传统农业种质资源，具有优良抗逆性状，值得研究和开发。特别是宁夏生态移民迁出后，迁出地的传统农业种质资源的研发水平，一定程度上决定了其能否传承和保留。所以，要建立遗传资源研发平台，优先在生态移民传统选育的生物遗传资源上集中力量，加大科研投入，促进保种留种工作，更大程度上发挥地方资源价值和特性优势。

三是强化地方性知识的文化软实力保障。民委、文化、市场监管等部门应当统筹协调，做好生态移民的传统知识保护工作。支持鼓励地方品种申请地理标志产品、重视农业文化遗产和生物多样性相关的非物质文化遗产保护，发展一批以特色地方品种、技术和文学艺术开发为主的企业，推动资源优势转化为产业优势。[②]结合移民工程的实效和本研究中发现的问题，应当深入文化层面，更加深入挖掘和高度重视载有传统知识的地方遗传资源的文化价值，加大生态移民优秀传统知识的保护力度，助力移民结合传统知识来发展地方特色产业。

① 引自国务院办公厅：《国务院办公厅关于加强农业种质资源保护与利用的意见》，2019 年 12 月 30 日，http: //www.gov.cn/zhengce/content/2020-02/11/content_5477302.htm，2020 年 2 月 11 日。

② 引自国务院办公厅：《国务院办公厅关于加强农业种质资源保护与利用的意见》，2019 年 12 月 30 日，http: //www.gov.cn/zhengce/content/2020-02/11/content_5477302.htm，2020 年 2 月 11 日。

6.2.4 县、乡（镇）、村层面

一是生态移民迁入地：因地制宜，在产业结构上充分考虑移民的优秀传统知识，增强发展的内生动力。例如，本研究的迁入地红寺堡区，可发展适宜中部干旱带自然环境和生态移民生产需求的产业，以富硒农产品基地为平台，发展特色优势农产品，推介枸杞等林果种植，黄花菜、红葱等蔬菜种植，苜蓿等牧草种植，银柴胡等中草药种植。以农业供给侧结构性改革为主线，全面调整完善和落实特色种植业扶持政策，将黄花菜、枸杞等特色产业的种植补贴，调整为烘干房、晾晒场、托盘等基础设施及市场营销的补贴，切实提高农业竞争力。对牛羊肉产业、优质牧草产业、农作物制种产业、道地中药材产业、地方特色产品（如黄花菜、红葱、苦苦菜等潜力产品）进行专项政策扶持，给予种子（种苗）补贴，加大技术培训和科技指导力度等。加快滩羊等特色优质商标和品牌的注册力度。

二是移民迁出地：实施国土绿化行动，全力做好移民迁出地的生态修复工作，持续巩固封山禁牧成果，强化自然草场修复保护，确保生态移民工程的成效。结合迁出地的优势特色生物资源及传统知识，培育和发展传统特色产业。例如，本研究的迁出地海原县，要以荞麦等小杂粮示范带、马铃薯繁育基地、枸杞、中药材种植、小茴香产业为抓手，抓好迁出地特色产业培育工作和农业提质增效工作。完善草畜产业链，发挥紫花苜蓿等优质牧草的作用，建立饲草料加工配送厂，发展牛羊圈养。

再如，迁出地泾源县，要巩固异地搬迁和精准脱贫成效，积极融入六盘山生态经济区建设，结合养殖业，协同草畜、中蜂等产业高质量发展。发展肉牛养殖、稳定存栏，规范活畜交易市场，鼓励支持现有屠宰企业技术改造，推动形成高品质扩繁、高质量育肥、高效益生产、高端化供给的肉牛产业闭环发展体系。发挥林草产业优势，种植青贮玉米、发展优质牧草，确保草畜产业持续增效。以中蜂养殖为特色，优化养殖模式，保障中蜂蜂箱等配套设施，助力中蜂产业提档升级，着力打造国家级中蜂养殖核心区。六盘山区域要在绿水青山实践和野生动物资源保护的基础上，确权土地关系，划清自然保护区和农用地界限，特别是针对野猪毁庄稼的现象，建立隔离带，即在村民农田区域设置围栏，确保传统农作物的种植和延续，确保自然保护区内的生物特别是动物处于安全的活动范围。

6.3　生态移民地区传统知识保护措施

6.3.1　传统选育农业遗传资源知识保护措施

传统选育农业遗传资源是宁夏生态移民地区农业系统的基础，也是传统积累的具有地方适应性的宝贵种质资源，必须全力保护。农作物遗传资源中具有抗旱、耐瘠薄性状的地方优良作物品种，是地方村民多年传统选育的适合当地种植的品种，确有保护价值。但是移民后，由于传统品种种质退化、产量低、经济效益差、不适宜地方气候和生态环境等原因，不再种植或者种植减少，传承形势堪忧。根据传统地方种质资源现状，提出以下保护措施：

一是依靠传统地方种质资源，培育壮大特色产业。本研究偏重于生态移民相关传统知识的变化问题，也就是搬迁对移民传统知识的影响问题。研究中尽可能全面地调查了生态移民迁出地和迁入地的传统生物资源及传统知识，但是调查的区域、民族、样本量均有待扩大。今后可在更大范围内，更深入、更系统地调查不同区域、不同民族生态移民相关的传统知识，为更好地记载、收集、传承、发扬传统知识提供科学依据，为今后的补救建档、特色发展提供基础支撑。仅从本研究来看，移民迁出地和迁入地均可结合地方传统资源发展特色产业。移民迁出地，六盘山区域的冷凉蔬菜、马铃薯产业、苗木产业，黄土丘陵地区荞麦等小杂粮、胡麻等油料作物，均有传统的种植和选育经验，应当支持传统品种的繁育与保护，实现传统品种的价值最大化。移民迁入地，即红寺堡区，可结合迁入地的地理优势和引黄灌溉条件，发展适宜迁入地的特色产业。例如宁夏中部地区的枸杞产业、黄花菜产业、红葱产业等，这一类产业适宜移民迁入地的自然环境，受到移民的广泛认可，在发展传统种植业的基础上，保护地方优势的传统种质资源。特别是枸杞、红葱均与当地八宝茶、牛羊肉饮食等有关，密切结合了当地的生活习俗，具有经济、生态、文化三个层次的意义。

二是发展农副产品深加工产业。生态移民相关的农产品，无论是迁出地还是迁入地，处于初级产品的较多，深加工技术不够，深加工产业链有待培育。有待从技术研发和市场营销两端发力，依托中部旱作节水农业示范区、南部生态农业示范区等，在发展特色产品的深加工方面做文章，提高产品的附加值。例如，迁入地的黄花菜、枸杞产业，对天气具有一定的依赖性，摘果和晾晒阶段要避免雨水。可按需求建设晾晒场、配置烘干房、晾晒托盘、冷链设备等，助力提高产品品质。

三是加大农产品科技研发力度。生态移民所拥有的地方传统资源得以传承和合理利用的关键在于效益。农作物种质资源的收集、育种、改良等，对于优良性状的保护具有重要意义。一些因为经济效益差而逐渐被舍弃的农作物，可通过保种研发等途径，保留优良性状，进行品种改良，从而更好地服务于地方发展。本研究从区域生态的层面展开，用田野调查的方法，将定性研究与定量研究相结合。在阐述载有传统知识的生物遗传资源时，以个体描述、生物特征鉴定为主要方式。下一步应当更加紧密地结合遗传学、分子生物学、植物化学、生态学学科，用实验论证其传统知识的科学性。例如，香水梨，采摘后冷冻，食用时将其化为黑水食用，止咳效果最好。再如，夷子蒿茶（植物学名：无毛牛尾蒿）仅原耍艺山上居住的村民用来制茶，夷子蒿茶在当地人看来有暖胃养生的功效，但并无相关文献记载，该茶有进一步研究开发的价值。此类载有传统知识的生物遗传资源与生态区域类型密切相关，从其生物遗传特征上做分子水平的研究才能更加科学的解释这些传统知识的科学性。

四是建立农作物野生近缘种质自然保护点和地方畜禽资源良种场和保种场。对生态移民相关联的一些野生近缘种质进行抢救式调查摸底和保护利用。提高生态移民相关联的畜禽种质资源保护能力。例如，现今中卫山羊已建立保种场，因为山羊善于攀爬，不适合圈养，逐渐淡出移民生产生活。但是山羊品种是宝贵的种质资源，应当保护下来。再如，西吉驴的利用范围较窄，仅西吉、海原等沟壑纵横、交通不发达的部分村落仍在使用，作为驮运工具，这一农家畜种值得保留下来。下一步，要对需要保种的畜禽资源，纳入地方畜禽品种保护名录，建立和完善传统畜禽品种的基因库。

6.3.2 传统药用生物资源知识保护措施

宁夏生态移民地区传统药用生物资源蕴含了生态移民宝贵的智慧，是多年来适应自然环境过程中积累的用药知识。结合传统药用生物资源利用趋势以及影响因素分析，提出要因地制宜发展道地中药材产业、保护野生中药材资源、扶持和鼓励传统乡土医生等措施。

一是因地制宜发展道地中药材产业。宁夏有条件发展含量稳定、品质优良的道地药材，可以形成不同生态类型区域的道地中药材。一般来看，中药材种植的收益高于农产品，效益很可观，可以因地制宜地打造“甘草之乡”“黄芪之乡”“银柴胡之乡”“小茴香之乡”“菟丝子之乡”“六盘山红花”等产业。

二是保护野生中药材资源。移民迁出地的六盘山、移民迁入地附近的罗山是宁夏两座天然的药库，富含一些名贵的中药材物种资源，要加大野生药用资源的甄别和保护工作，确保底数清、编目全，可建立“六盘山药用植物园”“中部沙生旱生药用植物资源保护圃”等基地，类似于就地保护的种质资源库。

三是扶持和鼓励传统乡土医生。调查中发现六盘山地区的乡土医生较多，多为传统地方用药为主的中医大夫，他们积累了丰富的药用生物资源相关传统知识，在《宁夏中医药传统知识调查保护名录》一书中记录了很多，这些传统知识保护的关键在于传承。只有更多地鼓励和扶持传统乡土医生，从扶持政策上、从医资格上、传帮带作用上认可和支持，才能将优秀的传统用药知识发扬光大，确保代际相传。

6.3.3　传统技术及生产生活方式保护措施

宁夏生态移民地区传统农业技术有歇地、旱作技术、施用农家肥等，施用农家肥的传统被移民们很好地延续了下来，与宁夏历史半农半牧区牛羊养殖中农家肥丰富、种植中使用农家肥肥地的有机循环模式有关。地方饮食习俗和食品制作技艺与地方生物资源和传统文化紧密相连。结合传统农业技术和传统食品加工技术利用趋势以及影响因素分析，提出要建立种养结合的有机农业模式、推广迁出地原有的耕地坡改梯模式、加快完善迁入地农业技术的建档补救途径、以饮食习俗促进生物资源保护等措施。

一是建立种养结合的有机农业模式。在迁入地的红寺堡区，近些年牛羊等畜禽养殖量增大，多为圈养，牛羊粪便多用于农田施用农家肥，有增加趋势。特别是移民们反映，红寺堡区开发前，生态环境脆弱，土地肥力差。农家肥可以壮田肥地，有利于半干旱区域的旱塬绿播，农家肥为增加红寺堡的农田土壤养分做出了重要贡献。结合迁入地生产实际和移民们半农半牧的传统，可发展种养殖结合的有机农业模式，在一定程度上实现改善土壤条件的绿色种植，满足有机农产品的市场需求。

二是推广迁出地原有的耕地坡改梯模式。在调查中，海原县村民们反映迁出地耕地多为沟壑纵横的山地，虽然牛羊等畜禽的粪便量多，但是拉运不便，所以近些年农家肥施用趋势下降。可以结合正在实行的坡改梯工程，即将山坡改成梯田，新修完善生产道路，合理管理梯田，既便于存贮雨水，也便于当地村民农田种植和庄稼运输。

三是加快完善迁入地农业技术的建档补救途径。基于生态移民农业技术中与旱作技术相关的农机具转变为现代机械化农机具的实际，可有针对性地收集部分赋有地方智慧的农机具设计样品，收集宁夏传统农业技术中的农事节气、谚语、活动等传统知识资料，进一步丰富宁夏移民博物馆的馆藏器物和文献。

四是以饮食习俗促进生物资源保护。当地传统饮食中喜食牛羊肉，热爱茶饮，与居住地畜牧业的发展有直接关系。传统食品加工技术中油香、馓子、盖碗茶等加工技术的用料、制作方法和程序都有一定的传承性，说明移民对传统食品加工技术的影响不大，也说明饮食文化对于移民传统食品加工技术保护的重要作用。传统食品加工中，油炸食品多用胡麻油，羊肉加工中常用红葱，牛肉加工中习惯用白葱，传统油炸麻花喜放蜂蜜（又称蜜果果），甜醅子主要用小杂粮莜麦，搅团多用荞面等，这些均与传统生物资源的种植养殖密切相关。饮食习俗与地方传统种质资源的保护相互促进，协同进化。同时，要畅通传统饮食产品营销渠道。传统饮食具有很大的市场价值，可结合餐饮业、速食产品开发传统食品，打开宁夏乃至全国市场，畅通发展渠道，促进传统饮食产品发展。

6.3.4 生物多样性相关传统文化保护措施

宁夏生态移民地区传统文化包括传统节庆、丧葬习俗、婚嫁习俗等。调查中发现，各村均保留了传统节庆、丧葬和婚嫁习俗，最有地方特点的一个文化习俗是丧葬习俗中红花的使用。通过对生态移民传统节庆的整体感知分析和影响因素分析，提出借助传统文化增强移民归属感、加强非物质文化遗产保护等措施。

一是借助传统文化增强移民归属感。调查中发现，移民后地域差异导致生物资源发生一定的变化，但是对文化相关资源用法的影响不大，也就是移民们多年来习惯的社会关系、文化习俗、人文情怀变化不大。尊重和保护生态移民相关的传统节庆、丧葬习俗、婚嫁习俗等，有助于增强移民的幸福感和归属感，实现移民到居民的心里认同、行为认同，确保移民政策的长远成效。

二是加强传统文化中非物质文化遗产的保护。一些民间故事、谚语、歌谣等传统文学艺术中蕴含着丰富的传统知识，与动植物资源利用、农业生产实践以及地域生态环境适应相关，充分体现了生态移民在适应自然环境过程中积累和传承的传统智慧。这些传统知识是厚重的民间非物质文化，是移民们不能割裂的文化脉络，更是不可复制的珍贵资源。可将其列入非物质文化遗产名录，作为一种遗产抢救保护的成果，进行记载和普及，以口传身教的传承方式，用有形的文字传承无形的遗产。在下一步的发展中，应当更好地运用和发扬传统知识，注重传统知识的历史、艺术和科学价值，创造出更多更新的、服务当下和未来的优秀文化成果，延续传统知识的魅力和生命力。

6.3.5　传统生物地理标志产品保护措施

从地理标志的利用趋势看，由于迁出地和迁入地地理环境差异，地理标志保护范围受限等因素，一些地理标志产品在移民村落的利用呈现增加或者消失的相反趋势。结合影响因素分析，提出进一步挖掘地理标志产品的传统知识内涵，推进地理标志产品的生产等措施。

一是进一步挖掘地理标志产品的传统知识内涵。应当结合移民迁出地和迁入地的自然禀赋，充分合理利用传统生物资源、人文资源和地理遗产的优势，整理生态移民相关的优势产品特色，把“宁夏枸杞之乡”“宁夏茴香小镇”“滩羊之乡”“泾源土蜂蜜”“固原油盆”等特色名片打出去，提高知名度和美誉度。结合生态移民实际以及行政区划局部调整，合理确定地理标志保护范围，保证地理标志产品品质。对于近距离搬迁移民村落，其地理标志使用仍在保护范围的，应当加以明确，确保地理标志使用的合法合规性。对于远距离搬迁移民村落，其迁出地原先使用的地理标志，搬迁后超出了地理标志保护范围的，不再使用。应加强迁出地传统地理标志的管理，进一步明确保护范围和注册标准，深入挖掘地理标志产品的传统知识内涵，形成有代表性的区域名片。

二是推进地理标志产品的生产。地理标志产品具有丰富的质量内涵，可以包括多个商标品牌。要加强品牌建设，规范注册的地理商标管理，确保产品质量在原料、生产、加工、运输、销售等各环节全过程的管理。建设合适生态移民迁出地和迁入地地理标志产品保护特点的标准体系，明确地理标志产品保护地域范围和特色产品之间的关系，严格规范申请、评审、批准、后期监管等环节的管理。特别要注重移民迁入地已不能使用的地理标志，有针对性地在其迁出地进行保护和发展。要加大地理标志产品原产地的自然条件、物种条件、产品特有品质等方面的科技研发，突出地理标志产品的特有遗传特征和独特品质属性，提高竞争力和附加值，真正培育一批品质优良、科技含量高的特色地理标志产品。

下一步，应当更加注重生态移民相关传统知识研究成果的示范和推广应用，对具有重要价值的生物资源和传统知识进行研发，尝试产业化发展。对国家、地方现有的移民政策进行评估和改革完善，根据不同地区差异，针对不同区域文化特点，在充分尊重文化与生态协同互促的内在联系的基础上，制定生态移民区域标准、技术指南、实施规范等，促进传统知识的保护与传承。完善惠益分享制度，健全传统知识保护体系，结合生态移民迁出地和迁入地不同产业类型，探索传统知识产学研结合的途径，有针对性地促进移民相关传统知识成果的示范和推广应用，为实现人与自然和谐共生的生态文明做出贡献。

6.4 本章小结

在前几章的基础上，分析生态移民拥有的传统知识面临快速减少和丧失的挑战，研究针对生态移民过程中传统知识受威胁的因素、保护与利用中存在的问题，提出保护和可持续利用策略。

（1）针对传统选育的农业遗传资源的保护，要依靠传统地方种质资源，培育壮大特色产业、发展农副产品深加工产业、加大农产品科技研发力度，同时建立农作物野生近缘种质自然保护点和地方畜禽资源良种场、保种场。

（2）针对传统医药知识的保护，要因地制宜发展道地中药材产业，保护野生中药材资源，扶持和鼓励传统乡土医生等。

（3）针对传统技术及生产生活方式的保护，要建立种养结合的有机农业模式，推广迁出地原有的耕地坡改梯模式，加快完善迁入地农业技术的建档补救途径，并以饮食习俗促进生物资源保护。

（4）针对生物多样性相关传统文化的保护，要借助传统文化增强移民归属感，加强传统文化中非物质文化遗产的保护等。

（5）针对传统生物地理标志产品的保护，要进一步挖掘地理标志产品的传统知识内涵，推进地理标志产品的生产。

参考文献

Amacher G，Hyde W. Migration and the environment：the case of Philippine uplands[J]. Journal of Philippine Development，1996，23（2）：425-439.

Amacher G S，Cruz W，Grebner D，et al. Environmental motivations for migration：Population pressure，poverty，and deforestation in the Philippines[J]. Land Economics，1998，74（1）：92-101.

Ananta A. The Indonesian crisis：a human development perspective[M]. Institute of Southeast Asian Studies，2002.

Athayde S，Silva-Lugo J. Adaptive strategies to displacement and environmental change among the Kaiabi indigenous people of the Brazilian Amazon[J]. Society & Natural Resources，2018，31（6）：666-682.

Bahru T，Asfaw Z，Demissew S. Ethnobotanical study of forage/fodder plant species in and around the semi-arid Awash National Park，Ethiopia[J]. Journal of Forestry Research，2014，25（2）：445-454.

Balikci A，Jenness D. Eskimo Administration：Ⅱ. Canada[J]. Anthropologica，1965，7（1）：156.

Barrance A J. Traditional knowledge as a basis for village forestry in Vanuatu[J]. Commonwealth Forestry Review，1995，74（2）：138-141.

Berkes F，Colding J，Folke C. Rediscovery of traditional ecological knowledge as adaptive management[J]. Ecological Applications，2000，10（5）：1251-1262.

Berkes F. Rethinking Community - Based Conservation[J]. Conservation Biology，2004，18（3）：621-630.

Binnema T T，Niemi M. “let the line be drawn now”：Wilderness，Conservation，and the Exclusion of Aboriginal People from Banff National Park in Canada[J]. Environmental History，2006，11（4）：724-750.

Bollig M，Schulte A. Environmental change and pastoral perceptions：degradation and indigenous knowledge in two African pastoral communities[J]. Human Ecology，1999，27（3）：493-514.

Brondizio E S，Le Tourneau F-M. Environmental governance for all[J]. Science，2016，352（6291）：1272-1273.

Brown L R. Twenty-Two Dimensions of the Population Problem. Worldwatch Paper 5[J]. Genus，1976，33（3-4）：185-187.

Bullitta S，Re G A，Manunta M D I，et al. Traditional knowledge about plant，animal，and mineral-based remedies to treat cattle，pigs，horses，and other domestic animals in the Mediterranean island of Sardinia[J]. Journal of Ethnobiology & Ethnomedicine，2018，14（1）：50.

Byers B A，Cunliffe R N，Hudak A T. Linking the conservation of culture and nature：a case study of sacred forests in Zimbabwe[J]. Human Ecology，2001，29（2）：187-218.

Cardy W F. Environment and Forced Migration：a review[C]. Sommerville College，University of Oxford，United Kingdom：Fourth International Research and Advisory Panel Conference，1994.

Casali M E，Borsari L，Marchesi I，et al. Lifestyle and food habits changes after migration：a focus on immigrant women in Modena（Italy）[J]. Ann Ig，2015，10.

Cassels S，Curran S R，Kramer R. Do migrants degrade coastal environments？ Migration，natural resource extraction and poverty in North Sulawesi，Indonesia[J]. Human Ecology，2005，33（3）：329-363.

Cernea M M. For a new economics of resettlement：a sociological critique of the compensation principle[J]. International Social Science Journal，2010，55（175）：37-45.

Chazdon R L，Harvey C A，Komar O，et al. Beyond reserves：A research agenda for conserving biodiversity in human - modified tropical landscapes[J]. Biotropica，2009，41（2）：142-153.

Clements F E. Plant succession：an analysis of the development of vegetation[M]. Carnegie Institution of Washington，1916.

Cocks M. Biocultural Diversity：Moving Beyond the Realm of “Indigenous” and “Local” People[J]. Human Ecology，2006，34（2）：185-200.

Cocks M L，Wiersum F. Reappraising the Concept of Biocultural Diversity：a Perspective from South Africa[J]. Human Ecology，2014，42（5）：727-737.

Cowles H C. The ecological relations of the vegetation on the sand dunes of Lake Michigan（concluded）[J]. Botanical Gazette，1899，27（5）：361-391.

De Albuquerque U P，De Medeiros P M，De Almeida A L S，et al. Medicinal plants of the caatinga（semi-arid）vegetation of NE Brazil：a quantitative approach[J]. Journal of Ethnopharmacology，2007，114（3）：325-354.

Dickinson D，Webber M. Environmental resettlement and development，on the steppes of Inner Mongolia，PRC[J]. Journal of Development Studies，43（3）：537-561.

Drew J A. Use of Traditional Ecological Knowledge in Marine Conservation[J]. Conservation Biology，2005，19（4）：1286-1293.

Du F. Ecological resettlement of Tibetan herders in the Sanjiangyuan：a case study in Madoi County of Qinghai[J]. Nomadic Peoples，2012，16（1）：116-133.

Farhadian C E，Farhadian C E. Christianity，Islam，and nationalism in Indonesia[M]. Routledge London，2005.

Fontefrancesco M，Barstow C，Grazioli F，et al. Keeping or changing？ Two different cultural adaptation strategies in the domestic use of home country food plant and herbal ingredients among Albanian and Moroccan migrants in Northwestern Italy[J]. Journal of ethnobiology and ethnomedicine，2019，15（1）：11.

Gadgil M，Berkes F，Folke C. Indigenous Knowledge for Biodiversity Conservation[J]. Ambio，1993，22：（2）：151-156.

Gavin M C，Mccarter J，Mead A，et al. Defining biocultural approaches to conservation[J]. Trends in Ecology & Evolution，2015，30（3）：140-145.

Geck M S，Reyes García A J，Casu L，et al. Acculturation and ethnomedicine：A regional comparison of medicinal plant knowledge among the Zoque of southern Mexico[J]. Journal of Ethnopharmacology，2016，187：146-159.

Geng Y，Hu G，Ranjitkar S，et al. Prioritizing fodder species based on traditional knowledge：a case study of mithun（Bos frontalis） in Dulongjiang area，Yunnan Province，Southwest China[J]. Journal of Ethnobiology & Ethnomedicine，2017，13（1）：24.

Han G S，Ballis H. Ethnomedicine and dominant medicine in multicultural Australia：a critical realist reflection on the case of Korean-Australian immigrants in Sydney[J]. Journal of Ethnobiology and Ethnomedicine，2007，3（1）：1.

He J，Zhang R，Lei Q，et al. Diversity，knowledge，and valuation of plants used as fermentation starters for traditional glutinous rice wine by Dong communities in Southeast Guizhou，China[J]. Journal of Ethnobiology and Ethnomedicine，2019，15（1）：20.

Heinrich M，Ankli A，Frei B，et al. Medicinal plants in Mexico：healers' consensus and cultural importance[J]. Social Science & Medicine，1998，47（11）：1859-1871.

Heurtebise J Y. Sustainability and Ecological Civilization in the Age of Anthropocene：An Epistemological Analysis of the Psychosocial and "Culturalist" Interpretations of Global Environmental Risks[J]. Sustainability，2017，9（8）：1331.

Hugo G. Environmental concerns and international migration[J]. International Migration Review，1996，30（1）：105-131.

Huntington H P. Using Traditional Ecological Knowledge in Science：Methods and Applications[J]. Ecological Applications，2000，10（5）：1270-1274.

Jim C Y，Yang F Y，Wang L. Social-Ecological Impacts of Concurrent Reservoir Inundation and Reforestation in the Three Gorges Region of China[J]. Annals of the Association of American Geographers，2010，100（2）：243-268.

Kujawska M，Jiménez-Escobar N D，Nolan J M，et al. Cognition，culture and utility：plant classification by Paraguayan immigrant farmers in Misiones，Argentina[J]. Journal of Ethnobiology & Ethnomedicine，2017，13（1）：42.

Ladio A，Lozada M，Weigandt M. Comparison of traditional wild plant knowledge between aboriginal communities inhabiting arid and forest environments in Patagonia，Argentina[J]. Journal of Arid Environments，2007，69（4）：695-715.

Lee R A，Balick M J，Ling D L，et al. Cultural dynamism and change—An example from the Federated states of Micronesia[J]. Economic Botany，2001，55（1）：9-13.

Leete R. Perlis's Human Development Progress and Challenges[J]. United Nations Development Programme，2005，17（3）：222.

Li C，Li S，Feldman M W，et al. The impact on rural livelihoods and ecosystem services of a major relocation and settlement program：A case in Shaanxi，China[J]. Ambio，2017，47：245-259.

Linstädter A，Kemmerling B，Baumann G，et al. The importance of being reliable—local ecological knowledge and management of forage plants in a dryland pastoral system（Morocco）[J]. Journal of Arid Environments，2013，95：30-40.

Liu Y，Guo Y，Zhou Y. Poverty alleviation in rural China：policy changes，future challenges and policy implications[J]. China Agricultural Economic Review，2016，8（3）：443-454.

Liu H M，Xu Z F，Xu Y K，et al. Practice of conserving plant diversity through traditional beliefs：a case study in Xishuangbanna，southwest China[J]. Biodiversity & Conservation，2002，11（4）：705-713.

Ma Y，Luo B，Zhu Q，Ma D，Wen Q，Feng J，Xue D. Changes in traditional ecological knowledge of forage plants in immigrant villages of Ningxia，China[J]. Journal of Ethnobiology and Ethnomedicine. 2019，15：65.

Mao S S Y，Deng H，etc. Distribution pattern of traditional ecological knowledge on plant utilization among major minority peoples in Guizhou，China[J]. International Journal of Sustainable Development & World Ecology，2018，26（7644）：37-44.

Marlowe J. Belonging and disaster recovery：Refugee-background communities and the Canterbury earthquakes[J]. British Journal of Social Work，2015，45（1）：188-204.

Mistry J，Berardi A. Bridging indigenous and scientific knowledge[J]. Science，352（6291）：1274-1275.

Morvaridi B. Resettlement rights to development and the Ilisu Dam Turkey[J]. Development & Change，2010，35（4）：719-741.

Muñoz Aunión A. An ethnobotanical study of indigenous knowledge on medicinal plants used by the village peoples of Thoppampatti，Dindigul district，Tamilnadu，India[J]. Journal of Ethnopharmacology，2014，153（2）：408-423.

Myers N. Environmental refugees in a globally warmed world[J]. Bioscience，1993，43（11）：752-761.

Naah J B S N. Investigating criteria for valuation of forage resources by local agro-pastoralists in West Africa：using quantitative ethnoecological approach[J]. Journal of Ethnobiology and Ethnomedicine，2018，14（1）：62.

Naah J-B S，Guuroh R T. Factors influencing local ecological knowledge of forage resources：ethnobotanical evidence from West Africa's savannas[J]. Journal of Environmental Management，2017，188：297-307.

Nunes A T，Lucena R F P，Albuquerque U P. Local knowledge about fodder plants in the semi-arid region of Northeastern Brazil[J]. Journal of Ethnobiology & Ethnomedicine，2015，11（1）：12.

Pagiola S，Arcenas A，Platais G. Can Payments for Environmental Services Help Reduce Poverty？An Exploration of the Issues and the Evidence to Date from Latin America[J]. World Development，2005，33（2）：237-253.

Parrotta J A，Agnoletti M，Parrotta J A，et al. Traditional forest knowledge：challenges and opportunities[J]. Forest Ecology & Management，2007，249（1）：1-4.

Pirker H，Haselmair R，Kuhn E，et al. Transformation of traditional knowledge of medicinal plants：the case of Tyroleans（Austria） who migrated to Australia，Brazil and Peru[J]. Journal of Ethnobiology and Ethnomedicine，2012，8（1）：44.

Pretty J，Adams B，Berkes F，et al. The intersections of biological diversity and cultural diversity：towards integration[J]. Conservation and Society，2009，7（2）：100-112.

Reuveny R. Climate change-induced migration and violent conflict[J]. Political Geography，2007，26（6）：656-673.

Reuveny R. Ecomigration and violent conflict：Case studies and public policy implications[J]. Human Ecology，2008，36（1）：1-13.

Renaud F G，Bogardi J J，Dun O，et al. Control，adapt or flee：How to face environmental migration？[M]. UNU-EHS，2007.

Rive V. Climate Refugee，Protected Person and Complementary Protection Claims Under the Microscope in New Zealand's Immigration and Protection Tribunal[J]. Social Science Electronic Publishing，2016，29（9）：270-274.

Rogers S，Wang M. Environmental resettlement and social dis/re-articulation in Inner Mongolia，China[J]. Population & Environment，2006，28（1）：41-68.

Sara V，Marcello I，Cristina P，et al. Traditional knowledge on medicinal and food plants used in Val San Giacomo（Sondrio，Italy）—an alpine ethnobotanical study[J]. Journal of Ethnopharmacology，2013，145（2）：517-529.

Susmita，Dasgupta，Benoit，et al. Confronting the environmental Kuznets curve[J]. The Journal of Economic Perspectives，2002，16（1）：147-168.

Swain A. Environmental migration and conflict dynamics：focus on developing regions[J]. Third World Quarterly，1996，17（5）：959-974.

Tan Y. Resettlement and Climate Impact：addressing migration intention of resettled people in west China[J]. Australian Geographer，2017，48（1）：1-23.

Tashi G，Foggin M. Resettlement as development and progress？Eight years on：Review of emerging social and development impacts of an "ecological resettlement" project in Tibet Autonomous Region，China[J]. Nomadic Peoples，2012，16（1）：134-151.

Thakur D，Sharma A，Uniyal S K. Why they eat，what they eat：patterns of wild edible plants consumption in a tribal area of Western Himalaya[J]. Journal of Ethnobiology & Ethnomedicine，2017，13（1）：70.

The IPBES Conceptual Framework—connecting nature and people[J]. Current Opinion in Environmental Sustainability，2015，14：1-16.

Tinsae，Bahru，Zemede，et al. Ethnobotanical study of forage/fodder plant species in and around the semi-arid Awash National Park，Ethiopia[J]. Journal of Forestry Research，2014，25（2）：445-454.

Vanclay Frank. Project-induced displacement and resettlement：from impoverishment risks to an opportunity for development？ [J]. Impact Assessment & Project Appraisal，2017，35（1）：3-21.

Volpato G，Godínez D，Beyra A，et al. Uses of medicinal plants by Haitian immigrants and their descendants in the Province of Camagüey，Cuba[J]. Journal of Ethnobiology and Ethnomedicine，2009，5（1）：16.

Waldstein A. Diaspora and health？ Traditional medicine and culture in a Mexican migrant community[J].

International Migration，2008，46（5）：95-117.

Wang Z，Hu S L. China's Largest Scale Ecological Migration in the Three-River Headwater Region[J]. Ambio，2010，39：443-446.

Wilmsen B，Webber M，Yuefang D . Development for Whom? Rural to Urban Resettlement at the Three Gorges Dam，China[J]. Asian Studies Review，2011，35（1）：21-42.

Yaseen G，Ahmad M，Sultana S，et al. Ethnobotany of Medicinal Plants in the Thar Desert（Sindh） of Pakistan[J]. Journal of Ethnopharmacology，2015，163：43-59.

Yeşilada E，Honda G，Sezik E，et al. Traditional medicine in Turkey. V. Folk medicine in the inner Taurus Mountains[J]. Journal of Ethnopharmacology，1995，46（3）：133-152.

Zhang Q. The dilemma of conserving rangeland by means of development：exploring ecological resettlement in a pastoral township of Inner Mongolia[J]. Nomadic Peoples，2012，16（1）：88-115.

Zhang Y. China's strategy for incorporating traditional knowledge associated with biodiversity into international multi-lateral agreements[J]. Biodiv Sci，2019，27（7）：708-715.

包智明. 关于生态移民的定义、分类及若干问题[J]. 中央民族大学学报（哲学社会科学版），2006（1）：27-31.

拜丽艳. 宁夏苗木产业发展问题研究[D]. 宁夏大学，2017.

苍铭. 南方喀斯特山地及高寒山区生态移民问题略论[J]. 青海民族研究，2006，17（3）：146-149.

查燕，王惠荣，蔡典雄，等. 宁夏生态扶贫现状与发展战略研究[J]. 中国农业资源与区划，2012，33（1）：79-83.

陈红艳，喻忠磊，张华. 中国人口迁移的空间格局及影响因素[J]. 人口与发展，2016，22（6）：12-24.

陈金明，徐立勤. 和谐社会视野下非自愿移民安置模式之比较[J]. 农村经济，2011（2）：121-125.

陈晓，刘小鹏，王鹏，等. 旱区生态移民空间冲突的生态风险研究——以宁夏红寺堡区为例[J]. 人文地理，2018，33（5）：112-119.

崔献勇，海鹰，宋勇. 我国西部生态脆弱区生态移民问题研究[J]. 新疆师范大学学报：自然科学版，2004，23（4）：72-76.

杜发春. 国外生态移民研究述评[J]. 民族研究，2014（2）：109-120.

董亮. 民族地区生态移民的文化教育与职业培训模式研究——以格尔木曲麻莱昆仑民族文化村为例[J]. 贵州民族研究，2014（4）：173-177.

丁凤琴，刘钊，景娟娟. 宁夏中部干旱带生态移民文化适应的代际差异[J]. 农业经济问题，2016（10）：95-104.

丁陆彬，马楠，王国萍，等. 生物多样性相关传统知识研究热点与前沿的可视化分析[J]. 生物多样性，2019，27（7）：716-727.

方兵. 加大生态移民力度切实保护西部生态环境[J]. 广西经济管理干部学院学报，2001，13（4）：37-40.

冯金朝，周宜君，刘裕明. 民族院校理科学科建设的新趋势——关于民族生态学[J]. 中央民族大学学报（自然科学版），2004，13（3）：268-271.

冯金朝，薛达元，龙春林. 民族生态学的形成与发展[J]. 中央民族大学学报：自然科学版，2015，24（1）：5-10.

冯金朝，薛达元，龙春林. 民族生态学的概念、理论与方法[J]. 中央民族大学学报：自然科学版，2014，23（4）：5-10.

尕丹才让. 三江源区生态移民研究[D]. 陕西师范大学，2013.

葛根高娃，乌云巴图. 内蒙古牧区生态移民的概念、问题与对策[J]. 内蒙古社会科学（汉文版），2003（2）：121-125.

胡西武，陈珍妮，黄越，等. 宁夏生态移民定居意愿和行为的地理要素影响研究[J]. 干旱区资源与环境，2020，34（2）：29-38.

黄海燕. 城镇安置模式下生态移民可持续发展研究——基于贵州省移民户调查数据[D]. 西南财经大学，2016.

黄俊芳，王让会，黄俊梅，等. 塔里木河中下游生态移民的意义及模式探讨[J]. 新疆环境保护，2004，26（z1）：71-74.

黄立军，李胜连，张海涛，等. 宁夏生态移民区发展驱动力路径分析[J]. 湖北农业科学，2016，55（4）：229-232.

霍进臣，杨玉良. 关于辽东山区水保生态修复中生态移民的研究[J]. 水土保持应用技术，2007（3）：17-18.

衡艺聪. 宁夏生态移民的社区认同现状及影响因素研究[D]. 山西师范大学，2018.

贾国平，朱志玲，王晓涛，等. 移民生计策略变迁及其生态效应研究——以宁夏红寺堡区为例[J]. 农业现代化研究，2016，37（3）：505-513.

贾耀锋. 中国生态移民效益评估研究综述[J]. 资源科学，2016，38（8）：1550-1560.

江波，赵利生. 从牧民到农民——对甘肃裕固族黄土坡-双海子移民项目村的一项人类学考察[J]. 西北民族研究，2007（4）：186-193.

景军. 社会学视野内的水库移民工程[J]. 中国农村观察，1989（5）：41-47.

孔炜莉. 宁夏吊庄移民研究综述[J]. 宁夏社会科学，2000（6）：53-56.

李进参. 中国的异地开发扶贫模式及经验[J]. 云南社会科学，1999（3）：49-53.

李凌民. 三江源自然保护区生态移民的几点思考[J]. 青海学刊，2003（6）：34-35.

李鸣骥，黄立军. 宁夏中南部地区生态移民几种城镇化模式对比研究[J]. 小城镇建设，2013（5）：44-49.

李培林，王晓毅. 移民、扶贫与生态文明建设——宁夏生态移民调研报告[J]. 宁夏社会科学，2013（3）：52-60.

李生. 当代中国生态移民战略研究[D]. 吉林大学，2012.

李生，韩广富. 生态移民对文化变迁作用的思考——以内蒙古草原生态移民为例[J]. 探索，2012（5）：121-124.

李巍. 生态移民中民族传统文化的保护[J]. 中共银川市委党校学报，2016，29（3）：45-48.

李笑春，陈智，叶立国，等. 对生态移民的理性思考[J]. 内蒙古大学学报（人文社会科学版），2004（5）：34-38.

李秀英. 政治生态学视野中的黄河河源生态意象和纷争[D]. 中央民族大学，2012.

李一丁. “一带一路”与生物遗传资源获取和惠益分享：关联，路径与策略[J]. 生物多样性，2019，27（12）：1386-1392.

梁媛. 少数民族移民社区的社会文化变迁——云桥社区的个案研究[D]. 云南大学，2015.

刘冬梅，薛达元，蔡蕾，等. 中国生物多样性相关传统知识调查与评估指标体系构建[J]. 生物多样性，2019，26（12）：1350-1357.

刘学武. 生态移民中政府权威与民间社会运作体系的互动[D]. 中央民族大学，2012.

刘学敏，陈静. 生态移民、城镇化与产业发展——对西北地区城镇化的调查与思考[J]. 中国特色社会主义研究，2002（2）：61-63.

刘银妹. 毛南族生态移民文化变迁研究——以环江县堂八村 S 屯为例[J]. 广西民族研究，2015（2）：136-142.

刘占发，马月辉. 中卫山羊保护与利用方略[J]. 中国畜牧业，2017（16）：66-68.

陆汉文，覃志敏. 我国扶贫移民政策的演变与发展趋势[J]. 贵州社会科学，2015（5）：164-168.

吕静. 陕南地区生态移民搬迁的成本研究[D]. 西北大学，2014.

龙春林，张方玉，裴盛基，等. 云南紫溪山彝族传统文化对生物多样性的影响[J]. 生物多样性，1999，7（3）：245-249.

罗慧，霍有光，胡彦华，等. 可持续发展理论综述[J]. 西北农林科技大学学报（社会科学版），2004，4（1）：35-38.

骆新华. 国际人口迁移的基本理论[J]. 理论月刊，2005（1）：42-45.

罗艳秋，徐士奎，郑进. 毕摩在彝族传统医药知识传承中的地位和作用[J]. 云南中医中药杂志，2015，

36（7）：101-104.

马从礼，高桂英. 宁夏生态移民安置区社会管理问题调查[J]. 农业科学研究，2015（4）：74-77.

马秀霞，桑果果. 宁夏生态移民迁出区生态恢复与保护刍议[J]. 中共银川市委党校学报，2016，18（6）：44-47.

马瑛，杨京彪，文琦，等. 生态移民的生物多样性相关传统知识变迁研究——基于宁夏红寺堡移民村落的调查[J]. 宁夏社会科学，2019（1）：145-150.

马瑛，杨京彪，刘海鸥，等. 生态移民对生物多样性相关传统知识的影响[J]. 中央民族大学学报（自然科学版），2018，27（4）：33-40.

毛舒欣，沈园，邓红兵. 生物文化多样性研究进展[J]. 生态学报，2017，37（24）：8179-8186.

梅花. 生态移民战略研究——以宁夏为例[J]. 农业经济问题，2006（12）：64-67.

祁进玉. 草原生态移民与文化适应——以黄河源头流域为个案[J]. 青海民族研究，2011（1）：50-60.

任国英. 生态人类学的主要理论及其发展[J]. 黑龙江民族丛刊，2004（5）：85-91.

任声策，陆铭，尤建新. 公共治理理论述评[J]. 华东经济管理，2009，23（11）：134-137.

任耀武，袁国宝，季凤瑚. 试论三峡库区生态移民[J]. 农业现代化研究，1993（1）：27-29.

任宪友. 生态恢复理论探讨[J]. 林业调查规划，2008，33（2）：118-121.

沈燕清. 印度尼西亚国内移民计划浅析（1905&2000 年）[J]. 东南亚纵横，2010，6（9）：20-24.

师尚礼. 生态恢复理论与技术研究现状及浅评[J]. 草业科学，2004，21（5）：1-5.

束锡红，聂君，樊晔. 精准扶贫视域下宁夏生态移民生计方式变迁与多元发展[J]. 宁夏社会科学，2017（5）：147-154.

索南多杰. 三江源生态移民村落研究——以果洛州玛多县河源新村为例[J]. 中国藏学，2016（1）：178-182.

赛汉. 生态移民政策的文化根源分析——基于内蒙古自治区通辽市 W 村的调查[J]. 贵州民族研究，2010（2）：68-71.

王程，成功. 建设项目对生物多样性相关传统知识的影响研究[J]. 贵州社会科学，2014（4）：144-148.

王放，王益谦. 论生态移民与长江上游可持续发展[J]. 人口与经济，2003（2）：63-68.

王国萍，薛达元，闻苡，等. 土族生物资源利用相关的传统知识多样性[J]. 生物多样性，2019，27（7）：735-742.

王建宇，何文寿，董良. 宁南旱地小杂粮产业开发技术研究[J]. 干旱地区农业研究，2006，24（1）：187-191.

王宏新，付甜，张文杰. 中国易地扶贫搬迁政策的演进特征——基于政策文本量化分析[J]. 国家行政学院学报，2017（3）：48-53.

王鹏，刘小鹏，王亚娟，等. 黄土丘陵沟壑区生态移民过程及其生态系统服务价值评价——以宁夏海原县为例[J]. 干旱区地理，2019，42（2）：433-443.

王培先. 生态移民：小城镇建设与西部发展[J]. 资源与人居环境，2000（6）：25-26.

王艳杰，薛达元. 论侗族传统知识对生物多样性保护的作用[J]. 贵州社会科学，2015（2）：95-99.

王艳杰. 滇黔桂民族地区农作物遗传资源农家就地保护与传统文化关系的研究[D]. 中央民族大学，2015.

王永平，吴晓秋，黄海燕，等. 土地资源稀缺地区生态移民安置模式探讨——以贵州省为例[J]. 生态经济，2014，30（1）：66-69，82.

魏涛. 公共治理理论研究综述[J]. 当代社科视野，2006（7）：56-61.

乌日套吐格. 内蒙古生态移民问题研究——以蓝旗桑根达来镇敖力克嘎查为例[D]. 内蒙古师范大学，2010.

薛达元. 民族地区生物多样性相关传统知识的保护战略[J]. 中央民族大学学报（自然科学版），2008，17（4）：10-16.

薛达元，崔国斌，蔡蕾，等. 遗传资源、传统知识与知识产权. 北京：中国环境科学出版社，2009.

薛达元，林燕梅. 遗传资源获取与惠益分享的《名古屋议定书》诠释. 北京：中国环境出版社，2013.

薛达元，秦天宝，蔡蕾. 遗传资源相关传统知识获取与惠益分享制度研究. 北京：中国环境科学出版社，2012.

薛达元.《生物多样性公约》下传统知识保护的国际进程[J]. 贵州社会科学，2014（4）：138-143.

薛达元. 生物多样性相关传统知识的保护与展望[J]. 生物多样性，2019，27（7）：705-707.

薛达元.《名古屋议定书》的主要内容及其潜在影响[J]. 生物多样性，2011，19（1）：113-119.

薛达元，蔡蕾.《生物多样性公约》新热点：传统知识保护[J]. 环境保护，2006，34（12）：72-74.

薛达元，郭泺. 论传统知识的概念与保护[J]. 生物多样性，2009，17（2）：135-142.

徐江，欧阳自远，程鸿德，等. 论环境移民[J]. 中国人口•资源与环境，1996（1）：81-86.

杨甫旺. 异地扶贫搬迁与文化适应——以云南省永仁县异地扶贫搬迁移民为例[J]. 贵州民族研究，2008（6）：132-137.

银杰. 论人口较少民族传统文化的保护与发展[D]. 内蒙古农业大学，2013.

张丽荣，王夏晖，侯一蕾，等. 我国生物多样性保护与减贫协同发展模式探索[J]. 生物多样性，2015，23（2）：271-277.

张丽君. 中国牧区生态移民可持续发展实践及对策研究[J]. 民族研究，2013（1）：22-34.

张丽君，杨秀明. 牧区生态移民中女性经济参与研究[J]. 贵州社会科学，2016（9）：142-149.

张灵俐，安晓平. 论新疆生态移民的反贫困作用[J]. 贵州民族研究，2014（5）：107-110.

张灵俐. 新疆生态移民补偿机制研究[D]. 石河子：石河子大学，2015.

张小明. 西部地区生态移民研究[D]. 杨棱：西北农林科技大学，2008.

张渊媛，薛达元. 遗传资源及相关传统知识获取与惠益分享重要问题研究. 北京：中国环境出版集团，2019.

张瑜. 宁夏生态移民政策供给缺陷与原因分析[J]. 北方民族大学学报，2016（5）：141-144.

赵富伟，蔡蕾，臧春鑫. 遗传资源获取与惠益分享相关国际制度新进展[J]. 生物多样性，2017，25（11）：1147-1155.

郑艳. 环境移民：概念辨析、理论基础及政策含义[J]. 中国人口·资源与环境，2013，23（4）：96-103.

郑燕燕. 新农村建设对藏族传统知识影响的案例研究及新模式探讨[D]. 中央民族大学，2014.

钟时，刘丹. 基于公共治理理论的广告多元治理研究[J]. 学术交流，2013（2）：80-84.

周拉，炬华. 断裂与重建：藏族水库移民社区宗教信仰及民俗文化重建研究——以青海省尖扎县夏藏滩移民安置区为例[J]. 青海民族研究，2014，25（3）：57-61.

周鹏. 中国西部地区生态移民可持续发展研究[D]. 中央民族大学，2013.

朱杰. 人口迁移理论综述及研究进展[J]. 江苏城市规划，2008（7）：42-46.

附 录

附录 1　载有传统知识的生物遗传资源入户调查表

经纬度：　　海拔（m）：　　地点：宁夏　　市　　区（县）　　镇（乡）　　村　　组（队）
姓名：　　年龄：　　民族：　　教育程度：　　联系方式：

序号	当地名称	中文名称	基本情况								
			类别（1.野生种；2.栽培种；3.杂交种）	来源（1.自繁；2.自育；3.换种；4.购买；5.野生）	用途（1.食用；2.饲料；3.药用；4.观赏；5.文化；6.染料；7.薪柴；8.建筑；9.娱乐；10.其他）	利用部位（1.根；2.茎；3.叶；4.花；5.果实；6.种子；7.全草；8.其他）	种植面积（栽培）/分布生境（野生）	产量/（斤/亩）	品种性状、口感、特性	传统利用描述	备注
1											
2											
3											
4											
5											
6											
7											
8											
9											
10											

附录 2　生态移民的传统知识案例访谈提纲

第一部分　基本信息

1．性别：

1）男　　　2）女

2．年龄：

1）19 岁以下　　2）20～39 岁　　3）40～59 岁　　4）60 岁及以上

3．文化程度：

1）文盲　　2）小学　　3）初中　　4）高中或中专技校

5）大学及以上

4．您的身份：

1）村干部　　2）农民　　3）商人　　4）务工人员

5）医生　　6）教师　　7）学生　　8）其他_____

5．家庭土地情况：耕地面积_____亩，其中：旱地_____亩，水浇地_____亩，牧草地_____亩，其他_____亩。

6．您家庭收入的主要来源有哪些？（依重要性最多选三项）

20 年前的收入来源：

1）种植业　　2）养殖业　　3）采集业　　4）手工技艺　　5）务工

6）商业　　7）政府补贴　　8）其他_____

现在的收入来源：

1）种植业　　2）养殖业　　3）采集业　　4）手工技艺　　5）务工

6）商业　　7）政府补贴　　8）其他_____

第二部分　传统知识情况

一、生物遗传资源类

1．传统知识名称：

2．用途、利用部位：

3．利用方式：

4．保护方式：

5．传统知识社会、经济、生态、文化价值：

6．开发情况：

7．保护管理现状：

8．受威胁因素：

二、医药类

1．传统知识名称：

2．使用部位：

3．主要功效：

4．炮制方法：

5．采集时间：

6．用药禁忌：

7．传统知识社会、经济、生态、文化价值：

8．开发情况：

9．保护管理现状：

10．受威胁因素：

三、传统技术类

1．传统知识名称：

2．用途：

3．采集时间：

4．加工技术要点：

5．传统知识的社会、经济、生态、文化价值：

6．开发情况：

7．保护管理现状：

8．受威胁因素：

四、传统文化类

1．传统知识名称：

2．使用部位：

3．使用情况：适用场合、时间、类别（传统节庆、习惯、艺术、饮食文化）

4．采集时间：

5．加工技术要点：

6．传统知识的社会、经济、生态、文化价值：

7．开发情况：

8．保护管理现状：

9．受威胁因素：

五、传统生物地理标志产品

1．传统知识名称：

2．使用部位：

3．用途类别：

4．批准机构：

5．技术要点：

6．传统知识的社会、经济、生态、文化价值：

7．开发情况：

8．保护管理现状：

9．受威胁因素：

附录 3-1　村民的传统知识感知情况调查问卷（移民迁入地）

调查时间______________　　　　调查编号__________________

调研所在地：宁夏________市_________区（县）________镇（乡）________村

您好，我是中央民族大学的学生。感谢您能抽出 30 分钟左右的时间来帮助我完成一项调研。本次调研目的是了解生态移民前后，我们对传统知识利用的认知情况以及保护意愿，为更好地保护和传承文化提供依据，也为我们更有归属感和认同感的生活在这片土地上作出积极努力。因此，您正在参与一项非常有意义的工作。本问卷仅限科学研究用途，不会泄露您的私人信息，答案不存在对错和好坏之分，希望您在填表时不要有任何顾虑，在选中的位置上画“√”，该填写文字或数字的地方真实填写，怎么干的，怎么想的，就怎么填。

衷心感谢您的支持与参与!

第一部分　基本信息

1．性　　别：1）男　　2）女

2．年　　龄：1）19 岁以下　2）20～39 岁　3）40～59 岁　4）60 岁及以上

3．文化程度：1）文盲　2）小学　3）初中　4）高中或中专技校　5）大学及以上

4．民　　族：1）汉族　2）回族　3）其他_____

第二部分　生态环境变化感知

1．您家从哪里搬过来：____市（州）_____县（县级市、区）_____镇（乡）_____村

2．您家搬迁来此地多少年？1）1～5 年　2）6～10 年　3）10～20 年　4）21 年及以上

3．与搬来那年相比，现居住地的生态环境有没有变化：

1）变好了　原因：□风沙变小　□林（草）增加　□土质变好

□水多了　□污染少　□开发得好

2）没变化　原因：□风沙持续　□林（草）没变　□土质没变

□水充足　□没污染　□开发适度

3）变差了　原因：□风沙变大　□林（草）变少　□土质变差

□缺水　□污染严重　□过度开发

4. 总体来说，您对现居住地的满意程度如何？

1）很满意　2）比较满意　3）一般　4）不太满意　5）很不满意

第三部分　传统选育农业遗传资源知识的变化感知

1. 和移民前相比，您家传统农作物（中华人民共和国成立前祖辈留下来的，例如糜子、荞麦、胡麻、红葱）的种植趋势？

1）增加　2）保持不变　3）减少　4）消失

原因：A. 经济原因：经济效益、产量

B. 社会原因：用途、品种、口感等

C. 文化原因：饮食习惯、过节、娱乐活动等

D. 环境原因：土壤、气候等

E. 政策原因：产业结构调整等

F. 其他________

2. 和搬迁前相比，您家传统畜禽（中华人民共和国成立前祖辈留下来的，例如滩羊、山羊、静原鸡等）的养殖趋势？

1）增加　2）保持不变　3）减少　4）消失

原因：A. 经济原因：效益、产量

B. 社会原因：用途、功能、品种、口感等

C. 文化原因：饮食习惯、过节、娱乐活动等

D. 环境原因：土壤、气候、水等

E. 政策原因：产业结构调整等

F. 其他________

第四部分　传统医药知识变化感知

1. 老家的乡土药材和这里的有区别吗？

1）有，区别是________　2）没有，共有药材是________　3）不了解________

2. 与搬迁前相比，您家找乡土医生看病的趋势如何？

1）增加　2）保持不变　3）减少　4）消失

原因：A. 经济原因：看病费用等

B. 社会原因：医疗技术、乡土医生数量、经验、疗效等

C. 文化原因：治病方式、传统文化等

D. 环境原因：乡土药材的品质、数量等

E. 政策原因：民间医药的重视程度等

F. 其他______

第五部分　与生物资源可持续利用相关的传统技术及生产生活方式变化感知

1．以前在老家种田方法有哪些？

1）五墒四旱三多的旱作技术　2）施农家肥　3）歇地　4）其他______

2．搬到这里种田方法有哪些？

1）五墒四旱三多的旱作技术　2）施农家肥　3）歇地　4）其他______

3．与搬迁前相比，您家施用农家肥（厮肥、灰肥、炕土、厕所肥）的趋势如何？

1）增加　2）保持不变　3）减少　4）消失

原因：A. 经济原因：施肥效果、效益等

B. 社会原因：养畜量、化肥等

C. 文化原因：传统习惯、养殖业等

D. 环境原因：土壤肥力、有机环保等

E. 政策原因：肥料推广等

F. 其他______

4．传统食品加工技术您会哪些：

搬迁前做过哪些？

1）油香、馓子及其油炸食品　2）焜馍、干粮馍及其烙蒸煎食

3）揪面、手擀面及其煮食　4）油茶及其流食

5）杂粮加工技术　6）牛羊肉食品加工技术

7）熬茶技艺　8）其他______

现在做哪些？

1）油香、馓子及其油炸食品　2）焜馍、干粮馍及其烙蒸煎食

3）揪面、手擀面及其煮食　4）油茶及其流食

5）杂粮加工技术　6）牛羊肉食品加工技术

7）熬茶技艺　　　　　　　　8）其他_______

5. 传统食品加工技术的使用趋势如何？

1）增加　2）保持不变　3）减少　4）消失

原因：A. 经济原因：效益、收入等

B. 社会原因：食材、制作方法、手工能力等

C. 文化原因：传统手艺、过节、娱乐等

D. 环境原因：水土、原材料品质等

E. 政策原因：重视程度等

F. 其他_______

第六部分　与生物多样性相关的传统文化变化感知

与搬迁前相比，您认为传统节庆的氛围如何？

1）更浓了　2）保持不变　3）不浓了　4）不过节了

原因：A. 经济原因：生活水平等

B. 社会原因：浪门子串亲戚、交通等

C. 文化原因：传统习俗等

D. 环境原因：水土、气候和居住环境等

E. 政策原因：节假日、文娱活动等

F. 其他_______

第七部分　传统生物地理标志产品相关知识感知

1. 您知道哪些本地的传统生物地理标志产品？

老家有哪些？

1）宁夏枸杞　2）同心圆枣　3）固原马铃薯　4）固原胡麻油

5）固原黄牛　6）泾源黄牛肉　7）泾源蜂蜜　8）吴忠亚麻籽油

9）同心滩羊肉　10）同心银柴胡　11）海原硒砂瓜　12）海原小茴香

13）海原马铃薯　14）其他_______

搬迁到这里，未来希望有哪些？

1）宁夏枸杞　2）同心圆枣　3）固原马铃薯　4）固原胡麻油

5）固原黄牛　6）泾源黄牛肉　7）泾源蜂蜜　8）吴忠亚麻籽油

9）同心滩羊肉　10）同心银柴胡　11）海原硒砂瓜　12）海原小茴香

13）海原马铃薯　14）红寺堡黄花菜　15）红寺堡黄牛

16）红寺堡黄牛肉　17）红寺堡硒砂瓜　18）其他_______

2．与搬迁前相比，您认为传统地理标志产品的利用趋势如何？

1）增加　2）保持不变　3）减少　4）消失

原因：A. 经济原因：效益、产量等

B. 社会原因：用途、功能、品种等

C. 文化原因：传统习俗等

D. 环境原因：水土、气候、温度等

E. 政策原因：申报程序和条件等

F. 其他_______

第八部分　传统知识的保护需求

您认为以上提到的传统知识（问卷第三～七部分）需不需要保护？

1）需要　怎么保护（可多选）：

A. 制定传统遗传资源的保护政策

B. 对传统知识保护进行立法

C. 政策上扶持、补偿传统品种的种养殖、传统资源管理

D. 建立种质资源库，收集和保存传统品种

E. 科研育种，提高传统品种的品质、产量和附加值

F. 宣传教育，提高保护优秀传统资源的意识

G. 对传统知识相关的生活习俗和文化进行保护

H. 有条件的人自愿种/养

2）不需要　原因（可多选）：

A. 传统知识不是明确的知识

B. 传统品种产量低，没有经济效益

C. 传统知识陈旧又过时

D. 适应社会发展，想保护但是没条件保护

E. 传统知识面临失传，下一代不懂了

F. 其他_______

附录 3-2 村民的传统知识感知情况调查问卷（移民迁出地）

调查时间______________ 调查编号____________________

调研所在地：宁夏________市_________区（县）_________镇（乡）_________村

您好，我是中央民族大学的学生。感谢您能抽出30分钟左右的时间来帮助我完成一项调研。本次调研目的是了解生态移民前后，我们对传统知识利用的认知情况以及保护意愿，为更好地保护和传承文化提供依据，也为我们更有归属感和认同感的生活在这片土地上作出积极努力。因此，您正在参与一项非常有意义的工作。本问卷仅限科学研究用途，不会泄露您的私人信息，答案不存在对错和好坏之分，希望您在填表时不要有任何顾虑，在选中的位置上画“√”，该填写文字或数字的地方真实填写，怎么干的，怎么想的，就怎么填。

衷心感谢您的支持与参与！

第一部分 基本信息

1．性别：1）男　2）女

2．年龄：1）19岁以下　2）20～39岁　3）40～59岁　4）60岁及以上

3．文化程度：1）文盲　2）小学　3）初中　4）高中或中专技校　5）大学及以上

4．民　族：1）汉族　2）回族　3）其他______

第二部分 生态环境变化感知

1．您家居住该地的时间：1）一辈人　2）两辈人　3）三辈人　4）四辈人　5）五辈人以上

2．与20年前（生态移民工程前）相比，现居住地的生态环境有没有变化：

1）变好了　原因：□风沙变小　□林（草）增加　□土质变好
　　　　　　　　□水多了　□污染少　□开发得好

2）没变化　原因：□风沙持续　□林（草）没变　□土质没变
　　　　　　　　□水充足　□没污染　□开发适度

3）变差了　原因：□风沙变大　□林（草）变少　□土质变差
　　　　　　　　□缺水　□污染严重　□过度开发

3．总体来说，您对现居住地的满意程度如何？

1）很满意　2）比较满意　3）一般　4）不太满意　5）很不满意

第三部分　传统选育农业遗传资源知识的变化感知

1．和 20 年前相比，您家传统农作物（中华人民共和国成立前祖辈留下来的，例如糜子、荞麦、胡麻、红葱）的种植趋势？

1）增加　2）保持不变　3）减少　4）消失

原因：A. 经济原因：经济效益、产量等

B. 社会原因：用途、品种、口感等

C. 文化原因：饮食习惯、过节、娱乐活动等

D. 环境原因：土壤、气候等

E. 政策原因：产业结构调整等

F. 其他________

2．和 20 年前相比，您家传统畜禽（中华人民共和国成立前祖辈留下来的，例如滩羊、山羊、静原鸡等）的养殖趋势？

1）增加　2）保持不变　3）减少　4）消失

原因：A. 经济原因：效益、产量等

B. 社会原因：用途、功能、品种、口感等

C. 文化原因：饮食习惯、过节、娱乐活动等

D. 环境原因：土壤、气候、水等

E. 政策原因：产业结构调整等

F. 其他________

第四部分　传统医药知识变化感知

1．20 年前的乡土药材和现在有区别吗？

1）有，区别是________　2）没有，共有药材是________　3）不了解

2．与 20 年前相比，您家找乡土医生看病的趋势如何？

1）增加　2）保持不变　3）减少　4）消失

原因：A. 经济原因：看病费用等

B. 社会原因：医疗技术、乡土医生数量、经验、疗效等

C. 文化原因：治病方式、传统文化等

D. 环境原因：乡土药材的品质、数量等

E. 政策原因：民间医药的重视程度等

F. 其他_______

第五部分　与生物资源可持续利用相关的传统技术及生产生活方式变化感知

1．20年前种田方法有哪些？

1）五墒四旱三多的旱作技术　2）施农家肥　3）歇地　4）其他_______

2．现在种田方法有哪些？

1）五墒四旱三多的旱作技术　2）施农家肥　3）歇地　4）其他_______

3．与20年前相比，您家施用农家肥（厮肥、灰肥、炕土、厕所肥）的趋势如何？

1）增加　2）保持不变　3）减少　4）消失

原因：A. 经济原因：施肥效果、效益等

B. 社会原因：养畜量、化肥等

C. 文化原因：传统习惯、养殖业等

D. 环境原因：土壤肥力、有机环保等

E. 政策原因：肥料推广等

F. 其他_______

4．传统食品加工技术您会哪些：

20年前做过哪些？

1）油香、馓子及其油炸食品　2）焜馍、干粮馍及其烙蒸煎食

3）揪面、手擀面及其煮食　4）油茶及其流食

5）杂粮加工技术　6）牛羊肉食品加工技术

7）熬茶技艺　8）其他_______

现在做哪些？

1）油香、馓子及其油炸食品　2）焜馍、干粮馍及其烙蒸煎食

3）揪面、手擀面及其煮食　4）油茶及其流食

5）杂粮加工技术　6）牛羊肉食品加工技术

7）熬茶技艺　8）其他_______

5．传统食品加工技术的使用趋势如何？

1）增加　　2）保持不变　　3）减少　　4）消失

原因：A. 经济原因：效益、收入等

B. 社会原因：食材、制作方法、手工能力等

C. 文化原因：传统手艺、过节、娱乐等

D. 环境原因：水土、原材料品质等

E. 政策原因：重视程度等

F. 其他________

第六部分　与生物多样性相关的传统文化变化感知

与20年前相比，您认为传统节庆的氛围如何？

1）更浓了　　2）保持不变　　3）不浓了　　4）不过节了

原因：A. 经济原因：生活水平等

B. 社会原因：浪门子串亲戚、交通等

C. 文化原因：传统习俗等

D. 环境原因：水土、气候和居住环境等

E. 政策原因：节假日、文娱活动

F. 其他________

第七部分　传统生物地理标志产品相关知识感知

1．您知道哪些本地的传统生物地理标志产品？

1）宁夏枸杞　　2）同心圆枣　　3）固原马铃薯　　4）固原胡麻油

5）固原黄牛　　6）泾源黄牛肉　　7）泾源蜂蜜　　8）吴忠亚麻籽油

9）同心滩羊肉　　10）同心银柴胡　　11）海原硒砂瓜　　12）海原小茴香

13）海原马铃薯　　14）其他________

2．和20年前相比，您认为传统地理标志产品的利用趋势如何？

1）增加　　2）保持不变　　3）减少　　4）消失

原因：A. 经济原因：效益、产量等

B. 社会原因：用途、功能、品种等

C. 文化原因：传统习俗等

D. 环境原因：水土、气候、温度等

E. 政策原因：申报程序和条件等

F. 其他________

第八部分　传统知识的保护需求

您认为以上提到的传统知识（问卷第三～七部分）需不需要保护？

1）需要　怎么保护（可多选）：

A. 制定传统遗传资源的保护政策

B. 对传统知识保护进行立法

C. 政策上扶持、补偿传统品种的种养殖、传统资源管理

D. 建立种质资源库，收集和保存传统品种

E. 科研育种，提高传统品种的品质、产量和附加值

F. 宣传教育，提高保护优秀传统资源的意识

G. 对传统知识相关的生活习俗和文化进行保护

H. 有条件的人自愿种/养

2）不需要　原因（可多选）：

A. 传统知识不是明确的知识

B. 传统品种产量低，没有经济效益

C. 传统知识陈旧又过时

D. 适应社会发展，想保护但是没条件保护

E. 传统知识面临失传，下一代不懂了

F. 其他________

附录 4　宁夏中医药传统知识记载表[①]

类别	序号	持有的传统知识	持有人	擅长疾病
单验方	1	耳炎散	李文华（家族传承三代）	善于运用中医治疗化脓性中耳炎
	2	治疗胃溃疡	崔进昌（家族传承三代）	善于运用中医治疗妇科、肝病
	3	治疗子宫出血		
	4	治疗盆腔炎		
	5	鼻窦灵	马金花（家族传承四代，约 140 年）	善于治疗烧烫伤、鼻炎等
	6	马氏烧烫伤膏		
	7	龙胆苍芷滴鼻液	杨斌（家族传承三代）	善于治疗鼻炎等
	8	小儿喉间痰鸣久治不愈	马九如（自学行医 50 年）	善于中医儿科
	9	清风饮治疗痤疮	杨志文（家族传承四代，约 85 年）	善于运用中医治疗妇科、皮肤科疾病
	10	退银汤	武圣东（家族传承四代，约 100 年）	善于运用中医治疗皮肤病
	11	接骨丹	毕世卿（家族传承三代，约 180 年）	善于治疗风湿、骨折等
	12	三胶固冲汤	任宝仓（师承三代，约 100 年）	善于治疗妇科病
	13	祖方金枝茵陈汤治疗急性胆管炎、梗阻性黄疸	刘文成（家族传承五代，约 150 年）	善于中医妇科
	14	祖方疏肝扶脾汤治疗肝硬化早期脾大		
	15	祖方养血消肿治疗妇科卵巢囊肿		
	16	中医秘方治疗败血症		
	17	四海通闭汤	罗晓峰（家族传承五代，约 155 年）	善于中医肾病
	18	中医辨证治疗乳腺小叶增生	吴学仁（师承两代，约 50 年）	善于中医妇科
	19	治疗牛皮癣、湿疹	孙立军（家族传承三代，约 105 年）	善于运用中医治疗皮肤病
	20	鼻炎	安全东（家族传承六代，约 200 年）	善于中医内科
	21	附睾炎		
	22	祖传烧烫伤药膏	谢凤阁（家族传承五代，约 150 年）	善于中医治疗烧烫伤
	23	小儿诊疗	解天顺（家族传承六代，约 149 年）	善于中医儿科
	24	神效救生丸治疗产后三十六症	王步瀛（家族传承七代，约 200 年）	善于中医产后症
	25	马氏接骨丹	马廷学（家族传承三代，约 70 年）	善于治疗骨折

① 根据田杰，王艳平主编：《宁夏中医药传统知识调查保护名录》（银川：黄河出版传媒集团、阳光出版社，2017 年）一书整理。

类别	序号	持有的传统知识	持有人	擅长疾病
单验方	26	肾病综合征	马才（自学行医 60 年）	善于中医治疗肾病
	27	出血性紫癜		
	28	乌贝散治疗慢性萎缩性胃炎		
	29	李氏接骨丹	李成元（家族传承七代，约 200 年）	善于治疗骨折
	30	湿疹外治三步方	杨滋茂（家族传承三代，约 100 年）	善于中医治疗湿疹
	31	治疗股骨头坏死	金锐（家族传承七代，约 210 年）	善于中医妇科、儿科，中医调剂师
	32	治疗鹅掌风		
	33	内服外用治疗妇科疾病	乔凯（家族传承三代，约 79 年）	善于中医妇科
	34	中药配穴位灸治疗阳痿早泄不育症	郑文春（家族传承三代，约 88 年）	善于治疗男性阳痿、早泄、不育等
	35	治疗早期乳腺癌	马俊龙（家族传承两代，约 54 年）	善于治疗乙肝等
	36	治疗乙肝病毒		
	37	清腐仙愈散	任志斌（家族传承四代，约 120 年）	善于中医治疗烧烫伤、皮肤病
	38	烧烫伤验方“任氏烫伤散”		
	39	皮肤病祖方“银青黄石膏”		
	40	大枫子洗剂治疗钱吊疮	武廷辅（家族传承四代，约 71 年）	善于中医治疗妇科、皮肤病
	41	不孕秘验方“女促孕丸”	韩玉梅（家族传承八代，约 210 年）	善于中医治疗妇科病
	42	不孕秘验方“参茸生精丸”		
	43	妇科纳入药“玉泽散”		
	44	生肌收敛散	赵玉明（家族传承三代，约 40 年）	善于中医治疗烧烫伤
	45	祛腐紫草生肌油		
	46	复元散	马凌晓（家族传承三代，约 72 年）	善于中医治疗跌打损伤
	47	马氏活血祛瘀膏		
	48	疳疾散	李月琴（家族传承三代，约 140 年）	善于中医治疗儿科病
	49	甘遂外敷治疗肝腹水	李文学（家族传承三代，约 140 年）	善于中医治疗肝病
	50	治疗慢性乙肝验方		
	51	生肌定痛散		
	52	蛤蟆煤治疗带状疱疹	陈丁虎（家族传承三代，约 58 年）	善于中医治疗不孕不育症、带状疱疹
	53	黑牛便治疗不孕不育症		
	54	痔疮清解膏	王景春（家族传承三代，约 70 年）	善于中医治疗肛肠科疾病
	55	颈椎康宁剂	李应强（家族传承三代，约 100 年）	善于中医接骨
	56	贴扇散	南辰登（家族传承六代，约 241 年）	善于内科及疑难杂病的辨证论治
	57	消痈汤		
	58	半剂陷胸汤		
	59	六盘山狼毒赶鼠丹	孟爱玲（家族传承三代，约 70 年）	善于中医治疗淋巴结核
	60	世德堂祖传接骨秘方	刘昌友（家族传承五代，约 313 年）	善于中医接骨
	61	千锤百龙膏治疗骨髓炎	杨桂林（师承三代，约 50 年）	善于中医治疗骨髓炎、腮腺炎
	62	透天油治疗腰椎间盘突出	魏志湖（家族传承三代，约 70 年）	善于中医治疗骨科腰椎间盘突出症

类别	序号	持有的传统知识	持有人	擅长疾病
单验方	63	腮腺炎一贴灵	张勇（家族传承两代，约 50 年）	善于中医治疗腮腺炎
	64	中药治疗黑指甲	买成德（师承两代，约 80 年）	善于中医内科、黑指甲
	65	逆传统疗法治疗过敏性紫癜		
	66	治疗男子遗精、滑精	汤秀成（家族传承两代，约 80 年）	善于中医治疗癫痫、遗精、滑精
	67	治疗谵语、癫痫验方		
	68	天灸 1、2、3 号方	王建平（师承三代，约 60 年）	善于中医妇科
	69	胃炎灵方	闫文武（家族传承两代，约 50 年）	善于中医风湿病
	70	祛风汤		
	71	丹凤油验方	万建国（师承三代，约 50 年）	善于治疗烧烫伤
	72	猪髓 1 号	李勇（家族传承五代，约 140 年）	善于应用中医治疗哮喘
	73	老姜末 1 号		
	74	白及汤 2 号		
	75	祛风通络散	史兴华（家族传承三代，约 48 年）	善于应用中医治疗骨质增生、腰椎间盘突出
	76	乳没温经通络散		
	77	活血化瘀散治疗静脉曲张		
	78	治疗银屑病	黄桂福（师承三代，约 50 年）	善于中医治疗皮肤病
	79	中药治疗痤疮	王重庆（家族传承四代，约 100 年）	善于中医治疗皮肤病
	80	治疗神经性皮炎、银屑病		
	81	中药治疗肾结石	董鸿林（家族传承三代，约 100 年）	善于中医妇科
	82	中药治疗半身不遂		
	83	治疗不孕不育		
传统诊疗技术	1	烟熏法治疗顽固性湿疹	牛俊文（家族传承三代，约 60 年）	善于治疗内科疾病
	2	耳部放血治疗皮肤病	郭瑞（家族传承四代，约 80 年）	善于治疗皮肤病
	3	汤瓶八诊疗法之骨诊	杨华祥（家族传承 1300 年）	擅长中医、汤瓶八诊疗法
	4	汤瓶八诊疗法之气诊		
	5	汤瓶八诊疗法之头诊		
	6	汤瓶八诊疗法之面诊		
	7	汤瓶八诊疗法之手诊		
	8	汤瓶八诊疗法之脉诊		
	9	汤瓶八诊疗法之脚诊		
	10	汤瓶八诊疗法之耳诊		
	11	针灸泄血疗法治疗腰椎间盘突出、偏头痛等各种疑难杂症	马献贵（家族传承九代，约 200 年）	善于治疗偏头痛、腰椎间盘突出
	12	杨氏正骨术	杨忠（师承五代，约 100 年）	善于中医骨科
	13	火针疗法	孙立军（家族传承三代，约 105 年）	善于运用中医治疗皮肤病
	14	大灸膏肓治疗各种虚损杂病	徐建业（传承三代，约 100 年）	善于中医虚损杂病时的治疗
	15	神三针和小儿大灸秘法		

类别	序号	持有的传统知识	持有人	擅长疾病
传统诊疗技术	16	涂抹疗法	陈堃（家族传承五代，约 110 年）	善于中医陈氏十技法
	17	熏敷治疗		
	18	挑疗法		
	19	脐疗法		
	20	捏疗法		
	21	灌肠疗法		
	22	点咽滴鼻洗眼疗法		
	23	刺疗法		
	24	吹疗法		
	25	陈氏发泡疗法		
	26	张氏正骨疗法	张宝玉（家族传承四代，约 150 年）	善于中医接骨
	27	移毒疗法	严浩翔（家族传承三代，约 57 年）	善于中医移毒疗法
	28	白降丹的新用途		
	29	蜂毒疗法	胡兴（师承三代，约 50 年）	善于治疗风湿病及类风湿性关节炎
	30	中医针灸治疗面瘫诊疗	陈丁虎（家族传承三代，约 58 年）	善于中医治疗不孕不育症、带状疱疹
	31	祖传针灸按摩技术治疗坐骨神经痛、腰椎间盘突出症诊疗	张维忠（师承三代，约 100 年）	善于治疗坐骨神经痛等
	32	祖传接骨手法	李应强（家族传承三代，约 100 年）	善于中医接骨
	33	三针治夜尿症诊疗方法	李勇（家族传承五代，约 140 年）	善于应用中医治疗哮喘
生命养生知识	1	刘氏养易自然功	刘海（家族传承四代，约 200 年）	善于中医刘氏养易自然功
	2	黄氏养生功	黄卉（家族传承四代，约 170 年）	善于应用理论治疗妇科常见病
传统制剂方法	1	牛记中草药水丸手工制作技艺	牛卫东（家族传承五代，约 130 年）	掌握中医水丸制作技艺
中药炮制技艺	1	肉豆蔻的炮制	金锐（家族传承七代，约 210 年）	善于中医妇科、儿科，中医调剂师
其他	1	《医理详解》十卷	武廷辅（家族传承四代，约 71 年）	善于中医妇科、皮肤病
	2	不孕不育的中医治疗思想	韩玉梅（家族传承八代，约 210 年）	善于中医妇科
	3	宁夏马氏不育不孕治疗经验	马颂荣（家族传承四代，约 62 年）	善于中医妇科
	4	南氏医道秘验录	南辰登（家族传承六代，约 241 年）	善于内科及疑难杂症的辨证论治

附录 5-1 宁夏地理标志农产品①

序号	产品名称	行业	申请主体
1	宁夏大米	种植业	宁夏优质稻米产业化协会
2	宁夏菜心	种植业	宁夏蔬菜产销协会
3	银川鲤鱼	渔业	银川市水产技术推广服务中心
4	吴忠牛乳	畜牧业	吴忠市乳业协会
5	吴忠亚麻籽油	种植业	吴忠市农产品质量检测中心
6	中卫硒砂瓜	种植业	中卫市农业技术推广中心
7	固原葵花	种植业	固原市农业技术推广中心
8	贺兰螺丝菜	种植业	贺兰县农牧局乡镇企业培训服务中心
9	丁北西芹	种植业	贺兰县农牧局乡镇企业培训服务中心
10	张亮香瓜	种植业	贺兰县农牧局乡镇企业培训服务中心
11	灵武长枣	种植业	灵武长枣协会
12	大武口小公鸡	畜牧业	石嘴山市大武口区农业畜牧技术推广服务中心
13	李岗西甜瓜	种植业	惠农区创益西甜瓜专业合作社
14	黄渠桥羊羔肉	畜牧业	平罗县动物卫生监督所
15	涝河桥牛肉	畜牧业	吴忠市畜牧草原技术推广服务中心
16	涝河桥羊肉	畜牧业	吴忠市畜牧草原技术推广服务中心
17	马家湖西瓜	种植业	吴忠市利通区蔬菜技术推广服务中心
18	扁担沟苹果	种植业	吴忠市扁担沟玉果果品购销专业合作社
19	金银滩李子	种植业	吴忠林场
20	青铜峡辣椒	种植业	青铜峡市农业技术推广服务中心
21	青铜峡西瓜	种植业	青铜峡市农业技术推广服务中心
22	青铜峡番茄	种植业	青铜峡市农业技术推广服务中心
23	盐池滩羊肉	畜牧业	盐池县滩羊肉产品质量监督检验站
24	盐池滩鸡	畜牧业	盐池县滩羊肉产品质量监督检验站
25	盐池摊鸡蛋	畜牧业	盐池县滩羊肉产品质量监督检验站
26	盐池二毛皮	畜牧业	盐池县滩羊肉产品质量监督检验站
27	盐池蜂蜜	畜牧业	盐池县种子管理站
28	盐池黄花菜	种植业	盐池县种子管理站
29	盐池谷子	种植业	盐池县种子管理站
30	盐池糜子	种植业	盐池县种子管理站

① 宁夏农业农村厅农产品质量安全中心资料整理。

序号	产品名称	行业	申请主体
31	盐池胡麻	种植业	盐池县惠众小杂粮产业化合作社
32	盐池甘草	种植业	盐池县中药材服务站
33	盐池甜瓜	种植业	盐池县科技服务中心
34	盐池荞麦	种植业	盐池县科技服务中心
35	盐池西瓜	种植业	盐池县科技服务中心
36	同心滩羊肉	畜牧业	同心县养羊协会
37	同心银柴胡	种植业	同心县农业技术推广服务中心
38	同心马铃薯	种植业	同心县农业技术推广服务中心
39	原州油用亚麻	种植业	固原市原州区农业技术推广服务中心
40	原州马铃薯	种植业	固原市原州区农业技术推广服务中心
41	泾源黄牛肉	畜牧业	泾源县畜牧技术推广服务中心
42	泾源蜂蜜	畜牧业	泾源县科技中心
43	六盘山蚕豆	种植业	隆德县农业技术推广服务中心
44	隆德马铃薯	种植业	隆德县种子管理站
45	六盘山秦艽	种植业	隆德县中药材产业办公室
46	六盘山黄芪	种植业	隆德县中药材产业办公室
47	西吉马铃薯	种植业	西吉县马铃薯产业服务中心
48	西吉西芹	种植业	西吉县农业技术推广服务中心
49	彭阳辣椒	种植业	彭阳县红河辣椒专业合作社
50	朝那乌鸡	畜牧业	彭阳县养鸡专业合作社
51	彭阳杏子	种植业	宁夏茹阳林果专业合作社
52	南长滩大枣	种植业	中卫市梨枣协会
53	南长滩软梨子	种植业	中卫市梨枣协会
54	沙坡头苹果	种植业	中卫市沙坡头苹果协会
55	中卫硒砂瓜	种植业	中宁县硒砂瓜生产营销协会
56	中宁枸杞	种植业	中宁县枸杞产业发展服务局
57	海原硒砂瓜	种植业	兴仁硒砂瓜市场流通协会
58	海原小茴香	种植业	海原县永鑫小茴香专业合作社
59	海原马铃薯	种植业	海原县鸿鑫马铃薯专业合作社
60	沙湖大鱼头	渔业	宁夏回族自治区农垦事业管理局

附录 5-2 国家地理标志保护产品——宁夏产品名录①

序号	产品名称	公告号	保护范围
1	宁夏枸杞	国家质量监督检验检疫总局 2004 年第 54 号公告	银川平原、卫宁灌区
2	贺兰山东麓葡萄酒	国家质量监督检验检疫总局 2011 年第 14 号公告	宁夏银川、石嘴山、吴忠、中卫等地约 30 个乡镇、农场、林场现辖行政区域
3	灵武长枣	国家质量监督检验检疫总局 2006 年第 74 号公告	宁夏灵武市现辖行政区域
4	香山压砸砂瓜	国家质量监督检验检疫总局 2007 年第 137 号公告	宁夏中卫市城区香山乡、兴仁镇等 10 个乡镇（乡）的现辖行政区域
5	同心圆枣	国家质量监督检验检疫总局 2010 年第 54 号公告	宁夏同心、中宁、红寺堡、海原县、中卫市沙坡头区、盐池县部分乡镇现辖行政区域
6	盐池滩羊	国家质量监督检验检疫总局 2015 年第 9 号公告	宁夏盐池县花马池镇、大水坑镇等 8 个乡镇现辖行政区域
7	固原马铃薯	国家质量监督检验检疫总局 2016 年第 168 号公告	宁夏固原市现辖行政区域
8	固原胡麻油	国家质量监督检验检疫总局 2016 年第 128 号公告	宁夏固原市现辖行政区域
9	固原黄牛	国家质量监督检验检疫总局 2016 年第 128 号公告	宁夏固原市现辖行政区域
10	彭阳红梅杏	国家质量监督检验检疫总局 2016 年第 168 号公告	宁夏固原市彭阳县现辖行政区域
11	彭阳朝那鸡	国家质量监督检验检疫总局 2016 年第 168 号公告	宁夏固原市彭阳县现辖行政区域

① 宁夏市场监督管理厅（知识产权局）资料整理。

附录 5-3 宁夏地理标志商标[①]

序号	地级市	区（县）	商标注册人	商标（图样）	核定使用商品/服务
1	银川市	兴庆区	宁夏回族自治区葡萄花卉产业发展局	贺兰山东麓葡萄酒	酒（饮料）；葡萄酒；果酒（含酒精）
2	银川市	兴庆区	宁夏回族自治区葡萄花卉产业发展局		鲜葡萄
3	银川市	西夏区	宁夏回族自治区矿业开发勘查院	贺兰砚 Helanyan	砚（墨水池）
4	银川市	灵武市	灵武长枣协会		鲜枣
5	银川市	灵武市	灵武市畜牧技术推广服务中心		羊（活动物）
6	银川市	灵武市	灵武市畜牧技术推广服务中心		羊肉
7	石嘴山市	大武口区	宁夏太西煤产品质量检测中心	太西牌 TXCOAL	煤球；泥炭块（燃料）；泥煤球（燃料）；易燃煤球；煤；焦炭；矿物燃料；褐煤；煤屑（燃料）
8	石嘴山市	惠农区	石嘴山市惠农区农业技术推广服务中心	惠农枸杞	枸杞

① 张欣.《宁夏地理标志商标助推地方经济发展研究》[D]. 中央党校，2019 年，第 11～14 页。

序号	地级市	区（县）	商标注册人	商标（图样）	核定使用商品/服务
9	石嘴山市	大武口区	大武口区凉皮协会	大武口凉皮	凉皮（面粉制品）
10	石嘴山市	大武口区	石嘴山市瓜菜产业协会	平罗沙漠西瓜	西瓜
11	吴忠市	盐池县	盐池县滩羊肉产品质量监督检验站	盐池滩羊	滩羊肉
12	吴忠市	盐池县	盐池县滩羊肉产品质量监督检验站	盐池滩羊	羊
13	吴忠市	盐池县	盐池县中药材技术服务站	YAN CHI GAN CAO 盐池甘草	医药用甘草；甘草
14	吴忠市	同心县	同心县圆枣协会	同心圆枣	枣
15	吴忠市	青铜峡市	青铜峡市农业技术推广服务中心	青铜峡大米	大米
16	固原市	彭阳县	彭阳县养鸡专业合作社		活鸡
17	固原市	彭阳县	彭阳县养鸡专业合作社		鸡肉
18	固原市	西吉县	西吉县马铃薯生产研究所	Potato-Xiji 西吉 马铃薯 XiJi MaLingShu	谷（谷类）；活动物；饲料；甜瓜；鲜水果；鲜土豆；新鲜蔬菜；植物；植物种子；籽苗

序号	地级市	区（县）	商标注册人	商标（图样）	核定使用商品/服务
19	固原市	西吉县	西吉县马铃薯生产研究所	西吉芹菜	芹菜
20	固原市	泾源县	泾源县林业技术推广服务中心	六盘山 苗木	树木、植物、仔苗
21	固原市	泾源县	泾源县林业技术推广服务中心	泾源黄牛	牛
22	固原市	彭阳县	彭阳县农产品经纪人协会	彭阳 DY 辣椒	新鲜蔬菜，辣椒、黄瓜、鲜扁豆、甜菜、洋葱、鲜水果、饲料
23	中卫市	中宁县	中宁县枸杞生产管理站	中寧枸杞 THE LYCIUM CHINENSE OF ZHONGNING	枸杞
24	中卫市	中宁县	中宁县林业技术推广服务中心	中宁圆枣 ZHONG NING YUAN ZAO	鲜枣
25	中卫市	海原县	海原县文化馆	海原回绣	银线制绣品；绣金制品；花彩装饰（绣制品）；花哨的小商品（绣制品）；花边；鞋带；衣服饰边；花边饰品；绣花饰品

附录 6-1　传统粮食作物编目表及其相对引用频率（RFC）

序号	科名	属名	种名	拉丁名	地方品种名	研究村落提及次数						总提及次数（FC）	相对引用频率（RFC）
						a	b	c	d	e	f		
1	禾本科 Gramineae	燕麦属	莜麦	*Avena chinensis*（Fisch. ex Roem. et Schult.）Metzg.	莜麦/油麦子	0	0	0	0	0	9	9	2.86
2	禾本科 Gramineae	黍属	糜子	*Panicum miliaceum* L.	黄糜子	0	3	30	16	0	22	71	22.54
3	禾本科 Gramineae	黍属	糜子	*Panicum miliaceum* L.	红糜子	0	0	0	16	0	33	49	15.56
4	禾本科 Gramineae	黍属	糜子	*Panicum miliaceum* L.	黑糜子	0	3	0	0	0	20	23	7.30
5	禾本科 Gramineae	狗尾草属	谷子	*Setaria italica* Beauv.	小黄谷	0	2	22	13	1	35	73	23.17
6	禾本科 Gramineae	狗尾草属	谷子	*Setaria italica* Beauv.	毛掇掇谷/毛茸茸谷	0	0	0	0	0	31	31	9.84
7	禾本科 Gramineae	狗尾草属	谷子	*Setaria italica* Beauv.	狼尾谷	0	0	0	0	0	25	25	7.94
8	禾本科 Gramineae	狗尾草属	谷子	*Setaria italica* Beauv.	白凉谷	0	0	0	0	0	2	2	0.63
9	禾本科 Gramineae	高粱属	高粱	*Sorghum bicolor*（L.）Moench	高粱/蜀黍	0	0	0	0	0	7	7	2.22
10	禾本科 Gramineae	小麦属	小麦	*Triticum aestivum* L.	红芒春麦	0	0	33	1	11	25	70	22.22
11	禾本科 Gramineae	小麦属	小麦	*Triticum aestivum* L.	红芒冬麦	0	0	0	0	11	8	19	6.03
12	禾本科 Gramineae	小麦属	小麦	*Triticum aestivum* L.	秃头麦	0	0	0	0	0	14	14	4.44
13	禾本科 Gramineae	玉蜀黍属	玉米	*Zea mays* L.	玉米/玉麦	12	18	47	45	48	10	180	57.14
14	豆科 Leguminosae	兵豆属	兵豆	*Lens culinaris* Medic.	扁豆	3	1	0	0	2	19	25	7.94

序号	科名	属名	种名	拉丁名	地方品种名	研究村落提及次数						总提及次数（FC）	相对引用频率（RFC）
						a	b	c	d	e	f		
15	豆科 Leguminosae	菜豆属	白芸豆	*Phaseolus vulgaris* L.	麻牙豆/白豆	3	1	4	2	0	8	18	5.71
16	豆科 Leguminosae	豌豆属	豌豆	*Pisum sativum* L.	白豌豆	6	1	11	7	8	16	49	15.56
17	豆科 Leguminosae	豌豆属	豌豆	*Pisum sativum* L.	麻豌豆	3	0	15	3	0	13	34	10.79
18	豆科 Leguminosae	豌豆属	豌豆	*Pisum sativum* L.	豌豆	0	0	9	2	0	0	11	3.49
19	豆科 Leguminosae	豌豆属	豌豆	*Pisum sativum* L.	兰豌豆	0	0	4	2	0	0	6	1.90
20	豆科 Leguminosae	野豌豆属	蚕豆	*Vicia faba* L.	大豆	8	0	11	7	13	0	39	12.38
21	亚麻科 Linaceae	亚麻属	亚麻	*Linum usitatissimum* L.	净子胡麻	0	1	27	10	10	15	63	20.00
22	亚麻科 Linaceae	亚麻属	亚麻	*Linum usitatissimum* L.	芫芫胡麻	0	0	21	8	0	29	58	18.41
23	十字花科 Brassicaceae	芝麻菜属	芝麻菜	*Eruca sativa* Mill.	芸芥/圆圆	0	0	21	8	9	29	67	21.27
24	蓼科 Polygonaceae	荞麦属	荞麦	*Fagopyrum sagittatum* Gilib	甜荞麦/甜荞	6	0	30	20	1	36	93	29.52
25	蓼科 Polygonaceae	荞麦属	苦荞麦	*Fagopyrum tataricum*（L.）Gaertn.	苦荞麦/苦荞	0	0	30	0	1	30	61	19.37
26	茄科 Solanaceae	茄属	马铃薯	*Solanum tuberosum* L.	深眼窝洋芋/土豆	2	0	0	2	3	19	26	8.25
27	唇形科 Lamiaceae	紫苏属	紫苏	*Perilla frutescens*（L.）Britt.	苏子	0	0	4	3	0	0	7	2.22
28	菊科 Asteraceae.	向日葵属	向日葵	*Helianthus annuus* L.	向日葵/油葵	11	5	45	36	7	30	134	42.54

附录 6-2　传统蔬菜作物编目表及其相对引用频率（RFC）

序号	科名	属名	种名	拉丁名	地方品种名	研究村落提及次数						总提及次数（FC）	相对引用频率（RFC）
						a	b	c	d	e	f		
1	黄脂木科 Xanthorrhoeaceae	萱草属	黄花菜	*Hemerocallis citrina* Baroni	黄花菜/金针花	0	2	32	52	16	18	120	38.10
2	石蒜科 Amaryllidaceae	葱属	葱	*Allium fistulosum* L.	白葱	21	2	0	15	28	17	83	26.35
3	石蒜科 Amaryllidaceae	葱属	蒜	*Allium sativum* L.	大蒜	0	0	0	0	2	0	2	0.63
4	石蒜科 Amaryllidaceae	葱属	蒜	*Allium sativum* L.	红蒜	0	0	0	0	0	2	2	0.63
5	石蒜科 Amaryllidaceae	葱属	蒜	*Allium sativum* L.	白蒜	2	0	19	9	9	18	57	18.10
6	石蒜科 Amaryllidaceae	葱属	韭菜	*Allium tuberosum* Rottler ex Spreng.	韭菜/老韭菜	3	9	46	31	24	33	146	46.35
7	石蒜科 Amaryllidaceae	葱属	红葱	*Allium cepa* L.var. *proliferum* Regel	龙葱/红葱/浓葱	14	12	57	40	0	34	157	49.84
8	豆科 Leguminosae	苜蓿属	紫苜蓿	*Medicago sativa* L.	苜蓿/紫花苜蓿	19	2	0	0	36	0	57	18.10
9	豆科 Leguminosae	菜豆属	荷包豆	*Phaseolus coccineus* L.	刀豆	0	0	0	2	1	24	27	8.57
10	豆科 Leguminosae	菜豆属	菜豆	*Phaseolus vulgaris* L.	菜豆子	0	0	0	0	6	17	23	7.30
11	豆科 Leguminosae	胡卢巴属	胡卢巴	*Trigonella foenum-graecum* L.	香豆菜	1	6	13	2	7	28	57	18.10
12	豆科 Leguminosae	豇豆属	豇豆	*Vigna unguiculata*（L.）Walp.	豆角	1	0	31	21	16	0	69	21.90
13	葫芦科 Cucurbitaceae	黄瓜属	黄瓜	*Cucumis sativus* L.	老黄瓜	0	0	0	0	23	0	23	7.30
14	葫芦科 Cucurbitaceae	南瓜属	南瓜	*Cucurbita moschata*（Duch. ex Lam.）Duch. ex Poiret	牛腿瓜	1	0	0	0	4	0	5	1.59
15	葫芦科 Cucurbitaceae	南瓜属	南瓜	*Cucurbita moschata*（Duch. ex Lam.）Duch. ex Poiret	番瓜	2	0	0	0	14	0	16	5.08
16	葫芦科 Cucurbitaceae	南瓜属	西葫芦	*Cucurbita pepo* L.	菜瓜	6	0	0	0	7	0	13	4.13
17	芸香科 Rutaceae	花椒属	花椒	*Zanthoxylum bungeanum* Maxim.	花椒	2	0	0	0	10	0	12	3.81
18	楝科 Meliaceae	香椿属	香椿	*Toona sinensis*（A. Juss.）Roem.	香椿树	2	0	0	0	16	0	18	5.71
19	十字花科 Brassicaceae	芸薹属	芥菜	*Brassica juncea*（L.）Czern. et Coss.	红芥末	0	0	0	0	1	0	1	0.32

序号	科名	属名	种名	拉丁名	地方品种名	研究村落提及次数						总提及次数（FC）	相对引用频率（RFC）
						a	b	c	d	e	f		
20	十字花科 Brassicaceae	芸薹属	血里红	*Brassica juncea*（L.）Czern. et Coss. var. *multiceps* Tsen et Lee	毛野花盖	0	0	0	0	0	14	14	4.44
21	十字花科 Brassicaceae	芸薹属	甘蓝	*Brassica oleracea* L.	包包菜	0	0	0	0	13	0	13	4.13
22	十字花科 Brassicaceae	芸薹属	花椰菜	*Brassica oleracea* L. var. *botrytis* L.	花椰菜/花菜	0	0	0	0	4	0	4	1.27
23	十字花科 Brassicaceae	芸薹属	苤蓝	*Brassica oleracea* L. var. *caulorapa* DC.	撇莲	0	0	0	0	2	0	2	0.63
24	十字花科 Brassicaceae	芸薹属	白菜	*Brassica pekinensis*（Lour.）Rupr.	白菜	2	2	45	17	25	30	121	38.41
25	十字花科 Brassicaceae	芸薹属	青菜	*Brassica rapa* L.	小白菜	0	0	0	0	9	0	9	2.86
26	十字花科 Brassicaceae	萝卜属	萝卜	*Raphanus sativus* L.	绿头萝卜	2	0	19	10	15	0	46	14.60
27	十字花科 Brassicaceae	萝卜属	萝卜	*Raphanus sativus* L.	白萝卜	2	1	21	6	16	28	74	23.49
28	十字花科 Brassicaceae	萝卜属	萝卜	*Raphanus sativus* L.	红头萝卜	2	1	4	6	11	16	40	12.70
29	苋科 Amaranthaceae	滨藜属	榆钱菠菜	*Atriplex hortensis* L.	洋菠菜/野菠菜	1	0	0	0	5	0	6	1.90
30	苋科 Amaranthaceae	地肤属	扫帚菜/地肤	*Kochia scoparia*（L.）Schrad.	扫帚菜/扫把菜	20	0	0	0	26	0	46	14.60
31	苋科 Amaranthaceae	甜菜属	甜菜	*Beta vulgaris* L.	甜萝卜/沃尔曼	0	0	0	0	2	0	2	0.63
32	苋科 Amaranthaceae	菠菜属	菠菜	*Spinacia oleracea* L.	菠菜	0	0	0	0	13	0	13	4.13
33	茄科 Solanaceae	辣椒属	辣椒	*Capsicum annuum* L.	辣子	2	1	0	5	18	0	26	8.25
34	茄科 Solanaceae	辣椒属	辣椒	*Capsicum annuum* L.	线辣子	2	1	0	0	19	0	22	6.98
35	茄科 Solanaceae	茄属	茄	*Solanum melongena* L.	茄子	1	0	2	4	9	0	16	5.08
36	唇形科 Labiatae	水苏属	甘露子	*Stachys affinis* Bge.	地溜子/地环	0	2	38	40	7	0	87	27.62
37	菊科 Compositae	向日葵属	菊芋	*Helianthus tuberosus* L.	洋姜	0	0	64	60	0	0	124	39.37
38	菊科 Compositae	莴苣属	莴笋	*Lactuca sativa* L.var. *angustana* Irish.	莴笋	0	0	0	0	1	0	1	0.32
39	伞形科 Apiaceae	芹属	芹菜	*Apium graveolens* L.	芹菜	0	0	0	0	12	10	22	6.98
40	伞形科 Apiaceae	芫荽属	芫荽	*Coriandrum sativum* L.	芫荽/香菜	2	3	24	25	14	31	99	31.43
41	伞形科 Apiaceae	胡萝卜属	胡萝卜	*Daucus carota* L. var. *sativa* Hoffm.	红萝卜	3	0	25	12	17	0	57	18.10
42	伞形科 Apiaceae	胡萝卜属	胡萝卜	*Daucus carota* L. var. *sativa* Hoffm.	黄萝卜	3	0	24	12	17	5	61	19.37
43	伞形科 Apiaceae	茴香属	茴香	*Foeniculum vulgare* Mill.	小茴香/红香	0	0	0	0	2	11	13	4.13

附录 6-3 传统野生食用植物编目表及其相对引用频率（RFC）

序号	科名	属名	植物名	拉丁名	当地名	生活型	食用部位[1)]	食用方法[2)]	研究村落提及次数						总提及次数（FC）	相对引用频率（RFC）
									a	b	c	d	e	f		
1	石蒜科 Amaryllidaceae	葱属	蒙古韭	*Allium mongolicum* Regel	沙葱	多年生草本	WP	CD，So，Fr，Se，Sm	4	7	53	57	0	11	132	41.90
2	石蒜科 Amaryllidaceae	葱属	野韭	*Allium ramosum* L.	野韭菜/拉萨子	多年生草本	TL，TS	CD，Fr，Se，So，Sm	4	1	0	0	22	28	55	17.46
3	石蒜科 Amaryllidaceae	葱属	薤白	*Allium macrostemon* Bge.	小蒜/拉萨子	多年生草本	WP	CD，Fr，Se，So，Sm	0	0	0	0	22	28	50	15.87
4	石蒜科 Amaryllidaceae	葱属	白花葱	*Allium yanchiense* J. M. Xu	野葱/鸡大腿葱	多年生草本	L	CD，Fr，Se	0	0	0	0	18	5	23	7.30
5	石蒜科 Amaryllidaceae	葱属	细叶韭	*Allium tenuissimum* L.	羊胡子	多年生草本	WP	CD，So，Fr，Se，Sm	0	0	0	0	0	4	4	1.27
6	小檗科 Berberidaceae	小檗属	短柄小檗	*Berberis brachypoda* Maxim.	酸不溜柳树	落叶灌木	F	RE	0	0	0	0	9	0	9	2.86
7	茶藨子科 Grossulariaceae	茶藨子属	尖叶茶藨子	*Ribes maximowiczianum* Komarov	茶叶目	灌木	F	RE	0	0	0	0	2	0	2	0.63
8	豆科 Leguminosae	米口袋属	狭叶米口袋	*Gueldenstaedtia stenophylla* Bge.	米谷粧粧/粮食粧粧	多年生草本	F	RE	0	0	43	26	0	0	69	21.90

序号	科名	属名	植物名	拉丁名	当地名	生活型	食用部位[1)]	食用方法[2)]	研究村落提及次数						总提及次数（FC）	相对引用频率（RFC）
									a	b	c	d	e	f		
9	蔷薇科 Rosaceae	蛇莓属	蛇莓	*Duchesnea indica*（Andr.）Focke	撇儿/玫子	多年生草本	F	RE	0	0	0	0	13	0	13	4.13
10	蔷薇科 Rosaceae	草莓属	东方草莓	*Fragaria orientalis* Losinsk	野草莓/撇儿	多年生草本	F	RE	0	0	0	0	13	0	13	4.13
11	蔷薇科 Rosaceae	委陵菜属	鹅绒委陵菜	*Potentilla anserina* L.	蕨麻	多年生匍匐草本	TS，TL	WB，Fr	0	0	0	0	12	0	12	3.81
12	蔷薇科 Rosaceae	悬钩子属	腺花茅莓	*Rubus parvifolius* L. var. *taquetii*（H. Lév.）Lauener & D.K. Ferguson	梅豆湾	落叶稀常绿灌木、半灌木或多年生匍匐草本	F	RE	0	0	0	0	1	0	1	0.32
13	牻牛儿苗科 Geraniaceae	牻牛儿苗属	牻牛儿苗	*Erodium stephanianum* Willd	红根子/栌耙	一年多生或二年生草本	R	RE，CD，Fr	0	0	39	38	0	7	84	26.67
14	白刺科 Nitrariaceae	白刺属	白刺	*Nitraria tangutorum* Bobrov	嘎啦穆/bia 刺/酸溜子	灌木	F	RE	0	0	33	28	0	6	67	21.27
15	锦葵科 Malvaceae	木槿属 Hibiscus	野西瓜苗	*Hibiscus trionum* L.	黑籽籽	一年生草本	F	RE	0	0	0	23	0	6	29	9.21
16	十字花科 Brassicaceae	独行菜属	独行菜	*Lepidium apetalum* Willd.	辣辣	一、二年生草本	TL	RE，CD，Fr	0	3	48	41	8	22	122	38.73
17	十字花科 Brassicaceae	荠属	荠	*Capsella bursa-pastoris*（L.）Medic.	花花菜/荠菜	一、二年生草本	WP	Fr，CD	0	0	0	0	29	0	29	9.21
18	十字花科 Brassicaceae	独行菜属	宽叶独行菜	*Lepidium latifolium* L.	大辣辣	一、二年生草本	TL	RE，CD，Fr	0	0	0	0	0	2	2	0.63
19	十字花科 Brassicaceae	菥蓂属	菥蓂	*Thlaspi arvense* L.	苦芥子	一年生草本	F	Op	0	0	0	0	1	0	1	0.32
20	蓼科 Polygonaceae	萹蓄属	西伯利亚蓼	*Polygonum sibiricum* Laxm.	面条	多年生草本	R，S	WB，St	0	0	0	0	0	1	1	0.32

序号	科名	属名	植物名	拉丁名	当地名	生活型	食用部位[1)]	食用方法[2)]	研究村落提及次数						总提及次数	相对引用频率
									a	b	c	d	e	f	（FC）	（RFC）
21	苋科 Amaranthaceae	藜属	藜	*Chenopodium album* L.	灰条/灰菜/大灰条	多年生草本	TS，TL	CD，Fr	37	4	19	39	29	0	128	40.63
22	苋科 Amaranthaceae	腺毛藜属	菊叶香藜	*Dysphania schraderiana* （Roemer & Schultes） Mosyakin & Clemants	小叶灰条	一年生草本	TS，TL	CD，Fr	31	0	0	0	26	0	57	18.10
23	苋科 Amaranthaceae	苋属	反枝苋	*Amaranthus retroflexus* L.	野人汉	一年生草本	TS，TL	CD，WB，Fr，St，Sm	0	0	0	0	4	0	4	1.27
24	苋科 Amaranthaceae	碱猪毛菜属	猪毛菜	*Salsola collina* Pall.	刺蓬/睁眼子扎梨子/蓬子菜	一年生草本	TS，TL	CD，Fr	1	0	0	0	0	0	1	0.32
25	马齿苋科 Portulacaceae	马齿苋属	马齿苋	*Portulaca oleracea* L.	胖娃娃菜	一年生草本	TS，TL	CD，Fr	1	3	0	0	10	27	41	13.02
26	茜草科 Rubiaceae	拉拉藤属	蓬子菜	*Galium verum* L.	黄米干饭	多年生草本	TS，TL	CD，Fr	0	0	0	0	1	0	1	0.32
27	夹竹桃科 Apocynaceae	鹅绒藤属	地稍瓜	*Cynanchum thesiodes* （Freyn）. K.Schum	奶瓜瓜/蒿瓜子/马奶子	多年生草本	F	RE，CD	0	8	49	46	0	31	134	42.54
28	旋花科 Convolvulaceae	打碗花属	打碗花	*Calystegia hederacea* Wall.	苦子蔓根/野牵牛	一年生草本	Fl	CD，Sm	0	0	0	0	2	2	4	1.27
29	旋花科 Convolvulaceae	虎掌藤属	圆叶牵牛	*Ipomoea purpurea* （L.）Roth	牵牛花/喇叭花/黑白丑	一年生缠绕草本	Fl	CD，Sm	1	0	0	0	0	0	1	0.32
30	茄科 Solanaceae	茄属	龙葵	*Solanum americanum* Mill.	野薇花	一年生草本	Fl	CD，Sm	0	0	0	0	1	0	1	0.32
31	车前科 Plantaginaceae	车前属	车前	*Plantago asiatica* L.	牛舌头	多年生草本	TS，TL	CD，St	7	0	0	0	27	0	34	10.79
32	车前科 Plantaginaceae	车前属	平车前	*Plantago depressa* Willd.	小牛舌头	一、二年生草本	TS，TL	CD，St	7	0	0	0	27	0	34	10.79

序号	科名	属名	植物名	拉丁名	当地名	生活型	食用部位 1)	食用方法 2)	研究村落提及次数						总提及次数（FC）	相对引用频率（RFC）
									a	b	c	d	e	f		
33	车前科 Plantaginaceae	车前属	大车前	*Plantago major* L.	牛舌头	多年生草本	TS，TL	CD，St	7	0	0	0	27	0	34	10.79
34	唇形科 Labiatae	百里香属	百里香	*Thymus mongolicus* Ronn.	地椒花子	半灌木	L	Dr，Fr	0	0	0	13	6	3	22	6.98
35	菊科 Compositae	莴苣属	乳苣	*Lactuca tatarica*（L.）C.A.Mey	麻苦苦菜/苦苦苦菜	多年生草本	R，TS，L	CD，Fr	29	32	68	57	38	45	269	85.40
36	菊科 Compositae	苦苣菜属	苣荬菜	*Sonchus arvensis* L.	苦苦菜/苦蓄/甜苦苦菜	多年生草本	R，TS，L	CD，Fr	29	32	68	57	38	45	269	85.40
37	菊科 Compositae	苦苣菜属	苦苣菜	*Sonchus oleraceus* L.	苦苦菜/甜苦菜	多年生草本	R，TS，L	CD，Fr	29	32	68	57	38	45	269	85.40
38	菊科 Compositae	蒲公英属	蒲公英	*Taraxacum mongolicum* Hand.-Mazz.	节节刚/黄黄子/环环台	多年生草本	Fl，L，TS，R	CD，WB，Fr，St，Sm	24	16	68	35	38	39	220	69.84
39	菊科 Compositae	蒿属	茵陈	*Artemisia capillaris* Thunb	白蒿子/白蒿头子/油蒿头子	多年生草本或半灌木	TS，TL	CD，Fr	34	5	0	0	34	0	73	23.17
40	菊科 Compositae	蒿属	猪毛蒿	*Artemisia scoparia* Waldst. et Kit.	白蒿子/白蒿头子/油蒿头子	多年生草本或半灌木	TS，TL	CD，Fr	34	5	0	0	34	0	73	23.17
41	菊科 Asteraceae	蒿属	艾	*Artemisia argyi* Levl.et Vant.	艾/艾蒿	多年生草本	TL	Sm	3	1	10	34	0	0	48	15.24
42	菊科 Compositae	蒿属	无毛牛尾蒿	*Artemisia dubia* L. ex B.D.Jacks.	夷子蒿	多年生草本	L	Dr	0	0	45	0	0	0	45	14.29
43	五加科 Araliaceae	楤木属	黄花楤木	*Aralia chinensis* L. var. *nuda* Nakai	乌椰头/狼牙棒	灌木或乔木	Sp	CD，Fr	0	0	0	0	32	0	32	10.16
44	五加科 Araliaceae	五加属	红毛五加	*Eleutherococcus giraldii*（Harms）Nakai	五爪子菜	灌木	Sp	CD，Fr	0	0	0	0	29	0	29	9.21

序号	科名	属名	植物名	拉丁名	当地名	生活型	食用部位[1)]	食用方法[2)]	研究村落提及次数						总提及次数（FC）	相对引用频率（RFC）
									a	b	c	d	e	f		
45	五加科 Araliaceae	五加属	狭叶五加	*Acanthopanax wilsonii* Harms	黑豆杆	小灌木	L	CD，Fr	0	0	0	0	2	0	2	0.63
46	伞形科 Apiaceae	迷果芹属	迷果芹	*Sphallerocarpus gracilis*（Bess.）K.-Pol.	面筋	多年生草本	S，R	RE	0	0	35	2	0	10	47	14.92
47	伞形科 Apiaceae	防风属	防风	*Saposhnikovia divaricata*（Turcz.）Schischk.	旱萨椒/马缨子	多年生草本	TL，L	Sm	0	0	0	0	5	0	5	1.59
48	碗蕨科 Dennstaedtiaceae	蕨属	蕨菜	*Pteridium aquilinum* var. *latiusculum*（Desv.）Underw.ex Heller	蕨菜	—	R，S，Sp	WB，Fr，Sm，So	0	0	0	0	31	0	31	9.84
49	念珠藻科 Nostoc	念珠藻属	念珠藻	*Nostoc sphaeroids* kutz	地转子/地软子/地甲	—	Al	Fr，CD，St	28	10	43	42	25	32	180	57.14
50	念珠藻科 Nostoc	念珠藻属	发菜	*Nostoc flagelliforme* Born. et Flah.	发菜/头发菜	—	Al	CD	1	0	45	44	6	23	119	37.78
51	木耳科 Auriculariales	木耳属	黑木耳	*Auricularia auricula*（L.ex Hook.）Underwood	木耳	—	WP	Fr，CD，St	0	0	0	0	23	0	23	7.30
52	牛肝菌科	粘盖牛肝菌属	点柄乳牛肝菌	*Suillus granulatus*（L. Ex Franch.）Ktze.	蘑菇	—	WP	WB，Fr，St	0	0	0	0	22	0	22	6.98
53	多孔菌科	栓菌属	云芝	*Coriolus versicolor*（L.exFr.）Quel	素娥	—	WP	WB，St	0	0	0	0	3	0	3	0.95

注：1) TL：嫩叶；TS：嫩茎；WP：全株；F：果实；S：茎；L：叶；Sp：嫩芽；Fl：花；R：根；Al：藻体。

2) RE：生食；CD：凉拌；So：腌制；WB：水煮；Sm：蒸；Fr：炒；St：炖汤；Dr：饮料；Se：调味料。

附录 6-4 传统家养动物编目表及其相对引用频率（RFC）

序号	科名	动物学名	拉丁名	当地名	研究村落提及次数						总提及次数（FC）	相对引用频率（RFC）
					a	b	c	d	e	f		
1	牛科	山羊	*Capra aegagrus*	当地山羊	2	4	21	41	0	22	90	28.57
2	牛科	绵羊	*Ovis aries*（L.）	当地滩羊	2	5	21	41	1	38	108	34.29
3	牛科	黄牛	*Bos taurus* Mongolicus	泾源黄牛	5	6	12	4	26	1	54	17.14
4	雉科	红色原鸡	*Gallus gallus*（L.）	静原鸡	6	0	0	0	27	0	33	10.48
5	马科	驴	*Equss hemionus* Kulan	西吉驴	0	0	0	0	0	27	27	8.57
6	土蜂科	中华蜜蜂	*Apis*（*Sigmatapis*）*cerana cerana* Fabricius	北方中蜂/中华土蜂	0	0	0	0	3	0	3	0.95

附录 6-5 传统林木果树资源编目表及其相对引用频率（RFC）

序号	科名	属名	植物学名	拉丁名	当地名	生活型	使用部位	用途和作用	研究村落提及次数						总提及次数（FC）	相对引用频率（RFC）
									a	b	c	d	e	f		
1	豆科 Leguminosae	锦鸡儿属	柠条锦鸡儿	*Caragana Korshinskii* Kom	柠条/牛板筋草	落叶大灌木	全株	绿化树种	11	2	58	35	0	15	121	38.41
2	豆科 Leguminosae	刺槐属	刺槐	*Robinia pseudoacacia* L.	刺槐	落叶乔木	全株	绿化树种	14	0	15	0	15	0	44	13.97
3	豆科 Leguminosae	槐属	槐	*Styphnolobium japonicum*（L.）Schott	槐树	乔木	花	食用	14	0	15	0	25	0	54	17.14
4	蔷薇科 Rosaceae	山楂树	山楂	*Crataegus pinnatifida* Bge.	山茶树	落叶乔木	果实	食用	0	0	9	0	4	0	13	4.13
5	蔷薇科 Rosaceae	苹果属	花红	*Malus asiatica* Nakai	九子树/花红树	落叶小乔木	果实	食用	1	1	14	26	6	10	58	18.41
6	蔷薇科 Rosaceae	苹果属	苹果	*Malus pumila* Mill.	苹果树	落叶乔木	果实	食用	0	2	0	3	0	0	5	1.59
7	蔷薇科 Rosaceae	李属	杏	*Prunus armeniaca* L.	杏树	落叶乔木	果实	食用	17	3	3	24	30	25	102	32.38
8	蔷薇科 Rosaceae	李属	樱桃李	*Prunus cerasifera* Ehrh.	李子树	灌木或小乔木	果实	食用	0	2	0	22	5	0	29	9.21
9	蔷薇科 Rosaceae	李属	山桃	*Prunus davidiana*（CarriŠre）Franch.	山桃树/野桃	落叶小乔木	果实	食用；绿化树种	5	0	3	0	18	21	47	14.92
10	蔷薇科 Rosaceae	李属	稠李	*Prunus padus* L.	野梅子	落叶乔木	全株	绿化树种	0	0	0	0	6	0	6	1.90
11	蔷薇科 Rosaceae	李属	桃	*Prunus persica*（L.）Batsch	桃树	落叶小乔木	果实	食用	0	3	31	29	18	21	102	32.38

序号	科名	属名	植物学名	拉丁名	当地名	生活型	使用部位	用途和作用	研究村落提及次数						总提及次数（FC）	相对引用频率（RFC）
									a	b	c	d	e	f		
12	蔷薇科 Rosaceae	李属	山杏	*Prunus sibirica* L.	山杏树	灌木或小乔木	果实	食用	0	5	18	2	0	23	48	15.24
13	蔷薇科 Rosaceae	李属	毛樱桃	*Prunus tomentosa* Thunb.	山樱桃/樱桃	落叶灌木	果实	食用	2	0	0	0	16	0	18	5.71
14	蔷薇科 Rosaceae	梨属	白梨	*Pyrus bretschneideri* Rehd.	梨树	乔木	果实	食用	0	0	0	2	17	0	19	6.03
15	蔷薇科 Rosaceae	梨属	秋子梨	*Pyrus ussuriensis* Maxim. ex Rupr.	响水梨/香水梨	落叶乔木或灌木	果实	食用	0	3	0	0	0	27	30	9.52
16	蔷薇科 Rosaceae	蔷薇属	玫瑰	*Rosa rugosa* Thunb.	藏蜜花树	落叶灌木	花	食用，做藏蜜花酱，泡茶喝	0	0	0	22	0	0	22	6.98
17	蔷薇科 Rosaceae	绣线菊属	土庄绣线菊	*Spiraea pubescens* Turcz.	甘油泵子	灌木	茎	柴；做筷子	0	0	0	0	1	0	1	0.32
18	胡颓子科 Elaeagnaceae	胡颓子属	沙枣	*Elaeagnus angustifolia* L.	沙枣子	灌木或小乔木	果实	食用，可泡茶	0	0	53	36	0	18	107	33.97
19	胡颓子科	沙棘属	沙棘	*Elaeagnus rhamnoides*（L.）A.Nelson	黑刺	落叶性灌木	全株	绿化树种	0	0	0	0	10	0	10	3.17
20	鼠李科 Rhamnaceae	枣属	枣树	*Ziziphus jujuba* Mill.	圆枣树	落叶小乔木	果实	食用，可泡茶	0	0	2	47	0	0	49	15.56
21	鼠李科 Rhamnaceae	枣属	枣树	*Ziziphus jujuba* Mill.	花麻枣/长枣树/大花马枣	落叶小乔木	果实	食用，可泡茶	0	0	0	1	0	1	2	0.63
22	鼠李科 Rhamnaceae	枣属	酸枣	*Ziziphus jujuba* Mill. var. *spinosa*（Bge.）Hu ex H. F. Chow	酸枣树	落叶小乔木	果实	食用，可泡茶	0	0	0	32	0	3	35	11.11
23	榆科 Ulmaceae	榆属	榆树	*Ulmus pumila* L.	榆树/榆钱树	落叶乔木	花	食用	8	0	39	20	28	21	116	36.83
24	桑科 Moraceae	桑属	桑	*Morus alba* L.	桑树	落叶乔木或灌木	果实	食用	0	0	0	0	10	0	10	3.17

序号	科名	属名	植物学名	拉丁名	当地名	生活型	使用部位	用途和作用	研究村落提及次数						总提及次数（FC）	相对引用频率（RFC）
									a	b	c	d	e	f		
25	胡桃科 Juglandaceae	胡桃属	胡桃	*Juglans regia* L.	核桃树	乔木	果实	食用	5	0	22	23	8	0	58	18.41
26	桦木科 Betulaceae	桦木属	白桦	*Betula platyphylla* Suk	桦树/花木树	落叶类乔木	全株	桦树可盖房子；桦树皮可以拔火罐用，桦树皮可以做帽子	0	0	0	0	4	0	4	1.27
27	杨柳科 Salicaceae	杨属	毛白杨	*Populus* × *tomentosa* Carr.	杨树	落叶大乔木	全株	木材	0	0	0	0	11	0	11	3.49
28	杨柳科 Salicaceae	柳属	垂柳	*Salix babylonica* L.	柳树	落叶乔木	茎	绿化树种；编织	0	0	0	28	10	18	56	17.78
29	猕猴桃科 Actinidiaceae	藤山柳属	藤山柳	*Clematoclethra scandens* subsp. *actinidioides*（Maxim.）Y.C.Tang & Q.Y.Xiang	山柳树	乔木或灌木	全株	绿化树种	0	0	0	0	18	0	18	5.71
30	茄科 Solanaceae	枸杞属	宁夏枸杞	*Lycium barbarum* L.	枸杞子/狗牙刺/地骨皮	多分枝灌木	果实	食用	12	1	38	25	12	23	111	35.24
31	茄科 Solanaceae	枸杞属	枸杞	*Lycium chinense* Mill.	苟继子/枸杞子/狗牙刺/地骨皮	多分枝灌木	果实	食用	12	1	38	25	12	23	111	35.24
32	松科 Pinaceae	落叶松属	华北落叶松	*Larix gmelinii* var. *principis-rupprechtii*（Mayr）Pilg.	松树	乔木	全株	绿化树种	1	0	0	0	14	0	15	4.76
33	松科 Pinaceae	云杉属	青海云杉	*Picea crassifolia* Kom.	云杉	乔木	全株	绿化树种	7	0	0	0	7	0	14	4.44
34	松科 Pinaceae	松属	华山松	*Pinus armardii* Franch.	华山松/大松塔	乔木	全株	绿化树种	0	0	0	0	2	0	2	0.63
35	柏科 Cupressaceae	侧柏属	侧柏	*Platycladus orientalis*（L.）Franco	侧柏树/片柏	乔木	全株	绿化树种	2	0	0	0	3	0	5	1.59

附录 6-6 传统饲用植物编目表及其相对引用频率（RFC）

序号	科名	中文名	拉丁名	地方名	生活型	饲用部位	饲用季节	饲用方法（青嫩或干草）	饲喂动物	研究村落提及次数						总提及次数（FC）	相对引用频率（RFC）
										a	b	c	d	e	f		
1	五味子科 Schisandraceae	五味子	*Schisandra chinensis*（Turcz.）Baill.	缠条湾/野葡萄湾	落叶木质藤本	果实	秋冬	干草	牛、羊	0	0	0	0	2	0	2	0.63
2	刺叶树科 Xanthorrhoeaceae（阿福花科 Asphodelaceae）	黄花菜	*Hemerocallis citrina* Baroni	黄花菜/金针花	多年生草本	茎叶	春夏	青嫩	牛、羊	0	0	32	0	0	0	32	10.16
3	石蒜科 Amaryllidaceae	蒙古韭	*Allium mongolicum* Regel	沙葱	多年生草本	茎叶	春夏	青嫩	羊	0	0	53	15	0	1	69	21.90
4	石蒜科 Amaryllidaceae	碱韭	*Allium polyrhizum* Turcz. ex Regel	石葱	多年生草本	茎叶	春夏	青嫩	牛、羊	0	0	25	15	0	0	40	12.70
5	石蒜科 Amaryllidaceae	细叶韭	*Allium tenuissimum* L.	羊胡子	多年生草本	茎叶	春夏	青嫩	牛、羊	0	0	0	0	0	28	28	8.89
6	香蒲科 Typhaceae	长苞香蒲	*Typha domingensis* Pers.	毛辣	多年生水生或沼生草本	茎叶	春夏	青嫩	牛、羊	0	0	0	0	0	6	6	1.90
7	禾本科 Poaceae	冰草	*Agropyron cristatum*（L.）Gaertn.	冰草/蓖当子/黄鼠依巴	多年生草本	茎叶	春夏秋冬	青嫩、干草	牛、羊	35	23	57	54	36	38	243	77.14
8	禾本科 Poaceae	燕麦	*Avena sativa* L.	大燕麦/大燕/火燕麦	栽培牧草，一年生草本	茎叶	春夏秋冬	青嫩、干草	牛、羊	2	0	0	0	33	26	61	19.37
9	禾本科 Poaceae	拂子茅	*Calamagrostis epigejos*（L.）Roth.	芦草	多年生草本	茎叶	春夏秋冬	青嫩、干草	牛、羊	0	0	3	39	0	30	72	22.86

序号	科名	中文名	拉丁名	地方名	生活型	饲用部位	饲用季节	饲用方法（青嫩或干草）	饲喂动物	研究村落提及次数						总提及次数（FC）	相对引用频率（RFC）
										a	b	c	d	e	f		
10	禾本科 Poaceae	虎尾草	*Chloris virgata* Sw.	狗尾草/八瓣草	一年生草本	茎叶	春夏	青嫩、干草	牛、羊	3	4	20	1	0	0	28	8.89
11	禾本科 Poaceae	糙隐子草	*Cleistogenes squarrosa*（Trin.）Keng	旋风草	多年生草本	茎叶	春夏	青嫩	牛、羊	0	7	45	34	0	23	109	34.60
12	禾本科 Poaceae	稗	*Echinochloa crus-galli*（L.）P.Beauv.	稗子草/白子草/冰草	一年生草本	茎叶、种子	春夏秋冬	青嫩、干草	牛、羊	35	12	3	49	36	38	173	54.92
13	禾本科 Poaceae	小画眉草	*Eragrostis ferruginea*（Thunb.）P.Beauv.	香毛子/香毛	多年生草本	茎叶	春夏秋冬	青嫩、干草	牛、羊	0	4	59	52	0	30	145	46.03
14	禾本科 Poaceae	湆草	*Koeleria pyramidata*（Lam.）P.Beauv.	冰草/六月禾	多年生禾草	茎叶	春夏秋冬	青嫩、干草	牛、羊	0	0	0	0	36	0	36	11.43
15	禾本科 Poaceae	赖草	*Leymus secalinus*（Georgi）Tzvelev	冰草	多年生草本	茎叶	春夏秋冬	青嫩、干草	牛、羊	0	0	0	0	0	38	38	12.06
16	禾本科 Poaceae	糜子	*Panicum miliaceum* L.	糜子草/红糜子/黄糜子	一年生草本，第二禾谷类作物	茎叶	春夏	青嫩	牛、羊	0	0	0	16	0	41	57	18.10
17	禾本科 Poaceae	中亚白草	*Pennisetum centrasiaticum* Tzvelev	bia 草/狼尾草/稻生子	多年生草本	茎叶	春夏秋冬	青嫩、干草	牛、羊	0	9	3	18	0	30	60	19.05
18	禾本科 Poaceae	芦苇	*Phragmites australis*（Cav.）Trin. ex Steud.	绿 nia/芦草	多年生水生或湿生的高大禾草草本	茎叶	春夏秋冬	青嫩、干草	牛、羊	0	0	0	0	19	0	19	6.03
19	禾本科 Poaceae	黑麦	*Secale cereale* L.	野洋麦	一年生草本	茎叶	春夏冬	青嫩、干草	牛、羊	0	0	0	0	31	0	31	9.84
20	禾本科 Poaceae	谷子	*Setaria italica*（L.）P.Beauv.	禾草/谷草	一年生栽培草本	茎叶	春夏秋冬	青嫩、干草	牛、羊	0	0	0	0	0	35	35	11.11

序号	科名	中文名	拉丁名	地方名	生活型	饲用部位	饲用季节	饲用方法（青嫩或干草）	饲喂动物	研究村落提及次数						总提及次数（FC）	相对引用频率（RFC）
										a	b	c	d	e	f		
21	禾本科 Poaceae	狗尾草	*Setaria viridis*（L.）P.Beauv.	鼓优子/谷莠子/毛儿谷株/鼓优子	一年生草本	茎叶	春夏秋冬	青嫩、干草	牛、羊	5	15	63	59	35	35	212	67.30
22	禾本科 Poaceae	高粱	*Sorghum bicolor*（L.）Moench	高粱/贮贮	栽培牧草，一年生草本	茎叶	春夏秋冬	青嫩、干草	牛、羊	0	1	0	0	27	17	45	14.29
23	禾本科 Poaceae	戈壁针茅	*Stipa tianschanica* Roshev.	蓑草	多年生草本	茎叶	春夏秋冬	青嫩、干草	牛、羊	0	0	53	58	0	36	147	46.67
24	禾本科 Poaceae	短花针茅	*Stipa breviflora* Griseb.	蓑草	多年生草本	茎叶	春夏	青嫩	牛、羊	0	0	53	58	0	36	147	46.67
25	禾本科 Poaceae	长芒草	*Stipa bungeana* Trin.	蓑草	多年生草本	茎叶	春夏秋冬	青嫩、干草	牛、羊	0	0	53	58	0	36	147	46.67
26	禾本科 Poaceae	沙生针茅	*Stipa caucasica* Schmalh.	蓑草	多年生草本	茎叶	春夏秋冬	青嫩、干草	牛、羊	0	0	53	58	0	36	147	46.67
27	禾本科 Poaceae	大针茅	*Stipa grandis* P.A.Smirn.	蓑草	多年生草本	茎叶	春夏秋冬	青嫩、干草	牛、羊	0	0	53	58	0	36	147	46.67
28	禾本科 Poaceae	芨芨草	*Stipa splendens* Trin.	芨芨/西吉胡子/酸草	多年生草本	茎叶	春夏秋冬	青嫩、干草	牛、羊	2	6	4	6	20	39	77	24.44
29	禾本科 Poaceae	小麦	*Triticum aestivum* L.	红芒冬麦/麦草/红芒春麦	栽培牧草，一年生或二年生草本	茎叶	春夏秋冬	青嫩、干草	牛、羊	0	0	33	0	0	35	68	21.59
30	禾本科 Poaceae	玉米	*Zea mays* L.	玉米	栽培牧草，一年生高大草本	茎叶	春夏秋冬	青嫩、干草	牛、羊	12	18	47	45	48	9	179	56.83
31	小檗科 Berberidaceae	短柄小檗	*Berberis brachypoda* Maxim.	酸不溜溜树	落叶灌木	叶	春夏	青嫩	牛、羊	0	0	0	0	8	0	8	2.54

序号	科名	中文名	拉丁名	地方名	生活型	饲用部位	饲用季节	饲用方法（青嫩或干草）	饲喂动物	研究村落提及次数						总提及次数（FC）	相对引用频率（RFC）
										a	b	c	d	e	f		
32	毛茛科 Ranunculaceae	类叶升麻	*Actaea asiatica* H.Hara	米拉的杆	多年生草本	茎叶	春夏	青嫩	牛、羊	0	0	0	0	10	0	10	3.17
33	毛茛科 Ranunculaceae	升麻	*Actaea cimicifuga* L.	升麻	多年生草本	茎叶	春夏	青嫩	牛、羊	0	0	0	0	5	0	5	1.59
34	毛茛科 Ranunculaceae	瓣蕊唐松草	*Thalictrum petaloideum* L.	奶得草/羊奶草/羊奶得花	多年生草本	叶	春夏	青嫩	牛、羊	0	0	0	0	22	0	22	6.98
35	茶藨子科 Grossulariaceae	尖叶茶藨子	*Ribes maximowiczianum* Komarov	茶叶目	灌木	叶	春夏	青嫩	羊	0	0	0	0	3	0	3	0.95
36	蒺藜科 Zygophyllaceae	蒺藜	*Tribulus terrestris* L.	八角子/八决子	一年生草本	茎叶	春夏	青嫩	牛、羊	5	3	63	57	0	30	158	50.16
37	豆科 Leguminosae	沙冬青	*Ammopiptanthus mongolicus*（Kom.）S.H.Cheng	冬青/冻青	常绿灌木	花	秋	青嫩	牛、羊	0	0	8	0	0	0	8	2.54
38	豆科 Leguminosae	单叶黄耆	*Astragalus efoliolatus* Hand.-Mazz.	毛蹄蹄花	多年生矮小草本	茎叶	春夏	青嫩	羊	0	0	4	8	0	3	15	4.76
39	豆科 Leguminosae	糙叶黄耆	*Astragalus scaberrimus* Bge.	毛蹄蹄花	多年生草本	茎叶	春夏	青嫩	牛、羊	0	0	0	0	0	3	3	0.95
40	豆科 Leguminosae	黄耆	*Astragalus propinquus* Schischkin	黄芪	多年生草本	茎叶	春夏	青嫩	牛、羊	0	0	0	0	3	2	5	1.59
41	豆科 Leguminosae	柠条锦鸡儿	*Caragana korshinskii* Kom.	牛板筋草	落叶大灌木	茎叶	春夏	青嫩	羊	11	2	11	37	0	28	89	28.25
42	豆科 Leguminosae	狭叶锦鸡儿	*Caragana stenophylla* Pojark.	牛板筋刺	矮灌木	茎、花、果实	春夏	青嫩	羊	0	0	3	2	0	28	33	10.48

序号	科名	中文名	拉丁名	地方名	生活型	饲用部位	饲用季节	饲用方法（青嫩或干草）	饲喂动物	研究村落提及次数						总提及次数（FC）	相对引用频率（RFC）
										a	b	c	d	e	f		
43	豆科 Leguminosae	毛刺锦鸡儿	*Caragana tibetica* Kom.	铁猫头/黑猫头刺/大猫头	矮灌木	茎叶、花	春夏	青嫩	羊	0	0	60	39	0	27	126	40.00
44	豆科 Leguminosae	甘草	*Glycyrrhiza uralensis* Fisch.	甘草	多年生草本	茎叶、果实	秋冬	干草	牛、羊	26	6	2	8	0	37	79	25.08
45	豆科 Leguminosae	狭叶米口袋	*Gueldenstaedtia stenophylla* Bge.	米谷粧粧/粮食粧粧	多年生草本	叶、花序、果实	春夏	青嫩	羊	0	0	43	19	1	0	63	20.00
46	豆科 Leguminosae	少花米口袋	*Gueldenstaedtia verna*（Georgi）Boriss.	米谷粧粧	多年生草本	茎叶	春夏	青嫩	羊	0	0	0	0	2	0	2	0.63
47	豆科 Leguminosae	大山黧豆	*Lathyrus davidii* Hance	筋儿弯	多年生草本	茎叶	春夏	青嫩	牛、羊	0	0	0	0	21	0	21	6.67
48	豆科 Leguminosae	山黧豆	*Lathyrus quinquenervius*（Miq.）Litv.	筋儿弯	一年生或多年生草本	茎叶	春夏	青嫩	牛、羊	0	0	0	0	20	0	20	6.35
49	豆科 Leguminosae	兵豆	*Lens culinaris* Medik.	扁豆子/小扁豆	一年生矮小草本	茎叶	春夏 秋冬	青嫩、干草	牛、羊	0	0	0	0	0	1	1	0.32
50	豆科 Leguminosae	兴安胡枝子	*Lespedeza davurica*（Laxm.）Schindl.	胡十条/狐食条	草本状半灌木	花序、果实	春夏 秋冬	青嫩、干草	牛、羊	0	6	55	47	0	34	142	45.08
51	豆科 Leguminosae	牛枝子	*Lespedeza potaninii* Vassilcz.	胡十条/狐食条	草本状半灌木	花序、果实	春夏 秋冬	青嫩、干草	牛、羊	0	6	56	46	0	34	142	45.08
52	豆科 Leguminosae	野苜蓿	*Medicago falcata* L.	黄花野苜蓿	多年生草本	茎叶	春夏 秋冬	青嫩、干草	牛、羊	6	0	45	47	38	40	176	55.87
53	豆科 Leguminosae	天蓝苜蓿	*Medicago lupulina* L.	地苜蓿	多年生草本	茎叶	春夏	青嫩	牛、羊	0	0	0	0	38	0	38	12.06
54	豆科 Leguminosae	花苜蓿	*Medicago ruthenica*（L.）Trautv.	野苜蓿/荞皮草/地苜蓿	多年生草本	茎叶	春夏 秋冬	青嫩、干草	牛、羊	0	0	0	0	38	40	78	24.76

序号	科名	中文名	拉丁名	地方名	生活型	饲用部位	饲用季节	饲用方法（青嫩或干草）	饲喂动物	研究村落提及次数						总提及次数（FC）	相对引用频率（RFC）
										a	b	c	d	e	f		
55	豆科 Leguminosae	紫花苜蓿	*Medicago ruthenica*（L.）Ledeb.	紫花苜蓿	栽培牧草，多年生草本	茎叶	春夏	青嫩	牛、羊	29	16	44	49	36	40	214	67.94
56	豆科 Leguminosae	白花草木樨	*Melilotus albus* Medik.	马苜蓿	两年生草本	茎叶	春夏秋冬	青嫩、干草	牛、羊	0	0	0	0	0	39	39	12.38
57	豆科 Leguminosae	黄花草木樨	*Melilotus officinalis*（L.）Pall.	马苜蓿	两年生草本	茎叶	秋冬	干草	牛、羊	0	0	0	0	0	39	39	12.38
58	豆科 Leguminosae	驴食草	*Onobrychis viciifolia* Scop.	红豆草	深根型牧草	茎叶	春夏秋冬	青嫩、干草	牛、羊	2	0	0	0	36	0	38	12.06
59	豆科 Leguminosae	刺叶柄棘豆	*Oxytropis aciphylla* Ledeb.	猫头柴/小猫头	矮小灌木	茎叶、花	春	青嫩	羊	0	0	60	44	0	27	131	41.59
60	豆科 Leguminosae	豌豆	*Pisum sativum* L.	豌豆	一年生攀援草本	茎叶、果实	春夏秋冬	青嫩、干草	牛、羊	0	0	0	0	4	0	4	1.27
61	豆科 Leguminosae	刺槐	*Robinia pseudoacacia* L.	洋槐/槐树	乔木	茎叶	春夏秋冬	青嫩、干草	牛、羊	14	0	15	0	1	0	30	9.52
62	豆科 Leguminosae	苦豆子	*Sophora alopecuroides* L.	苦肚子/野狐豌豆	半灌木	果实	秋冬	干草	牛、羊	0	0	3	0	0	30	33	10.48
63	豆科 Leguminosae	槐	*Styphnolobium japonicum*（L.）Schott	槐树	乔木	茎叶	秋冬	青嫩、干草	牛、羊	0	0	15	0	1	0	16	5.08
64	豆科 Leguminosae	白车轴草	*Trifolium repens* L.	野苜蓿（白花）	多年生草本	茎叶	春夏秋冬	青嫩、干草	牛、羊	0	0	34	8	38	0	80	25.40
65	豆科 Leguminosae	山野豌豆	*Vicia amoena* Fisch.	野豌豆	多年生草本	茎叶	春夏秋冬	青嫩、干草	牛、羊	0	0	0	0	29	0	29	9.21
66	豆科 Leguminosae	广布野豌豆	*Vicia cracca* L.	落豆秧/野豌豆	一年生或多年生蔓性草本	茎叶	春夏秋冬	青嫩、干草	牛、羊	0	0	3	1	29	1	34	10.79

序号	科名	中文名	拉丁名	地方名	生活型	饲用部位	饲用季节	饲用方法（青嫩或干草）	饲喂动物	研究村落提及次数						总提及次数（FC）	相对引用频率（RFC）
										a	b	c	d	e	f		
67	豆科 Leguminosae	蚕豆	*Vicia faba* L.	大豆	一年生草本	茎叶	春夏秋冬	青嫩、干草	牛、羊	8	0	3	7	13	1	32	10.16
68	豆科 Leguminosae	野豌豆	*Vicia sepium* L.	野豌豆	多年生草本	茎叶	春夏秋冬	青嫩、干草	牛、羊	0	0	0	0	29	0	29	9.21
69	豆科 Leguminosae	歪头菜	*Vicia unijuga* A.Br.	歪头菜	多年生草本	茎叶	春夏	青嫩	牛、羊	0	0	0	0	10	0	10	3.17
70	蔷薇科 Rosaceae	鹅绒委陵菜（蕨麻）	*Potentilla anserina* L.	蕨麻	多年生匍匐草本	根	秋冬	青嫩、干草	牛、羊	0	0	0	0	4	0	4	1.27
71	蔷薇科 Rosaceae	二裂委陵菜	*Sibbaldianthe bifurca*（L.）Kurtto & T.Erikss.	铁片子/黑根子殃/鸡冠草	多年生草本或亚灌木	茎叶	春夏	青嫩	牛、羊	0	0	53	26	5	35	119	37.78
72	蔷薇科 Rosaceae	山楂	*Crataegus pinnatifida* Bge.	山茶树	落叶乔木	叶	春夏	青嫩	羊	0	0	0	0	2	0	2	0.63
73	蔷薇科 Rosaceae	蛇莓	*Duchesnea indica*（Jacks.）Focke	撇儿/玫子	多年生草本	茎叶	春夏	青嫩	牛、羊	0	0	0	0	2	0	2	0.63
74	蔷薇科 Rosaceae	东方草莓	*Fragaria orientalis* Losinsk.	野草莓/撇儿	多年生草本	茎叶	春夏	青嫩	牛、羊	0	0	0	0	2	0	2	0.63
75	蔷薇科 Rosaceae	星毛委陵菜	*Potentilla acaulis* L.	马屎屎	多年生矮小草本	叶	春夏秋冬	青嫩、干草	羊	0	0	0	0	0	12	12	3.81
76	蔷薇科 Rosaceae	匍匐委陵菜	*Potentilla reptans* L.	红棒槌	多年生匍匐草本	叶	春夏	青嫩	羊	0	0	0	0	14	0	14	4.44
77	蔷薇科 Rosaceae	蕤核	*Prinsepia uniflora* Batalin	马茹刺/马茹子	落叶灌木	叶	春	青嫩	羊	0	0	53	36	0	0	89	28.25
78	蔷薇科 Rosaceae	山桃	*Prunus davidiana*（CarriŠre）Franch.	山毛桃/野桃	灌木或小乔木	茎叶	春夏秋冬	青嫩、干草	羊	0	0	3	26	1	21	51	16.19
79	蔷薇科 Rosaceae	山杏	*Prunus sibirica* L.	杏子/哼子	小乔木或灌木	茎、叶	春夏秋冬	青嫩、干草	羊	0	0	11	26	1	23	61	19.37
80	蔷薇科 Rosaceae	毛樱桃	*Prunus tomentosa* Thunb.	山樱桃/樱桃	落叶灌木	叶	春夏	青嫩	牛、羊	0	0	0	0	1	0	1	0.32

序号	科名	中文名	拉丁名	地方名	生活型	饲用部位	饲用季节	饲用方法（青嫩或干草）	饲喂动物	研究村落提及次数						总提及次数（FC）	相对引用频率（RFC）
										a	b	c	d	e	f		
81	蔷薇科 Rosaceae	茅莓	*Rubus parvifolius* L.	梅豆湾	落叶小灌木	叶	春夏	青嫩	牛、羊	0	0	0	0	8	0	8	2.54
82	蔷薇科 Rosaceae	腺花茅莓	*Rubus parvifolius* var. taquetii（H. Lév.）Lauener & D.K. Ferguson	梅豆湾	落叶稀常绿灌木、半灌木或多年生匍匐草本	叶	春夏	青嫩	牛、羊	0	0	0	0	8	0	8	2.54
83	蔷薇科 Rosaceae	针刺悬钩子	*Rubus pungens* Cambess.	黑莓豆	匍匐灌木	茎叶	春夏	青嫩	牛、羊	0	0	0	0	4	0	4	1.27
84	蔷薇科 Rosaceae	土庄绣线菊	*Spiraea pubescens* Turcz.	甘油泵子	灌木	叶	春夏	青嫩	牛、羊	0	0	0	0	8	0	8	2.54
85	胡颓子科 Elaeagnaceae	沙枣	*Elaeagnus angustifolia* L.	沙枣子	灌木或小乔木	茎叶	春夏秋冬	青嫩、干草	牛、羊	0	0	3	27	0	0	30	9.52
86	胡颓子科 Elaeagnaceae	沙棘	*Elaeagnus rhamnoides*（L.）A.Nelson	沙饼/黑刺	落叶性灌木	茎叶	春夏秋冬	青嫩、干草	牛、羊	0	0	32	31	12	1	76	24.13
87	鼠李科 Rhamnaceae	酸枣	*Ziziphus jujuba* Mill. var. *spinosa*（Bge.）Hu ex H.F.Chow	酸枣子/山枣子	灌木或小乔木	茎叶	春夏	青嫩	牛、羊	0	0	3	33	0	0	36	11.43
88	榆科 Ulmaceae	榆树	*Ulmus pumila* L.	榆树	落叶乔木	叶	秋冬	干草	牛、羊	8	0	29	20	1	0	58	18.41
89	桑科 Moraceae	桑	*Morus alba* L.	桑树	落叶乔木或灌木	茎叶	春夏秋冬	青嫩	牛、羊	0	0	0	0	1	0	1	0.32
90	葫芦科 Cucurbitaceae	西瓜	*Citrullus lanatus*（Thunb.）Matsum. & Nakai	西瓜秧	栽培类作物，一年生蔓生藤本	茎叶	春夏	青嫩	牛、羊	0	0	1	44	0	0	45	14.29
91	堇菜科 Violaceae	紫花地丁	*Viola philippica* Cav.	刀剑药	多年生草本	茎叶	春夏	青嫩	牛、羊	0	0	0	0	6	0	6	1.90
92	亚麻科 Linaceae	短柱亚麻	*Linum pallescens* Bge.	野胡麻	多年生草本	花序、果实	春夏秋冬	青嫩、干草	牛、羊	0	0	50	39	0	0	89	28.25
93	亚麻科 Linaceae	宿根亚麻	*Linum perenne* L.	野胡麻	多年生草本	花序、果实	春夏秋冬	青嫩、干草	牛、羊	0	0	0	0	0	11	11	3.49

序号	科名	中文名	拉丁名	地方名	生活型	饲用部位	饲用季节	饲用方法（青嫩或干草）	饲喂动物	研究村落提及次数						总提及次数（FC）	相对引用频率（RFC）
										a	b	c	d	e	f		
94	亚麻科 Linaceae	野亚麻	*Linum stelleroides* Planch.	野胡麻	一年生草本	茎叶、花序、果实	春夏秋冬	青嫩、干草	牛、羊	0	0	50	39	1	0	90	28.57
95	亚麻科 Linaceae	亚麻	*Linum usitatissimum* L.	净子胡麻	一年生草本	茎叶、花序、果实	春夏秋冬	青嫩、干草	牛、羊	0	0	16	10	1	13	40	12.70
96	牻牛儿苗科 Geraniaceae	牻牛儿苗	*Erodium stephanianum* Willd.	红根子	一年多生或二年生草本	茎叶、花序	春夏秋冬	青嫩、干草	牛、羊	0	0	39	10	0	33	82	26.03
97	牻牛儿苗科 Geraniaceae	鼠掌老鹳草	*Geranium sibiricum* L.	老鹳草	多年生草本	茎叶、花序	春夏	青嫩	牛、羊	0	0	0	0	6	0	6	1.90
98	白刺科 Nitrariaceae	白刺	*Nitraria tangutorum* Bobrov	bia 刺/酸溜子/该俩字/嘎啦穆	灌木	茎叶	夏秋	青嫩	羊	0	0	2	19	0	24	45	14.29
99	白刺科 Nitrariaceae	骆驼蓬	*Peganum harmala* L.	骆驼蓬/骆骆蓬	多年生草本	茎叶	秋冬	干草	牛、羊	0	10	59	45	0	35	149	47.30
100	白刺科 Nitrariaceae	多裂骆驼蓬	*Peganum multisectum*（Maxim.）Bobrov	骆驼蓬/骆骆蓬	多年生草本	茎叶	秋冬	干草	牛、羊	0	10	59	45	0	35	149	47.30
101	白刺科 Nitrariaceae	骆驼蒿	*Peganum nigellastrum* Bge.	小骆驼蓬	多年生草本	茎叶	秋冬	干草	羊	0	0	59	45	0	0	104	33.02
102	芸香科 Rutaceae	北芸香	*Haplophyllum dauricum*（L.）G. Don	黄花花	多年生草本	茎叶、花序	春夏	青嫩	羊	0	0	50	39	0	0	89	28.25
103	锦葵科 Malvaceae	蜀葵	*Alcea rosea* L.	野薇花	二年生直立草本	茎叶、花	春夏	青嫩	牛、羊	0	0	0	0	12	0	12	3.81
104	锦葵科 Malvaceae	野西瓜苗	*Hibiscus trionum* L.	黑子子	一年生草本	茎叶	春夏秋冬	青嫩、干草	牛、羊	0	0	0	0	0	6	6	1.90

序号	科名	中文名	拉丁名	地方名	生活型	饲用部位	饲用季节	饲用方法（青嫩或干草）	饲喂动物	研究村落提及次数						总提及次数（FC）	相对引用频率（RFC）
										a	b	c	d	e	f		
105	锦葵科 Malvaceae	冬葵	*Malva verticillata* L.	七叶/齐叶子/野锦葵	一年生草本	茎叶	春夏秋冬	青嫩、干草	牛、羊	3	0	0	0	2	26	31	9.84
106	十字花科 Brassicaceae	蚓果芥	*Braya humilis*（C.A. Mey.）B.L. Rob.	百花子/雀儿脑脑	多年生草本	茎叶	春夏	青嫩	牛、羊	0	0	47	33	0	33	113	35.87
107	十字花科 Brassicaceae	荠	*Capsella bursa-pastoris*（L.）Medik.	花花菜/荠菜	一、二年生草本	茎叶	春夏	青嫩	牛、羊	0	0	0	0	1	0	1	0.32
108	十字花科 Brassicaceae	播娘蒿	*Descurainia sophia*（L.）Webb ex Prantl	野菜子	一年生草本	茎叶	春夏	青嫩	牛、羊	0	0	0	0	18	0	18	5.71
109	十字花科 Brassicaceae	葶苈	*Draba nemorosa* L.	牛挤椒	一年或二年生草本	茎叶	春夏	青嫩	牛、羊	0	0	0	0	21	0	21	6.67
110	十字花科 Brassicaceae	芝麻菜	*Eruca vesicaria*（L.）Cav.	芸芥/圆圆	一年生草本	种子	春夏秋冬	干草	牛、羊	0	0	21	8	9	27	65	20.63
111	十字花科 Brassicaceae	独行菜	*Lepidium apetalum* Willd.	辣辣秧/辣辣英	一、二年生草本	茎叶	春夏	青嫩	牛、羊	0	11	47	26	7	22	113	35.87
112	十字花科 Brassicaceae	宽叶独行菜	*Lepidium latifolium* L.	大辣辣	多年生草本	茎叶	春夏	青嫩	牛、羊	0	0	0	0	0	14	14	4.44
113	十字花科 Brassicaceae	涩荠	*Malcolmia africana*（L.）R.Br.	田萝卜/甜萝卜	一年生草本	茎、叶	春夏	青嫩	牛、羊	0	0	0	0	0	20	20	6.35
114	十字花科 Brassicaceae	菥蓂	*Thlaspi arvense* L.	苦芥子	一年生草本	茎叶	春夏	青嫩	牛、羊	0	0	0	0	1	0	1	0.32
115	柽柳科 Tamaricaceae	红砂	*Reaumuria soongarica*（Pallas）Maxim.	红香柴/红驯柴	小灌木	茎叶	春夏秋冬	青嫩、干草	羊	0	0	48	38	0	0	86	27.30
116	柽柳科 Tamaricaceae	柽柳	*Tamarix chinensis* Lour.	怪柳/红柳	灌木或小乔木	茎叶、花序	春夏秋冬	青嫩、干草	牛、羊	0	0	4	9	0	0	13	4.13

序号	科名	中文名	拉丁名	地方名	生活型	饲用部位	饲用季节	饲用方法（青嫩或干草）	饲喂动物	研究村落提及次数						总提及次数（FC）	相对引用频率（RFC）
										a	b	c	d	e	f		
117	白花丹科 Plumbaginaceae	二色补血草	*Limonium bicolor*（Bge.）Kuntze	小花花/马妞妞	多年生草本	叶、花序	秋冬	干草	羊	0	0	29	20	0	22	71	22.54
118	蓼科 Polygonaceae	沙拐枣	*Calligonum mongolicum* Turcz.	沙枣子	灌木	茎叶、果实	春夏	青嫩	羊	0	0	9	43	0	0	52	16.51
119	蓼科 Polygonaceae	荞麦	*Fagopyrum esculentum* Moench	荞麦/甜荞	栽培牧草，一年生草本	茎叶	春夏秋冬	青嫩、干草	牛、羊	6	0	4	3	1	1	15	4.76
120	蓼科 Polygonaceae	苦荞	*Fagopyrum tataricum*（L.）Gaertn.	苦荞	栽培牧草，一年生草本	茎叶	春夏秋冬	青嫩、干草	牛、羊	0	0	14	3	1	1	19	6.03
121	蓼科 Polygonaceae	酸模叶蓼	*Persicaria lapathifolia*（L.）Delarbre	大叶酸不溜溜/大马蓼	一年生草本	茎叶	春夏秋冬	青嫩	牛、羊	0	0	0	0	15	0	15	4.76
122	蓼科 Polygonaceae	珠芽蓼	*Persicaria vivipara*（L.）Ronse Decr.	铁荞荞/红三七/荞麦七	多年生草本	茎叶	春夏秋冬	青嫩、干草	牛、羊	0	0	51	43	1	0	95	30.16
123	蓼科 Polygonaceae	萹蓄	*Polygonum aviculare* L.	萹蓄子/铁荞荞/野扫帚	一年生草本	茎叶	春夏秋冬	青嫩、干草	牛、羊	0	0	51	43	2	10	106	33.65
124	蓼科 Polygonaceae	西伯利亚蓼	*Polygonum sibiricum* Laxm.	酸溜溜/面条	多年生草本	茎、叶、花	春夏	青嫩	牛、羊	0	0	7	43	0	10	60	19.05
125	蓼科 Polygonaceae	掌叶大黄	*Rheum palmatum* L.	代黄/掌叶大黄	高大粗壮的草本	茎叶	春夏秋冬	干草	牛、羊	0	0	51	49	14	16	130	41.27
126	蓼科 Polygonaceae	鸡爪大黄	*Rheum tanguticum* Maxim. ex Balf.	代黄/六盘山鸡爪大黄	多年生高大草本	茎叶	春夏秋冬	干草	牛、羊	0	0	0	0	14	0	14	4.44
127	蓼科 Polygonaceae	酸模	*Rumex acetosa* L.	小叶酸不溜溜/小叶酸模	多年生草本	茎叶	春夏秋冬	青嫩、干草	牛、羊	0	0	0	0	14	0	14	4.44
128	蓼科 Polygonaceae	皱叶酸模	*Rumex crispus* L.	驴耳朵/土大黄	多年生草本	茎叶	春夏秋冬	青嫩、干草	牛、羊	0	0	51	49	4	2	106	33.65

序号	科名	中文名	拉丁名	地方名	生活型	饲用部位	饲用季节	饲用方法（青嫩或干草）	饲喂动物	研究村落提及次数						总提及次数（FC）	相对引用频率（RFC）
										a	b	c	d	e	f		
129	蓼科 Polygonaceae	巴天酸模	*Rumex patientia* L.	驴耳朵迸子/驴耳瓜	多年生草本	茎叶	春夏秋冬	青嫩、干草	牛、羊	0	0	51	49	4	2	106	33.65
130	石竹科 Caryophyllaceae	石竹	*Dianthus chinensis* L.	红绸子花	多年生草本	茎叶	春夏秋冬	青嫩、干草	牛、羊	0	0	0	0	22	0	22	6.98
131	石竹科 Caryophyllaceae	瞿麦	*Dianthus superbus* L.	瞿麦	多年生草本	茎叶	春夏秋冬	青嫩、干草	牛、羊	0	0	0	0	5	0	5	1.59
132	石竹科 Caryophyllaceae	银柴胡	*Stellaria dichotoma* var. *lanceolata* Bge.	银柴胡	多年生草本	茎叶	春夏	青嫩	羊	0	0	0	0	11	0	11	3.49
133	苋科 Amaranthaceae	刺沙蓬	*Salsola kali* subsp. *tragus*（L.）Čelak.	刺蓬	一年生草本	茎叶	春夏	青嫩	羊	30	21	29	30	6	35	151	47.94
134	苋科 Amaranthaceae	猪毛菜	*Salsola collina* Pall.	刺蓬/睁眼子扎梨子/蓬子菜	一年生草本	茎叶	春夏	青嫩	牛、羊	32	18	67	50	23	35	225	71.43
135	苋科 Amaranthaceae	珍珠猪毛菜	*Salsola passerina* Bge.	珍珠柴/蛤蟆头	小半灌木	茎叶	春	青嫩	羊	0	0	60	49	0	0	109	34.60
136	苋科 Amaranthaceae	沙蓬	*Agriophyllum squarrosum*（L.）Moq.	灯索	一年生草本	茎、叶、种子	春夏秋冬	青嫩干草	羊	0	0	60	49	0	0	109	34.60
137	苋科 Amaranthaceae	反枝苋	*Amaranthus retroflexus* L.	野人汉/干穗谷	一年生草本	茎叶、花、种子	春夏	青嫩、干草	牛、羊	0	0	1	0	32	0	33	10.48
138	苋科 Amaranthaceae	中亚滨藜	*Atriplex centralasiatica* Iljin	羊耳朵灰条/马洛洛	一年生草本	茎叶	春夏秋冬	青嫩、干草	羊	0	0	0	0	0	37	37	11.75
139	苋科 Amaranthaceae	野滨藜	*Atriplex fera*（L.）Bge.	羊耳朵灰条	一年生草本	茎叶	春夏	青嫩、干草	羊	0	0	0	0	0	36	36	11.43
140	苋科 Amaranthaceae	西伯利亚滨藜	*Atriplex sibirica* L.	麻灰条	一年生草本	茎叶	春夏秋冬	青嫩、干草	牛、羊	0	0	62	56	0	0	118	37.46

序号	科名	中文名	拉丁名	地方名	生活型	饲用部位	饲用季节	饲用方法（青嫩或干草）	饲喂动物	研究村落提及次数						总提及次数（FC）	相对引用频率（RFC）
										a	b	c	d	e	f		
141	苋科 Amaranthaceae	藜	*Chenopodium album* L.	灰条	多年生草本	茎叶	春夏秋冬	青嫩、干草	牛、羊	18	12	62	57	33	36	218	69.21
142	苋科 Amaranthaceae	灰绿藜	*Chenopodium glaucum* L.	灰条	一年生草本	茎叶	春夏秋冬	青嫩、干草	牛、羊	17	0	62	57	33	36	205	65.08
143	苋科 Amaranthaceae	杂配藜	*Chenopodium hybridum* L.	灰条	一年生草本	茎叶	春夏	青嫩、干草	牛、羊	0	0	0	0	33	0	33	10.48
144	苋科 Amaranthaceae	菊叶香藜	*Dysphania schraderiana*（Schult.）Mosyakin & Clemants	小叶灰条	一年生草本	茎叶	秋冬	干草	牛、羊	0	0	0	0	32	0	32	10.16
145	苋科 Amaranthaceae	白茎盐生草	*Halogeton arachnoideus*	水蓬蒿/水蒿	一年生草本	茎叶	春夏	青嫩	牛、羊	0	5	4	49	34	33	125	39.68
146	苋科 Amaranthaceae	梭梭	*Haloxylon ammodendron*（C.A.Mey.）Bge. ex Fenzl	琐琐	灌木或小乔木	茎叶	春秋	青嫩	羊	0	0	18	43	0	0	61	19.37
147	苋科 Amaranthaceae	尖叶盐爪爪	*Kalidium cuspidatum*（Ung.-Sternb.）Grubov	老鼠屎蛋蛋/盐蒿	小灌木	茎叶	春夏	青嫩	羊	0	0	42	43	0	0	85	26.98
148	苋科 Amaranthaceae	驼绒藜	*Krascheninnikovia ceratoides*（L.）Gueldenst.	优若藜	灌木	茎、叶、花序、果实	春夏秋冬	干草	羊	0	0	29	43	0	0	72	22.86
149	苋科 Amaranthaceae	碱蓬	*Suaeda glauca*（Bge.）Bge.	驴尾巴盐蒿/碱蒿/盐蒿蒿/碱蓬	一年生草本	茎叶	春夏	青嫩	羊	0	6	60	54	0	34	154	48.89
150	苋科 Amaranthaceae	合头草	*Sympegma regelii* Bge.	黑柴/呵柴/呵老鸹柴/黑马头柴	小半灌木	茎叶	春夏秋冬	青嫩	羊	0	0	42	43	0	0	85	26.98
151	苋科 Amaranthaceae	地肤	*Bassia scoparia*（L.）A.J.Scott	毛萝莉/离竟/野离竟	一年生草本	茎叶	春夏秋冬	青嫩、干草	牛、羊	11	0	42	35	1	11	100	31.75

序号	科名	中文名	拉丁名	地方名	生活型	饲用部位	饲用季节	饲用方法（青嫩或干草）	饲喂动物	研究村落提及次数						总提及次数（FC）	相对引用频率（RFC）
										a	b	c	d	e	f		
152	苋科 Amaranthaceae	碟果虫实	*Corispermum patelliforme*	绵蓬	一年生草本	茎、叶、种子	春夏秋冬	青嫩、干草	羊	0	17	60	55	0	38	170	53.97
153	苋科 Amaranthaceae	绳虫实	*Corispermum patelliforme* Lljin	绵蓬	一年生草本	茎叶	秋冬	干草	牛、羊	0	17	61	54	0	38	170	53.97
154	土人参科 Talinaceae	藓生马先蒿	*Pedicularis muscicola* Maxim.	长虫草	多年生草本	茎叶	春夏	青嫩	牛、羊	0	0	0	0	1	0	1	0.32
155	马齿苋科 Portulacaceae	马齿苋	*Portulaca oleracea* L.	胖娃娃菜	一年生草本	茎叶	春夏秋冬	青嫩、干草	牛、羊	1	5	12	9	19	2	48	15.24
156	茜草科 Rubiaceae	猪殃殃	Galium aparine L.	梁娃子草	多枝、蔓生或攀缘状草本	茎叶	春夏	青嫩	牛、羊	0	0	0	0	19	0	19	6.03
157	茜草科 Rubiaceae	蓬子菜	*Galium verum* L.	黄米干饭	多年生草本	茎、叶、花序	春夏	青嫩	牛、羊	0	0	0	0	1	0	1	0.32
158	茜草科 Rubiaceae	茜草	*Rubia cordifolia* L.	茜草子/苒娃子	多年生草质攀缘藤木	茎叶	春夏	青嫩	牛、羊	0	0	2	0	3	0	5	1.59
159	夹竹桃科 Apocynaceae	地稍瓜	*Cynanchum absconditum* Liede	蒿瓜子	多年生草本	叶，果实	春夏	青嫩	羊	0	0	38	20	0	31	89	28.25
160	夹竹桃科 Apocynaceae	羊角子草	*Cynanchum acutum* L.	羊奶角角/羊脚子	多年生缠绕草本	干叶	秋冬	干草	羊	0	0	25	48	0	6	79	25.08
161	夹竹桃科 Apocynaceae	鹅绒藤	*Cynanchum chinense* R.Br.	羊奶角角/马（奶）蒿瓜子	多年生草本	干叶	秋冬	干草	羊	0	1	55	48	0	0	104	33.02
162	紫草科 Boraginaceae	鹤虱	*Lappula myosotis* V. Wolf	然然子/毛苒苒	一年生或越年生草本	茎叶	春夏	青嫩	牛、羊	0	4	58	58	0	30	150	47.62
163	紫草科 Boraginaceae	蓝刺鹤虱	*Lappula squarrosa*（Retz.）Dumort.	粘生草	一年生草本	茎叶	春夏	青嫩	牛、羊	0	0	0	0	13	0	13	4.13

序号	科名	中文名	拉丁名	地方名	生活型	饲用部位	饲用季节	饲用方法（青嫩或干草）	饲喂动物	研究村落提及次数						总提及次数（FC）	相对引用频率（RFC）
										a	b	c	d	e	f		
164	紫草科 Boraginaceae	异刺鹤虱	*Lappula squarrosa* subsp. heteracantha（Ledeb.）Chater	然然子/毛苒苒	一、二年生草本	茎、叶	春夏	青嫩	牛、羊	0	6	64	58	0	30	158	50.16
165	旋花科 Convolvulaceae	打碗花	*Calystegia hederacea* Wall.	夫子喵/斧子苗/田旋花/股子蔓/苦子蔓/野牵牛/喇叭花/打打歪/白花股子蔓/	一年生草本	茎、叶、花	春夏	青嫩	牛、羊	3	7	1	56	30	35	132	41.90
166	旋花科 Convolvulaceae	田旋花	*Convolvulus arvensis* L.	股子蔓/苦子蔓/粉花股子蔓	多年生草本	茎、叶、花	春夏	青嫩	牛、羊	3	7	55	39	2	35	141	44.76
167	旋花科 Convolvulaceae	刺旋花	*Convolvulus tragacanthoides* Turcz.	鹰爪刺/铁蛋蛋	匍匐有刺亚灌木	茎、叶、花	春夏	青嫩	羊	0	0	62	39	0	0	101	32.06
168	旋花科 Convolvulaceae	菟丝子	*Cuscuta chinensis* Lam.	黄塘/黄缠	一年生寄生草本	茎、叶	春夏	青嫩	牛、羊	0	0	11	41	0	0	52	16.51
169	旋花科 Convolvulaceae	圆叶牵牛	*Ipomoea purpurea*（L.）Roth	牵牛花/喇叭花/黑白丑	一年生缠绕草本	茎、叶、花	春夏	青嫩	牛、羊	4	3	21	4	3	22	57	18.10
170	茄科 Solanaceae	宁夏枸杞	*Lycium barbarum* L.	苟继子/枸杞子	灌木	茎叶	春夏秋冬	青嫩、干草	牛、羊	0	0	15	1	0	6	22	6.98
171	茄科 Solanaceae	枸杞	*Lycium chinense* Mill.	苟继子/枸杞子	灌木	茎叶	春夏秋冬	青嫩、干草	牛、羊	0	0	15	1	0	6	22	6.98
172	茄科 Solanaceae	龙葵	*Solanum americanum* Mill.	野薇花/野花花	一年生草本	茎叶	春夏	青嫩	牛、羊	0	0	0	0	12	0	12	3.81
173	茄科 Solanaceae	马铃薯	*Solanum tuberosum* L.	洋芋	多年生草本	茎叶	春夏	青嫩	牛、羊	0	0	0	0	0	4	4	1.27
174	车前科 Plantaginaceae	车前	*Plantago asiatica* L.	车前草/牛舌头/牛耳朵	多年生草本	茎、叶、花序、果实	春夏秋冬	青嫩、干草	牛、羊	7	2	0	0	28	14	51	16.19

序号	科名	中文名	拉丁名	地方名	生活型	饲用部位	饲用季节	饲用方法（青嫩或干草）	饲喂动物	研究村落提及次数						总提及次数（FC）	相对引用频率（RFC）
										a	b	c	d	e	f		
175	车前科 Plantaginaceae	平车前	*Plantago depressa* Willd.	车前草/牛舌头/小牛耳朵	一、二年生草本	茎叶	春夏秋冬	青嫩、干草	牛、羊	7	2	0	0	28	14	51	16.19
176	车前科 Plantaginaceae	大车前	*Plantago major* L.	车前草/牛舌头/牛耳朵	多年生草本	茎、叶、花序、果实	春夏秋冬	青嫩、干草	牛、羊	7	2	0	0	28	14	51	16.19
177	唇形科 Lamiaceae	薄荷	*Mentha canadensis* L.	野薄荷	一年生草本	茎叶	春夏	青嫩	牛、羊	0	0	0	0	1	0	1	0.32
178	唇形科 Lamiaceae	冬青叶兔唇花	*Lagochilus ilicifolius* Bge ex Benth.	鸡冠子	多年生草本	茎叶	春夏秋冬	青嫩	牛、羊	0	0	1	23	0	0	24	7.62
179	唇形科 Lamiaceae	白花枝子花	*Dracocephalum heterophyllum* Benth.	蜜罐罐	多年生草本	茎叶	春夏秋冬	青嫩、干草	牛、羊	0	0	0	0	1	10	11	3.49
180	唇形科 Lamiaceae	益母草	*Leonurus japonicus* Houtt.	节节蒿	一年生或二年生草本	茎叶	春夏	青嫩	羊	0	0	18	10	0	0	28	8.89
181	唇形科 Lamiaceae	甘露子	*Stachys affinis* Bge.	地溜子	多年生草本	茎叶	春夏	青嫩	牛、羊	0	2	6	2	1	0	11	3.49
182	唇形科 Lamiaceae	百里香	*Thymus mongolicus*（Ronniger）Ronniger	地椒	半灌木	茎叶	春夏秋冬	青嫩、干草	羊	0	0	0	0	20	1	21	6.67
183	桔梗科 Campanulaceae	泡沙参	*Adenophora potaninii* Korsh.	牛龄花	多年生草本	茎叶	春夏	青嫩	牛、羊	0	0	0	0	17	0	17	5.40
184	桔梗科 Campanulaceae	党参	*Codonopsis pilosula*（Franch.）Nannf.	党参	多年生草本	茎叶	春夏	青嫩	牛、羊	0	0	0	0	19	0	19	6.03
185	菊科 Compositae	蓍状亚菊	*Ajania achilleoides*（Turcz.）Poljakov ex Grubov	嘎季蒿/bia米蒿	小半灌木	叶	秋冬，冬季抓膘好草	干草	牛、羊	0	0	29	42	0	0	71	22.54

序号	科名	中文名	拉丁名	地方名	生活型	饲用部位	饲用季节	饲用方法（青嫩或干草）	饲喂动物	研究村落提及次数						总提及次数（FC）	相对引用频率（RFC）
										a	b	c	d	e	f		
186	菊科 Compositae	灌木亚菊	*Ajania fruticulosa*（Ledeb.）Poljakov	嘎季蒿	小半灌木	叶	春夏	青嫩	牛、羊	0	0	29	32	0	0	61	19.37
187	菊科 Compositae	牛蒡	*Arctium lappa* L.	牛子/大丽子	二年生草本	茎叶	春夏	青嫩	牛、羊	0	0	0	0	1	0	1	0.32
188	菊科 Compositae	黄花蒿	*Artemisia annua* L.	臭蒿/黄蒿	一年生草本	茎叶	春	干草	羊	0	0	29	31	30	27	117	37.14
189	菊科 Compositae	艾	*Artemisia argyi* H.Lév. & Vaniot	艾	多年生草本	花序	春夏	青嫩	牛、羊	5	5	10	2	27	29	78	24.76
190	菊科 Compositae	白莎蒿	*Artemisia blepharolepis* Bge.	bia 沙蒿	半灌木	茎叶	秋冬	青嫩、干草	牛、羊	4	5	51	54	0	27	141	44.76
191	菊科 Compositae	茵陈蒿	*Artemisia capillaris* Thunb.	白蒿头子/油蒿	多年生草本或半灌木	茎叶	春夏	青嫩	牛、羊	18	21	61	49	34	30	213	67.62
192	菊科 Compositae	黑沙蒿	*Artemisia desertorum* Spreng.	沙蒿/油蒿	半灌木	茎叶	春秋	青嫩、干草	牛、羊	4	16	52	55	0	27	154	48.89
193	菊科 Compositae	无毛牛尾蒿	*Artemisia dubia* L. ex B.D.Jacks.	一字蒿/夷子蒿	多年生草本	干叶	秋冬	干草	羊	0	0	51	0	0	0	51	16.19
194	菊科 Compositae	冷蒿	*Artemisia frigida* Willd.	串地蒿	多年生草本	茎叶	春夏秋冬	干草	牛、羊	0	0	29	31	0	0	60	19.05
195	菊科 Compositae	华北米蒿	*Artemisia giraldii* Pamp.	茇蒿	半灌木状草本	茎、叶、果实	春秋	干草	牛、羊	0	0	51	38	0	0	89	28.25
196	菊科 Compositae	白莲蒿	*Artemisia gmelinii* Weber ex Stechm.	阿吉蒿/角蒿/带米蒿/硬杆杆蒿/铁杆蒿	半灌木状草本	茎叶	春夏秋冬	青嫩、干草	牛、羊	0	0	29	31	18	24	102	32.38
197	菊科 Compositae	猪毛蒿	*Artemisia scoparia* Waldst. & Kitam.	白蒿头子/油蒿	一、二年生草本	茎叶	春夏	青嫩	牛、羊	18	21	62	59	34	36	230	73.02
198	菊科 Compositae	丝毛飞廉	*Carduus crispus* Guirão ex Nyman	刺盖	二年生草本	叶、花蕾、花序	春夏	青嫩	牛、羊	0	4	0	0	0	25	29	9.21

序号	科名	中文名	拉丁名	地方名	生活型	饲用部位	饲用季节	饲用方法（青嫩或干草）	饲喂动物	研究村落提及次数						总提及次数（FC）	相对引用频率（RFC）
										a	b	c	d	e	f		
199	菊科 Compositae	刺儿菜	*Cirsium arvense*（L.）Scop.	马刺蓟/刺蓟盖/小蓟/大蓟	多年生草本	叶、花蕾、花序	春夏	青嫩	牛、羊	0	4	25	18	0	25	72	22.86
200	菊科 Compositae	中华小苦荬	*Ixeris chinensis*（Thunb. ex Thunb.）Nakai	燕叽叽草/呱啦叽草/马眼窝草	多年生草本	茎叶	春夏秋冬	青嫩、干草	牛、羊	0	8	53	45	0	28	134	42.54
201	菊科 Compositae	向日葵	*Helianthus annuus* L.	向日葵	栽培牧草，一年生草本植物	茎叶	春夏	青嫩	牛、羊	11	5	35	36	7	30	124	39.37
202	菊科 Compositae	菊芋	*Helianthus tuberosus* L.	洋姜	栽培牧草，多年宿根性草本	叶、花、茎	春夏	青嫩	牛、羊	0	0	52	2	0	0	54	17.14
203	菊科 Compositae	阿尔泰狗娃花	*Heteropappus altaicus*（Willd.）Novopokr.	白花草	多年生草本	茎、叶、花序	春夏	青嫩	牛、羊	0	0	29	33	0	28	90	28.57
204	菊科 Compositae	乳苣	*Lactuca tatarica*（L.）C.A.Mey.	麻苦苦菜	多年生草本	茎叶	春夏秋冬	青嫩、干草	牛、羊	12	0	54	55	0	45	166	52.70
205	菊科 Compositae	栉叶蒿	*Neopallasia pectinata*（Pall.）Poljakov	米蒿/梅蒿	多年生草本	茎叶	秋冬	干草	羊	0	0	29	43	0	22	94	29.84
206	菊科 Compositae	顶羽菊	*Rhaponticum repens*（L.）Hidalgo	苦蒿	多年生草本	叶、花序	春夏	青嫩	牛、羊	0	3	18	29	0	33	83	26.35
207	菊科 Compositae	翼茎风毛菊	*Saussurea alata* DC.	野大豆	多年生草本	茎叶	春夏	青嫩	牛、羊	0	0	0	0	12	0	12	3.81
208	菊科 Compositae	叉枝鸦葱	*Scorzonera divaricata* Turcz.	奶瓜子	多年生草本	茎叶	春夏秋冬	青嫩、干草	羊	0	19	10	33	0	31	93	29.52
209	菊科 Compositae	苣荬菜	*Sonchus arvensis* L.	苦苦菜/苦蓄/甜苦苦菜	多年生草本	茎叶	春夏	青嫩	牛、羊	17	6	54	55	0	45	177	56.19
210	菊科 Compositae	苦苣菜	*Sonchus oleraceus*（L.）L.	苦苦菜/甜苦菜	一、二年生草本	茎叶	春夏	青嫩	牛、羊	17	6	54	55	0	45	177	56.19

序号	科名	中文名	拉丁名	地方名	生活型	饲用部位	饲用季节	饲用方法（青嫩或干草）	饲喂动物	研究村落提及次数						总提及次数（FC）	相对引用频率（RFC）
										a	b	c	d	e	f		
211	菊科 Compositae	蒲公英	*Taraxacum mongolicum* Hand.-Mazz.	黄黄子/环环子	多年生草本	茎叶	春夏秋冬	青嫩、干草	牛、羊	18	4	54	0	0	39	115	36.51
212	菊科 Compositae	款冬	*Tussilago farfara* L.	冬花	多年生草本	茎叶	春夏	青嫩	牛、羊	0	0	0	0	1	0	1	0.32
213	菊科 Compositae	苍耳	*Xanthium strumarium* subsp. sibiricum（Patrin ex Widder）Greuter	苍耳子/草儿	一年生草本	茎叶	春夏	青嫩	牛、羊	0	2	13	20	0	21	56	17.78
214	伞形科 Apiaceae	川芎	*Ligusticum striatum* DC.	川芎	多年生草本	茎叶	春夏	青嫩	牛、羊	0	0	0	0	1	0	1	0.32
215	伞形科 Apiaceae	峨参	*Anthriscus sylvestris*（L.）Hoffm.	野红萝卜	二年生或多年生草本	茎叶	春夏	青嫩	牛、羊	0	0	0	0	15	0	15	4.76
216	伞形科 Apiaceae	北柴胡	*Bupleurum chinense* DC.	大耳朵柴胡	多年生草本	茎叶	春夏	青嫩	牛、羊	0	0	0	0	18	0	18	5.71
217	伞形科 Apiaceae	胡萝卜	*Daucus carota* L.	胡萝卜	栽培牧草，二年生草本	根	春夏	青嫩	牛、羊	0	0	25	12	0	0	37	11.75
218	伞形科 Apiaceae	沙茴香	*Ferula bungeana* Kitag.	面吊吊	多年生草本	叶	春夏秋冬	青嫩、干草	牛、羊	0	0	0	0	0	4	4	1.27
219	伞形科 Apiaceae	藁本	*Ligusticum sinense* Oliv.	野川芎	多年生草本	茎叶	春夏	青嫩	牛、羊	0	0	0	0	3	0	3	0.95
220	伞形科 Apiaceae	防风	*Saposhnikovia divaricata*（Turcz.）Schischk.	旱檄椒/马樱子	多年生草本	茎叶	春夏	青嫩	牛、羊	0	0	0	0	6	0	6	1.90
221	伞形科 Apiaceae	小窃衣	*Torilis japonica*（Houtt.）DC.	野红萝卜/野茴香	一年或多年生草本	叶	春夏	青嫩	牛、羊	0	0	0	0	34	0	34	10.79
222	麻黄科 Ephedraceae	中麻黄	*Ephedra intermedia* Schrenk & C.A.Mey.	麻黄	灌木	茎叶	春夏	青嫩	羊	0	0	51	49	0	17	117	37.14
223	木贼科 Equisetaceae	问荆	*Equisetum arvense* L.	团续/断续	多年生草本	叶	春夏秋冬	青嫩	牛、羊	0	0	0	0	6	0	6	1.90
224	木贼科 Equisetaceae	节节草	*Equisetum ramosissimum* Desf.	节节草/节节条	多年生草本	叶	春夏秋冬	青嫩	牛、羊	0	0	0	0	6	0	6	1.90

附录 6-7 传统药用植物编目表及其相对引用频率（RFC）

序号	科名	属名	中文名	拉丁名	当地名	生活型	研究村落提及次数						总提及次数（FC）	相对引用频率（RFC）
							a	b	c	d	e	f		
1	薯蓣科 Dioscoreaceae	薯蓣属	穿龙薯蓣	*Discorea nipponica* Makino	穿地龙	缠绕草质藤本	0	0	0	0	1	0	1	0.32
2	黑药花科 Melanthiaceae	重楼属	七叶一枝花	*Paris polyphylla* Smith	七叶一枝花	多年生草本	0	0	0	0	3	0	3	0.95
3	百合科 Liliaceae	贝母属	榆中贝母	*F Fritillaria yuzhongensis* G.D.Yu & Y.S.Zhou	六盘山贝母	多年生草本	0	0	0	0	2	0	2	0.63
4	百合科 Liliaceae	百合属	山丹	*Lilium pumilum* DC.	百合	多年生草本	0	0	0	0	10	0	10	3.17
5	兰科 Orchidaceae	手参属	手掌参	*Gymnadenia Conopsea*（L.）R. Br.	手掌参	多年生草本	0	0	0	0	3	0	3	0.95
6	兰科 Orchidaceae	角盘兰属	裂瓣角盘兰	*Herminium alaschanicum* Maxim.	人头参	地生草本	0	0	0	0	2	0	2	0.63
7	五味子科 Schisandraceae	五味子属	北五味子	*Schisandra chinensis*（Turcz.）Baill.	缠条湾/野葡萄湾	落叶木质藤本	0	0	0	0	2	0	2	0.63
8	石蒜科 Amaryllidaceae	葱属	野韭	*Allium ramosum* L.	野韭菜	多年生草本	0	0	0	0	1	0	1	0.32
9	石蒜科 Amaryllidaceae	葱属	葱	*Allium fistulosum* L.	白葱	多年生草本	5	0	0	0	13	0	18	5.71
10	石蒜科 Amaryllidaceae	葱属	薤白	*Allium macrostemon* Bge.	山蒜/野蒜/薤白/小蒜	多年生草本	0	0	0	0	5	0	5	1.59

序号	科名	属名	中文名	拉丁名	当地名	生活型	研究村落提及次数						总提及次数（FC）	相对引用频率（RFC）
							a	b	c	d	e	f		
11	石蒜科 Amaryllidaceae	葱属	大蒜	*Allium sativum* L.	大蒜	一年生或二年生草本	0	0	0	0	17	0	17	5.40
12	石蒜科 Amaryllidaceae	葱属	蒜	*Allium sativum* L.	红蒜	多年生草本	0	0	0	0	0	1	1	0.32
13	石蒜科 Amaryllidaceae	葱属	韭	*Allium tuberosum* Rottl.	韭菜子	多年生草本	0	0	0	0	14	0	14	4.44
14	石蒜科 Amaryllidaceae	葱属	红葱	*Allium cepa* L.var. *proliferum* Regel	龙葱/红葱	多年生草本	2	0	0	1	0	22	25	7.94
15	天门冬科 Asparagaceae	知母属	知母	*Anemarrhena asphodeloides* Bge.	知母	多年生草本	0	0	0	0	2	0	2	0.63
16	天门冬科 Asparagaceae	天门冬属	攀缘天冬	*Asparagus brachyphyllus* Turcz.	寄马桩	多年生灌木状草本	0	0	12	1	0	0	13	4.13
17	天门冬科 Asparagaceae	黄精属	黄精	*Polygonatum sibiricum* F.Delaroche	黄精/鸡头参	多年生草本	0	0	7	10	9	11	37	11.75
18	香蒲科 Typhaceae	香蒲属	狭叶香蒲	*Typha angustifolia* L.	蒲黄	多年生水生或沼生草本	0	0	0	0	4	0	4	1.27
19	香蒲科 Typhaceae	香蒲属	长苞香蒲	*Typha domingensis* Pers.	毛辣	多年生水生或沼生草本	0	0	0	0	0	4	4	1.27
20	禾本科 Poaceae	大麦属	大麦	*Hordeum vulgare* L.	大麦/麦芽	一年生草本	0	0	0	0	14	0	14	4.44
21	禾本科 Poaceae	白茅属	白茅	*Imperata cylindrica*（L.）Beauv.	野冰草/白茅根/白子草根	多年生草本	0	0	29	0	8	0	37	11.75
22	禾本科 Poaceae	芦苇属	芦苇	*Phragmites australis*（Cav.）Trin. ex Steud	龙年根/芦根	多年水生或湿生的高大禾草	0	0	0	0	8	0	8	2.54

序号	科名	属名	中文名	拉丁名	当地名	生活型	研究村落提及次数						总提及次数（FC）	相对引用频率（RFC）
							a	b	c	d	e	f		
23	禾本科 Poaceae	芨芨草属	醉马草	*Achnatherum inebrians*（Hance）Keng	聚马桩	多年生草本	0	0	0	0	0	1	1	0.32
24	禾本科 Poaceae	小麦属	小麦	*Triticum aestivum* L.	小麦	栽培牧草，一年生或二年生草本	0	0	0	0	11	0	11	3.49
25	禾本科 Poaceae	玉蜀黍属	玉米	*Zea mays* L.	玉米须/玉米胡子	一年生草本	0	0	0	0	15	0	15	4.76
26	小檗科 Berberidaceae	小檗属	短柄小檗	*Berberis brachypoda* Maxim.	酸不溜溜树	落叶灌木	0	0	0	0	6	0	6	1.90
27	小檗科 Berberidaceae	淫羊藿属	淫羊藿	*Epimedium brevicornu* Maxim.	淫羊藿	多年生草本	0	0	0	0	9	0	9	2.86
28	毛茛科 Ranunculaceae	乌头属	西伯利亚乌头	*Aconitum barbatum Pers.* var. *hispidum*（DC.）Seringe	秃儿伞	多年生草本	0	0	0	0	2	0	2	0.63
29	毛茛科 Ranunculaceae	升麻属	升麻	*Cimicifuga foetida* L.	升麻	多年生草本	0	0	0	0	6	0	6	1.90
30	毛茛科 Ranunculaceae	白头翁属	白头翁	*Pulsatilla chinensis*（Bge.）Regel	白头翁	多年生草本	0	0	0	0	4	0	4	1.27
31	毛茛科 Ranunculaceae	唐松草属	瓣蕊唐松草	*Thalictrum petaloideum* L.	奶得草	多年生草本	0	0	0	0	1	0	1	0.32
32	马兜铃科 Aristolochiaceae	细辛属	单叶细辛	*Asarum himalaicum* Hook.f. & Thomson ex Klotzsch	细辛	多年生草本	0	0	0	0	2	0	2	0.63
33	芍药科 Paeoniaceae	芍药属	芍药	*Paeonia lactiflora* Pall.	芍药	多年生草本	0	0	0	0	8	0	8	2.54
34	芍药科 Paeoniaceae	芍药属	牡丹	*Paeonia suffruticosa* Andr.	牡丹	落叶灌木	0	0	0	0	16	0	16	5.08

序号	科名	属名	中文名	拉丁名	当地名	生活型	研究村落提及次数						总提及次数（FC）	相对引用频率（RFC）
							a	b	c	d	e	f		
35	茶藨子科 Grossulariaceae	茶藨子属	尖叶茶藨子	*Ribes maximowiczianum* Komarov	茶叶目	灌木	0	0	0	0	3	0	3	0.95
36	锁阳科 Cynomoriaceae	锁阳属	锁阳	*Cynomorium coccineum* subsp. *songaricum*（Rupr.）J.Léonard	锁月/锁药	根寄生多年生肉质草本	0	0	0	0	0	10	10	3.17
37	蒺藜科 Zygophyllaceae	蒺藜属	蒺藜	*Tribulus terrestris* L.	八角子/八决子/白蒺藜	一年生草本	1	0	3	0	0	0	4	1.27
38	豆科 Fabaceae	沙冬青属	沙冬青	*Ammopiptanthus mongolicus*（Kom.）S.H.Cheng	冬青/冻青	常绿灌木	0	0	3	2	0	0	5	1.59
39	豆科 Fabaceae	黄芪属	膜荚黄耆	*Astragalus membranaceus*（Fisch.）Bge.	黄芪/毛蹄蹄花	多年生草本	0	0	28	37	14	14	93	29.52
40	豆科 Fabaceae	锦鸡儿属	柠条锦鸡儿	*Caragana korshinskii* Kom.	牛板筋草/柠条	落叶大灌木	2	0	3	0	0	0	5	1.59
41	豆科 Fabaceae	皂荚属	皂荚	*Gleditsia sinensis* Lam.	皂角刺	落叶乔木或小乔木	0	0	0	0	3	0	3	0.95
42	豆科 Fabaceae	甘草属	甘草	*Glycyrrhiza uralensis* Fisch.	甘草	多年生草本	22	6	54	38	0	15	135	42.86
43	豆科 Fabaceae	米口袋属	狭叶米口袋	*Gueldenstaedtia stenophylla* Bge.	米谷粧粧/粮食粧粧	多年生草本	0	0	2	0	0	0	2	0.63
44	豆科 Fabaceae	米口袋属	少花米口袋	*Gueldenstaedtia verna*（Georgi）Boriss.	米谷粧粧	多年生草本	0	0	2	0	0	0	2	0.63
45	豆科 Fabaceae	岩黄耆属	宽叶岩黄耆	*Hedysarum polybotrys* Hand.-Mazz. var. *alaschanicum*（B. Fedtsch.）H. C. Fu et Z. Y. Chu	山黄芪	多年生草本	0	0	0	0	15	0	15	4.76
46	豆科 Fabaceae	苦参属	苦豆子	*Sophora alopecuroides* L.	苦肚子	半灌木	13	4	38	4	0	0	59	18.73

序号	科名	属名	中文名	拉丁名	当地名	生活型	研究村落提及次数						总提及次数（FC）	相对引用频率（RFC）
							a	b	c	d	e	f		
47	豆科 Fabaceae	苦参属	苦参	*Sophora flavescens* Alt.	苦参	草本或亚灌木	0	0	0	0	1	0	1	0.32
48	豆科 Fabaceae	槐属	槐树	*Styphnolobium japonicum*（L.）Schott	国槐花	乔木	0	0	0	0	8	0	8	2.54
49	远志科 Polygalaceae	远志属	远志	*Polygala tenuifolia* Willd	远志	多年生草本	0	0	2	0	2	4	8	2.54
50	蔷薇科 Rosaceae	龙牙草属	龙芽草	*Agrimonia pilosa* Ldb.	龙芽草	多年生草本	0	0	0	0	2	0	2	0.63
51	蔷薇科 Rosaceae	李属	杏	*Prunus armeniaca* L.	杏	小乔木或灌木	3	0	0	0	28	0	31	9.84
52	蔷薇科 Rosaceae	山楂属	山楂	*Crataegus pinnatifida* Bge.	山楂/山茶树	落叶乔木	0	0	0	0	3	0	3	0.95
53	蔷薇科 Rosaceae	李属	长梗扁桃	*Prunus pedunculata*（Pall.）Maxim.	米得仁/郁李仁/桃	灌木	1	0	0	0	3	0	4	1.27
54	蔷薇科 Rosaceae	梨属	秋子梨	*Pyrus ussuriensis* Maxim.	响水梨/香水梨	落叶乔木或灌木	0	3	0	0	0	27	30	9.52
55	蔷薇科 Rosaceae	蔷薇属	美蔷薇	*Rosa bella* Rehd. et Wils	木钩子奶/绿奶头	一种直立灌木	0	0	0	0	2	0	2	0.63
56	蔷薇科 Rosaceae	蔷薇属	月季花	*Rosa chinensis* Jacq.	月季	直立灌木	0	0	0	0	14	0	14	4.44
57	蔷薇科 Rosaceae	蔷薇属	野蔷薇	*Rosa multiflora* Thunb.	金樱子	常绿攀缘灌木	0	0	0	0	6	0	6	1.90
58	蔷薇科 Rosaceae	地榆属	地榆	*Sanguisorba officinalis* L.	野桑食/黑老婆	多年生草本	0	0	0	0	4	0	4	1.27

序号	科名	属名	中文名	拉丁名	当地名	生活型	研究村落提及次数						总提及次数（FC）	相对引用频率（RFC）
							a	b	c	d	e	f		
59	蔷薇科 Rosaceae	委陵菜属	二裂委陵菜	*Potentilla bifurca* L.	铁片子/黑根子殃/鸡冠草	多年生匍匐草本	0	0	0	0	4	0	4	1.27
60	胡颓子科 Elaeagnaceae	沙棘属	沙棘	*Elaeagnus rhamnoides*（L.）A.Nelson	黑刺	落叶性灌木	0	0	0	0	1	0	1	0.32
61	鼠李科 Rhamnaceae	枣属	大枣	*Ziziphus jujuba* Mill.	大枣	落叶小乔木或稀灌木	0	0	0	0	9	0	9	2.86
62	榆科 Ulmaceae	榆属	榆树	*Ulmus pumila* L.	榆树	落叶乔木	0	0	0	0	25	0	25	7.94
63	桑科 Moraceae	桑属	桑	*Morus alba* L.	老桑葚树	落叶乔木或灌木	0	0	0	0	12	0	12	3.81
64	葫芦科 Cucurbitaceae	赤瓟属	赤瓟	*Thladiantha dubia* Bge.	黄瓜卢	一年生蔓生藤本	0	0	0	0	3	0	3	0.95
65	堇菜科 Violaceae	堇菜属	双花堇菜	*Viola biflora* L.	雀儿枕头/开黄花的地丁/地锦	多年生草本	0	0	0	0	10	0	10	3.17
66	堇菜科 Violaceae	堇菜属	早开堇菜	*Viola prionantha* Bge.	紫花地锦	多年生草本	0	0	0	0	4	0	4	1.27
67	大戟科 Euphorbiaceae	大戟属	甘遂	*Euphorbia kansui* T. N. Liou ex S. B. Ho	甘遂	多年生草本	0	0	0	0	2	0	2	0.63
68	牻牛儿苗科 Geraniaceae	牻牛儿苗属	牻牛儿苗	*Erodium stephanianum* Willd.	红头绳/红根子	一年多生或二年生草本	0	0	2	0	2	1	5	1.59
69	白刺科 Nitrariaceae	骆驼蓬属	骆驼蓬	*Peganum harmala* L.	大臭篙	多年生草本	0	0	2	2	0	0	4	1.27
70	芸香科 Rutaceae	白鲜属	白鲜	*Dictamnus albus* L.	白藓皮/八股牛	多年生草本	0	0	0	0	2	0	2	0.63

序号	科名	属名	中文名	拉丁名	当地名	生活型	研究村落提及次数						总提及次数（FC）	相对引用频率（RFC）
							a	b	c	d	e	f		
71	芸香科 Rutaceae	花椒属	花椒	*Zanthoxylum bungeanum* Maxim.	花椒	落叶小乔木	0	0	0	0	17	0	17	5.40
72	苦木科 Simaroubaceae	臭椿属	臭椿	*Ailanthus altissima*（Mill.）Swingle	臭椿树	落叶乔木	0	0	0	0	10	0	10	3.17
73	楝科 Meliaceae	香椿属	香椿	*Toona sinensis*（A. Juss.）Roem.	香椿	落叶乔木	0	0	0	0	16	0	16	5.08
74	锦葵科 Malvaceae	木槿属	木槿花	*Hibiscus syriacus* L.	木槿花	落叶灌木	0	0	0	0	1	0	1	0.32
75	锦葵科 Malvaceae	锦葵属	冬葵	*Malva crispa* L.	野菊花/野锦葵/七叶	一年生草本	0	0	0	0	8	26	34	10.79
76	瑞香科 Thymelaeaceae	瑞香属	黄瑞香	*Daphne giraldii* Nitsche.	祖师麻	落叶灌木	0	0	0	0	4	0	4	1.27
77	瑞香科 Thymelaeaceae	狼毒属	瑞香狼毒	*Stellera chamaejasme* L.	羊火头花	多年生草本	0	0	0	0	5	0	5	1.59
78	菖蒲科	菖蒲属	菖蒲	*Acorus calamus* L.	菖蒲	多年生草本	0	0	0	0	8	0	8	2.54
79	十字花科 Brassicaceae	肉叶荠属	蚓果芥	*Braya humilis*（C.A. Mey.）B.L. Rob.	百花子/雀儿脑脑	多年生草本	0	0	21	0	0	1	22	6.98
80	十字花科 Brassicaceae	葶苈属	葶苈	*Draba nemorosa* L.	牛挤椒	一年生或二年生草本	0	0	0	0	1	0	1	0.32
81	十字花科 Brassicaceae	芝麻菜属	芝麻菜	*Eruca sativa* Mill.	芸芥、圆圆	一年生草本	0	0	0	0	1	0	1	0.32
82	十字花科 Brassicaceae	独行菜属	独行菜	*Lepidium apetalum* Willd.	辣辣/辣辣殃	一、二年生草本	0	0	2	1	0	0	3	0.95
83	十字花科 Brassicaceae	萝卜属	萝卜	*Raphanus raphanistrum* subsp. *sativus*（L.）Domin	白萝卜籽/莱菔子	二年或一年生草本	0	0	0	0	22	0	22	6.98

序号	科名	属名	中文名	拉丁名	当地名	生活型	研究村落提及次数						总提及次数（FC）	相对引用频率（RFC）
							a	b	c	d	e	f		
84	十字花科 Brassicaceae	菥蓂属	菥蓂	*Thlaspi arvense* L.	苦芥子	一年生草本	0	0	0	0	9	0	9	2.86
85	天南星科 Araceaea	半夏属	半夏	*Pinellia ternata*（Thunb.）Makino	半夏	多年生草本	0	0	0	0	20	0	20	6.35
86	柽柳科 Tamaricaceae	柽柳属	柽柳	*Tamarix chinensis* Lour.	柽柳/红柳	乔木或灌木	0	0	0	2	4	0	6	1.90
87	蓝雪科 Plumbaginaceae	补血草属	二色补血草	*Limonium bicolor*（Bag.）Kuntze	止血草	小灌木、半灌木或多年生（罕一年生）草本	0	0	0	0	2	0	2	0.63
88	蓼科 Polygonaceae	蓼属	酸模叶蓼	*Persicaria lapathifolia*（L.）Delarbre	酸不溜溜/小叶酸模	一年生草本	0	0	0	0	13	0	13	4.13
89	蓼科 Polygonaceae	蓼属	珠芽蓼	*Persicaria vivipara*（L.）Ronse Decr.	红三七/荞麦七	多年生草本	0	0	0	0	5	0	5	1.59
90	蓼科 Polygonaceae	萹蓄属	萹蓄	*Polygonum aviculare* L.	野扫帚	一年生草本	0	0	0	0	9	0	9	2.86
91	蓼科 Polygonaceae	大黄属	掌叶大黄	*Rheum palmatum* L.	大黄/代黄	高大粗壮草本	0	0	35	37	17	3	92	29.21
92	蓼科 Polygonaceae	大黄属	鸡爪大黄	*Rheum tanguticum* Maxim. ex Regel	代黄/六盘山鸡爪大黄	草本	0	0	0	0	3	0	3	0.95
93	蓼科 Polygonaceae	酸模属	皱叶酸模	*Rumex crispus* L.	驴耳朵/土大黄	多年生草本	0	0	8	1	21	0	30	9.52
94	石竹科 Caryophyllaceae	石竹属	石竹	*Dianthus chinensis* L.	红丑豆花/红泥豆花	多年生草本	0	0	0	0	6	0	6	1.90

序号	科名	属名	中文名	拉丁名	当地名	生活型	研究村落提及次数						总提及次数（FC）	相对引用频率（RFC）
							a	b	c	d	e	f		
95	石竹科 Caryophyllaceae	石竹属	瞿麦	*Dianthus superbus* L.	瞿麦	多年生草本	0	0	0	0	2	0	2	0.63
96	石竹科 Caryophyllaceae	繁缕属	银柴胡	*Stellaria dichotoma* var. *lanceolata* Bge.	银柴胡	多年生草本	0	0	0	0	9	0	9	2.86
97	石竹科 Caryophyllaceae	麦蓝菜属	麦蓝菜	*Vaccaria hispanica*（Mill.）Rauschert	胖娃/王不留行	一年生或二年生草本	0	0	0	0	5	0	5	1.59
98	苋科 Amaranthaceae	滨藜属	中亚滨藜	*Atriplex centralasiatica* Iljin	羊耳朵灰条/马洛洛	一年生草本	0	0	0	0	0	1	1	0.32
99	苋科 Amaranthaceae	滨藜属	榆钱菠菜	*Atriplex hortensis* L.	野菠菜	一年生草本	0	0	0	0	1	0	1	0.32
100	苋科 Amaranthaceae	地肤属	地肤	*Kochia scoparia*	离竟/野离竟/地肤子	一年生草本	1	0	0	0	1	12	14	4.44
101	苋科 Amaranthaceae	碱猪毛菜属	猪毛菜	*Salsolacollina* Pall.	蒿子/麻蒿子/刺蓬/睁眼子扎梨子/蓬子菜	一年生草本	2	0	0	0	12	1	15	4.76
102	泽泻科 Alismataceae	泽泻属	泽泻	*Alisma plantago-aquatica* L.	泽泻	多年生水生或沼生草本	0	0	0	0	2	0	2	0.63
103	马齿苋科 Portulacaceae	马齿苋属	马齿苋	*Portulaca oleracea* L.	胖娃娃菜	一年生草本	2	1	0	0	1	0	4	1.27
104	报春花科 Primulaceae	珍珠菜属	狼尾花	*Lysimachia barystachys* Bge.	金钱草	多年生草本	0	0	0	0	2	0	2	0.63
105	茜草科 Rubiaceae	茜草属	茜草	*Rubia cordifolia* L.	茜草	多年生草质攀缘藤木	0	0	0	0	2	0	2	0.63
106	龙胆科 Gentianaceae	龙胆属	秦艽	*Gentiana macrophylla* Pall.	秦艽	多年生草本	0	0	7	10	8	11	36	11.43

序号	科名	属名	中文名	拉丁名	当地名	生活型	研究村落提及次数						总提及次数（FC）	相对引用频率（RFC）
							a	b	c	d	e	f		
107	夹竹桃科 Apocynaceae	鹅绒藤属	地稍瓜	*Cynanchum absconditum* Liede	蒿瓜子/奶瓜瓜	多年生草本	0	0	2	0	0	1	3	0.95
108	夹竹桃科 Apocynaceae	鹅绒藤属	鹅绒藤	*Cynanchum chinense* R.Br.	羊奶角角、牛皮消	多年生草本	0	0	1	2	0	4	7	2.22
109	夹竹桃科 Apocynaceae	鹅绒藤属	牛心草	*Cynanchum komarovii* Al. Iljinski	老瓜头	直立半灌木	0	0	0	11	0	0	11	3.49
110	紫草科 Boraginaceae	鹤虱属	鹤虱	*Lappula myosotis* V. Wolf	然然子/毛苒苒	一年生或越年生草本	0	0	2	0	0	0	2	0.63
111	旋花科 Convolvulaceae	打碗花属	打碗花	*Calystegia hederacea* Wall.	野牵牛/串串秧/打破碗花花/拉拉蔓	一年生草本	0	0	0	0	16	0	16	5.08
112	旋花科 Convolvulaceae	菟丝子属	菟丝子	*Cuscuta chinensis* Lam.	菟丝子/黄缠/黄塘	一年生寄生草本	1	0	24	2	3	0	30	9.52
113	旋花科 Convolvulaceae	虎掌藤属	牵牛花	*Ipomoea nil*（L.）Roth	黑白丑/牵牛子	一年生缠绕草本	1	0	2	0	19	0	22	6.98
114	茄科 Solanaceae	天仙子属	天仙子	*Hyoscyamus niger* L.	酒牙子/天仙子	二年生草本	1	0	0	0	3	0	4	1.27
115	茄科 Solanaceae	枸杞属	宁夏枸杞	*Lycium barbarum* L.	苟继子/枸杞子/狗牙刺/地骨皮	灌木	12	0	4	5	13	23	57	18.10
116	茄科 Solanaceae	枸杞属	枸杞	*Lycium chinense* Mill.	苟继子/枸杞子/狗牙刺/地骨皮	灌木	12	0	4	5	13	23	57	18.10
117	茄科 Solanaceae	茄属	龙葵	*Solanum americanum* Mill.	野薇花/野花花	一年生草本	0	0	0	0	7	0	7	2.22

序号	科名	属名	中文名	拉丁名	当地名	生活型	研究村落提及次数						总提及次数（FC）	相对引用频率（RFC）
							a	b	c	d	e	f		
118	车前科 Plantaginaceae	车前属	车前	*Plantago asiatica* L.	牛舌头	多年生草本	7	2	14	0	27	6	56	17.78
119	车前科 Plantaginaceae	车前属	平车前	*Plantago depressa* Willd.	小牛舌头	一、二年生草本	7	2	14	0	27	6	56	17.78
120	车前科 Plantaginaceae	车前属	大车前	*Plantago major* L.	牛舌头	多年生草本	7	2	14	0	27	6	56	17.78
121	唇形科 Lamiaceae	香薷属	香薷	*Elsholtzia ciliata*（Thunb.）Hyland.	野薄荷/野香蓄	直立草本	0	0	0	0	2	0	2	0.63
122	唇形科 Lamiaceae	益母草属	益母草	*Leonurus artemisia*（Laur.）S. Y. Hu F.	节节蒿	一年生或二年生草本	0	0	18	0	0	0	18	5.71
123	唇形科 Lamiaceae	薄荷属	薄荷	*Mentha arvensis* L.	薄荷	多年生草本	0	0	0	0	5	0	5	1.59
124	唇形科 Lamiaceae	夏至草属	夏至草	*Lagopsis supina*（Steph. ex Willd.）lkonn.-Gal.	白花益母草	多年生草本	0	0	0	0	11	0	11	3.49
125	唇形科 Lamiaceae	黄芩属	滇黄芩	*Scutellaria amoena* C. H. Wright	黄芩	多年生草本	0	0	0	0	10	0	10	3.17
126	唇形科 Lamiaceae	黄芩属	多毛并头黄芩	*Scutellaria scordifolia* Fisch. ex Schrank var. *villosissima* C.Y.Wu & W.T.Wang	黄芩	多年生草本	0	0	0	0	10	0	10	3.17
127	唇形科 Lamiaceae	百里香属	百里香	*Thymus mongolicus* Ronninger.	地椒	半灌木	0	0	0	0	19	0	19	6.03
128	列当科 Orobanchaceae	肉苁蓉属	盐生肉苁蓉	*Cistanche salsa*（C. A. Mey.）G. Beck.	大云/大芸	多年生草本	0	0	0	0	0	1	1	0.32
129	列当科 Orobanchaceae	列当属	列当	*Orobanche coerulescens* Steph.	紫花列当/草苁蓉	一年生寄生草本	0	0	0	0	2	0	2	0.63

序号	科名	属名	中文名	拉丁名	当地名	生活型	研究村落提及次数						总提及次数（FC）	相对引用频率（RFC）
							a	b	c	d	e	f		
130	桔梗科 Campanulaceae	沙参属	泡沙参	*Adenophora potaninii* Korsh.	牛龄花	多年生草本	0	0	0	0	2	0	2	0.63
131	桔梗科 Campanulaceae	党参属	党参	*Codonopsis pilosula*（Franch.）Nannf.	党参	多年生草本	0	0	0	0	23	0	23	7.30
132	菊科 Compositae	蓍属	蓍实	*Achillea alpina* L.	锯草/一枝蒿/长虫草	多年生草本	0	0	0	0	7	0	7	2.22
133	菊科 Compositae	香青属	黄褐珠光香青	*Anaphalis margaritacea*（L.）Benth. & Hook.f.	石曲草	多年生草本	0	0	0	0	2	0	2	0.63
134	菊科 Compositae	牛蒡属	牛蒡	*Arctium lappa* L.	牛子/大丽子	二年生草本	0	0	0	0	6	0	6	1.90
135	菊科 Compositae	蒿属	黄花蒿	*Artemisia annua* L.	臭蒿/黄蒿/青蒿	一年生草本	0	0	0	0	25	0	25	7.94
136	菊科 Compositae	蒿属	艾草	*Artemisia argyi* H.Lév. & Vaniot	艾/艾蒿	多年生草本	11	8	31	44	30	30	154	48.89
137	菊科 Compositae	蒿属	茵陈蒿	*Artemisia capillaris* Thunb.	白蒿头子/茵陈	多年生草本或半灌木	19	3	5	16	33	9	85	26.98
138	菊科 Compositae	蒿属	无毛牛尾蒿	*Artemisia dubia* Wall.	一字蒿/夷子蒿	多年生草本	0	0	43	0	0	0	43	13.65
139	菊科 Compositae	蒿属	白莲蒿	*Artemisia gmelinii* Weber ex Stechm.	铁杆蒿/阿吉蒿/牙拔蒿	半灌木状草本	0	0	0	1	13	23	37	11.75
140	菊科 Compositae	蒿属	猪毛蒿	*Artemisia scoparia* Waldst. & Kitam.	白蒿头子/猪毛蒿	一、二年生草本	18	3	5	15	33	9	83	26.35
141	菊科 Compositae	紫菀属	缘毛紫菀	*Aster souliei* Franch.	野菊花	多年生草本	0	0	0	0	17	0	17	5.40
142	菊科 Compositae	飞廉属	丝毛飞廉	*Carduus crispus* L.	刺甲盖	二年生草本	0	2	0	0	2	0	4	1.27

序号	科名	属名	中文名	拉丁名	当地名	生活型	研究村落提及次数						总提及次数（FC）	相对引用频率（RFC）
							a	b	c	d	e	f		
143	菊科 Compositae	红花属	红花	*Carthamus tinctorius* L.	红花	一年生草本	0	0	0	0	6	0	6	1.90
144	菊科 Compositae	蓟属	刺儿菜	*Cirsium arvense*（L.）Scop.	马刺蓟/刺蓟盖/小蓟/大蓟	多年生草本	2	2	4	1	19	27	55	17.46
145	菊科 Compositae	狗娃花属	阿尔泰狗娃花	*Heteropappus altaicus*（Willd.）Novopokr	野菊花	多年生草本	0	0	0	0	17	0	17	5.40
146	菊科 Compositae	旋覆花属	旋覆花	*Inula japonica* Thunb.	野菊花	多年生草本	0	0	0	0	17	0	17	5.40
147	菊科 Compositae	苦荬菜属	中华小苦荬	*Ixeridium chinense*（Thunb.）Tzvel.	止血草	多年生草本	0	0	0	0	2	0	2	0.63
148	菊科 Compositae	苦荬菜属	中华苦荬菜	*Ixeris chinensis*（Thunb. ex Thunb.）Nakai	止血草	多年生草本	0	0	0	0	3	0	3	0.95
149	菊科 Compositae	苓菊属	蒙疆苓菊	*Jurinea mongolica* Maxim.	鸡毛狗/骨髓补	多年生草本	0	0	0	3	3	0	6	1.90
150	菊科 Compositae	紫菀属	紫菀	*Aster tataricus* L.f.	野菊花	多年生草本	0	0	0	0	17	0	17	5.40
151	菊科 Compositae	伪泥胡菜属	麻花头	*Serratula strangulata* Iljin	蕴包麻花头	多年生草本	0	0	0	0	3	0	3	0.95
152	菊科 Compositae	豨莶属	腺梗豨莶	*Siegesbeckia pubescens*（Makino）Makino	染娃子	一年生草本	0	0	0	0	8	0	8	2.54
153	菊科 Compositae	苦苣菜属	苣荬菜	*Sonchus arvensis* L.	苦苦菜/苦蓄/甜苦苦菜	多年生草本	8	20	55	56	41	44	224	71.11
154	菊科 Compositae	苦苣菜属	苦苣菜	*Sonchus oleraceus*（L.）L.	苦苦菜/甜苦菜	多年生草本	8	20	55	56	41	44	224	71.11
155	菊科 Compositae	兔儿伞属	兔儿伞	*Syneilesis aconitifolia*（Bge.）Maxim.	兔儿伞	多年生草本	0	0	0	0	2	0	2	0.63

序号	科名	属名	中文名	拉丁名	当地名	生活型	研究村落提及次数						总提及次数（FC）	相对引用频率（RFC）
							a	b	c	d	e	f		
156	菊科 Compositae	蒲公英属	蒲公英	*Taraxacum mongolicum* Hand.-Mazz.	黄黄子/环环子	多年生草本	20	12	55	3	35	39	164	52.06
157	菊科 Compositae	款冬属	款冬	*Tussilago farfara* L.	冬花	多年生草本	0	0	0	0	15	0	15	4.76
158	菊科 Compositae	苍耳属	苍耳	*Xanthium strumarium* subsp. *sibiricum*（Patrin ex Widder）Greuter	苍耳子/草儿	一年生草本	1	6	32	0	9	1	49	15.56
159	五福花科 Adoxaceae	荚蒾属	鸡树条	*Viburnum opulus* var. *calvescens*（Rehder）H. Hara	黑毛豆豆/天目琼花	落叶灌木	0	0	0	0	1	0	1	0.32
160	忍冬科 Caprifoliaceae	川续断属	日本续断	*Dipsacus japonicus* Miq.	川续断	多年生草本	0	0	0	0	3	0	3	0.95
161	忍冬科 Caprifoliaceae	忍冬属	金花忍冬	*Lonicera chrysantha* Turcz. ex Ledeb.	羊蹄弯	落叶灌木	0	0	0	0	1	0	1	0.32
162	忍冬科 Caprifoliaceae	忍冬属	盘叶忍冬	*Lonicera tragophylla* Hemsl.	金银花	落叶藤本	0	0	0	0	11	0	11	3.49
163	伞形科 Apiaceae	当归属	白芷	*Angelica dahurica*（Fisch. ex Hoffm.）Benth. et Hook. f. ex Franch.	香白芷	多年生高大草本	0	0	0	0	2	0	2	0.63
164	伞形科 Apiaceae	柴胡属	北柴胡	*Bupleurum chinense* DC.	柴胡/大耳柴胡	多年生草本	0	0	16	9	32	10	67	21.27
165	伞形科 Apiaceae	柴胡属	红柴胡	*Bupleurum scorzonerifolium* Willd.	红柴胡	多年生草本	0	0	0	0	5	0	5	1.59
166	伞形科 Apiaceae	柴胡属	黑柴胡	*Bupleurum smithii* Wolff	黑柴胡	多年生草本	0	0	0	0	10	0	10	3.17
167	伞形科 Apiaceae	蛇床属	蛇床	*Cnidium monnieri*（L.）Cuss.	蛇床	一年生草本	0	0	0	0	3	0	3	0.95
168	伞形科 Apiaceae	茴香属	茴香	*Foeniculum vulgare* Mill.	小茴香	多年生草本	0	0	0	0	10	11	21	6.67

序号	科名	属名	中文名	拉丁名	当地名	生活型	研究村落提及次数						总提及次数（FC）	相对引用频率（RFC）
							a	b	c	d	e	f		
169	伞形科 Apiaceae	藁本属	川芎	*Ligusticum chuanxiong* hort	川芎	多年生草本	0	0	0	0	1	0	1	0.32
170	伞形科 Apiaceae	藁本属	藁本	*Ligusticum sinense* Oliv.	野川芎	多年生草本	0	0	0	0	8	0	8	2.54
171	伞形科 Apiaceae	防风属	防风	*Saposhnikovia divaricata*（Turcz.）Schischk.	旱檄椒/马樱子	多年生草本	0	0	0	0	21	0	21	6.67
172	伞形科 Apiaceae	窃衣属	小窃衣	*Torilis japonica*（Houtt.）DC.	野红萝卜/野茴香	一年或多年生草本	0	0	0	0	4	0	4	1.27
173	多孔菌科 Polyporaceae	栓菌属	云芝	*Coriolus versicoLor*（L.ex Fr.）Quel	素娥	彩绒革盖菌子实体一年生	0	0	0	0	1	0	1	0.32
174	马勃科 Lycoperdaceae	马勃属	马勃	*Lasiosphaera nipponica*（Kawam.）Y.K.et.A.	马皮包包	担子菌类	0	0	0	0	18	0	18	5.71
175	木贼科 Equisetaceae	木贼属	木贼	*Equisetum hyemale* L.	木贼	多年生常绿草本	0	0	0	0	4	0	4	1.27
176	水龙骨科 Polypodiaceae	石韦属	石苇	*Pyrrosia pekinensis*（C. Chr.）Ching	石苇	蕨类	0	0	0	0	1	0	1	0.32
177	鳞毛蕨科 Dryopteridaceae	鳞毛蕨属	两色鳞毛蕨	*Dryopteris setosa*（Thunb.）Akasawa	贯众	蕨类植物	0	0	0	0	4	0	4	1.27
178	麻黄科 Ephedraceae	麻黄属	中麻黄	*Ephedra intermedia* Schrenk & C.A.Mey.	麻黄/草麻黄	灌木	1	0	21	12	0	17	51	16.19

附录 6-8 传统药用动物编目表及其相对引用频率（RFC）

序号	动物类型	科名	属名	动物学名	拉丁名	当地名	用药部位	用法	功效	研究村落提及次数						总提及次数（FC）	相对引用频率（RFC）
										a	b	c	d	e	f		
1	无脊椎动物	鼠妇科	鼠妇属	平甲鼠妇	*Armadillidium vulgare* Latreille	潮虫/鞋提板板	虫体	活动时捕捉，开水烫死，晒干。①将鼠妇装在胶囊壳里吃下去；②将鼠妇咬碎于坏牙处；③将鼠妇碾碎涂抹于伤口处	治疗牙痛，治疗骨折	0	0	6	2	0	3	11	3.49
2	无脊椎动物	钳蝎科	钳蝎属	马氏正钳蝎	*Mesobuthus martensi* Karsch.	黄蝎子	问荆蝎的虫体	蝎子外出活动时捕捉，放清水中吐净泥土，再加入盐开水中煮 3～4 h，捞出洗净晒干	泡药酒，治疗风湿	0	0	0	0	3	0	3	0.95
3	无脊椎动物	金龟科	蜣螂属	神农蜣螂	*Catharsius molossus* L.	屎壳郎	虫体	活动时捕捉，烫死，晒干	煮后，喝，治疗肝炎	0	0	1	2	0	0	3	0.95
4	无脊椎动物	蚯蚓科	正蚓属	陆正蚓	*Lumbricus terrestris*	地龙	蚯蚓的虫体	蚯蚓外出活动时捕捉，放清水中吐净泥土，再加入盐开水中煮 3～4 h，捞出洗净晒干	止痛、治疗不孕	0	0	0	0	14	0	14	4.44
5	无脊椎动物	土蜂科	蜜蜂属	中华蜜蜂	*Apis*（*Sigmatapis*）*cerana cerana* Fabricius	中华土蜂/北方中蜂	蜂蜜和蜂房	秋冬季采收，取蜂蜜；采后出去死蜂及蛹，晒干	蜂蜜止咳，蜂房治疗湿疹，皮炎，肿毒，肿痛等	0	0	0	0	11	0	11	3.49
6	无脊椎动物	蟋蟀科	蟋蟀属	黑褐针蟋	*Nemobius caudatus* Shiraki	蟋蟀	蟋蟀的成虫	夏秋季捕捉，置沸水中烫死，晒干	利尿	0	0	0	0	8	0	8	2.54

序号	动物类型	科名	属名	动物学名	拉丁名	当地名	用药部位	用法	功效	研究村落提及次数						总提及次数（FC）	相对引用频率（RFC）
										a	b	c	d	e	f		
7	脊椎动物	蟾蜍科	蟾蜍属	花背蟾蜍	*Bufo raddei* Strauch	癞蛤蟆	蟾蜍的幼体蝌蚪	蝌蚪活着直接喝治皮肤病	蟾蜍治疗口疮、风湿、惊厥；蝌蚪可治疗皮肤病	0	0	0	0	14	0	14	4.44
8	脊椎动物	鸠鸽科	鸽属	岩鸽	*Columbida rupestris* Pallas	鸽子	内脏	胸肌隔开	治疗肺炎	0	0	0	0	1	0	1	0.32
9	脊椎动物	牛科	牛属	黄牛	*Bos taurus* Mongolicus	本地黄牛	牛黄：牛胆囊、胆管和肝管中的结石	宰牛时，在胆囊等处如有硬块，即剖开取出，去净附着的内膜等物，用棉花包裹，以线稍缠，挂在阴凉处晾干	清热解毒，治咳嗽和哮喘。牛黄（牛肚子里，肝里，苦胆，肺里），牛苦胆泡小米，治疗咳嗽和哮喘	6	0	7	2	17	0	32	10.16
10	脊椎动物	牛科	绵羊属	绵羊	*Ovis aries*（L.）	本地滩羊	羊胆汁	宰羊时，在胆囊等处如有硬块，即剖开取出，去净附着的内膜等物，用棉花包裹，以线稍缠，挂在阴凉处晾干	清热解毒，治咳嗽和哮喘。羊苦胆泡小米，治疗咳嗽和哮喘。羊奶加枣子内服，治疗皮疹	6	0	7	2	17	0	32	10.16
11	脊椎动物	兔科	兔属	草兔	*Lepus capensis* Pallas	兔子/野兔	兔子皮	将兔子皮剥下，敷在人的胸口	治疗肺炎	0	0	1	0	0	0	1	0.32
12	脊椎动物	刺猬科	大耳猬属	达乌尔猬	*Erinaceus europaeus* L.	刺猬皮	皮	春秋捕捉，剥取外皮，将刺毛向里，悬挂于通风处，阴干用或用滑石粉炒烫成焦黄色用	壮阳、化瘀、止痛	0	0	0	0	13	0	13	4.13
13	脊椎动物	游蛇科	花条蛇属	花条蛇	*Psammophis lineolatus*（Brandt）	蛇	蛇皮	蛇蜕下的皮	消毒、治疗牙疼、解毒	0	0	0	0	17	0	17	5.40
14	脊椎动物	雉科	原鸡属	红色原鸡	*Gallus gallus jabouillei* Delacour et Kinncar	静原鸡/固原鸡	鸡胆汁，鸡苦胆，鸡胃壁的内膜	杀鸡后将胃剖开，剥取胃壁内膜，洗净，晒干	健胃，消食，消化系统疾病	1	0	0	0	8	0	9	2.86

附录 6-9 传统技术及生产生活方式编目表及其相对引用频率（RFC）

序号	类别	名称	俗称	研究村落提及次数						总提及次数（FC）	相对引用频率（RFC）
				a	b	c	d	e	f		
1	传统农业生产技术	歇地	歇地	0	0	1	0	9	41	51	16.19
2		旱作技术	五熵四旱三多	0	0	0	1	31	40	72	22.86
3		施用农家肥	农家肥	41	29	45	48	30	34	227	72.06
1	传统工艺技术	刺绣	扎花/绣花	3	21	13	9	16	16	78	24.76
2		花色剪纸	剪纸	2	4	6	1	2	5	20	6.35
3		编织技艺	竹编等	24	26	53	59	33	39	234	74.29
4		擀毡	羊毛毡/雨毡/毡窝窝	0	0	1	2	0	2	5	1.59
1	传统食品加工技术	油香、馓子及其油炸食品		42	37	71	68	43	41	302	95.87
2		揪面、手擀面及其煮食		40	38	72	66	41	42	299	94.92
3		牛羊肉食品加工技术		39	32	72	67	43	39	292	92.70
4		焜馍、干粮馍及其烙蒸煎食		33	33	69	67	42	42	286	90.79
5		杂粮加工技术		33	33	69	67	42	42	286	90.79
6		油茶及其流食		28	32	53	66	22	35	236	74.92
7		熬茶技艺		18	25	56	67	17	31	214	67.94
1	传统规划设计与建筑技术	窑洞民居		0	0	0	0	0	8	8	2.54
1	其他技术	农家枕头	荞麦皮、糜子、油葵籽装枕头	3	1	10	24	19	37	94	29.84
2		染指甲	凤仙花染指甲	5	1	11	10	16	2	45	14.29

附录 6-10　生物多样性相关传统文化编目表及其相对引用频率（RFC）

序号	类别	名称	俗称	研究村落提及次数						总提及次数（FC）	相对引用频率（RFC）
				a	b	c	d	e	f		
1	传统民族节庆	传统民族节日	开斋节	42	38	73	68	48	38	307	97.46
2			古尔邦节	42	38	73	68	47	38	306	97.14
3		丧葬习俗	送埋体洒红花	11	2	18	12	24	30	97	30.79
4		婚嫁习俗	宴席用到的牛羊、面点特色	42	38	73	68	48	38	307	97.46
1	传统文学艺术	农事谚语	老话	0	0	5	6	9	41	61	19.37
2		竹子口弦	口衔子/口琴子	0	0	3	1	3	3	10	3.17
3		泥哇呜	牛头埙	1	1	9	0	3	5	19	6.03
4		杏核哨	杏核哨	1	1	10	0	4	7	23	7.30

附录 6-11 传统生物地理标志产品编目表及其相对引用频率（RFC）

序号	类别	名称	研究村落提及次数						总提及次数（FC）	相对引用频率（RFC）
			a	b	c	d	e	f		
1	食品类	同心滩羊肉	20	19	56	46	0	0	141	44.76
2		固原黄牛（包含泾源黄牛肉）	0	0	0	0	31	0	31	9.84
3		海原硒砂瓜	0	0	0	0	0	23	23	7.30
4		同心圆枣	21	10	27	28	0	0	86	27.30
5		固原马铃薯	0	0	0	0	48	0	48	15.24
6		吴忠亚麻籽油	0	1	28	10	0	0	39	12.38
7		泾源蜂蜜	0	0	0	0	36	0	36	11.43
8		固原胡麻油	0	0	0	0	33	0	33	10.48
9		海原马铃薯	0	0	0	0	0	10	10	3.17
10	药材类	宁夏枸杞	30	18	41	47	18	31	185	58.73
11		同心银柴胡	17	3	9	21	0	0	50	15.87
12		海原小茴香	0	0	0	0	0	35	35	11.11
13		六盘山黄芪	0	0	0	0	14	0	14	4.44
14		六盘山秦艽	0	0	0	0	8	0	8	2.54